3.
Die vestung Selandia auff Teowan.
8
Albrecht Herport Autor.
Wilhelm Stettler del:
Conrad Meyer f: A° 1669.

敗在海上

解讀中國古代海戰圖

梁二平 著

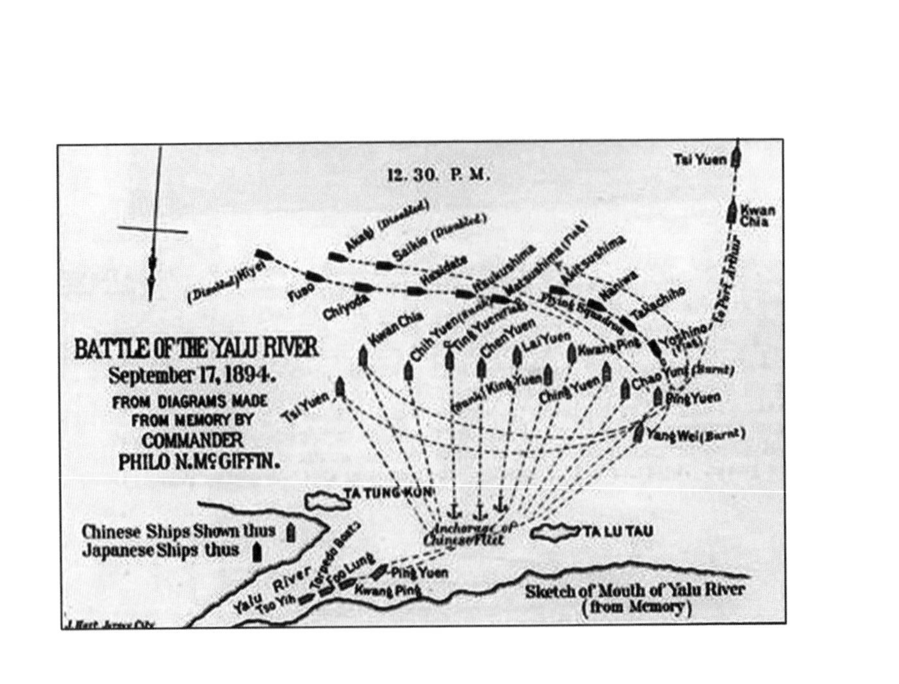
12. 30. P. M.
BATTLE OF THE YALU RIVER
September 17, 1894.
FROM DIAGRAMS MADE
FROM MEMORY BY
COMMANDER
PHILO N. McGIFFIN.
Tsi Yuen
Kwan Chia
To Port Arthur
Akagi (Disabled)
Saikio (Disabled)
(Disabled) Hiyei
Fuso
Chiyoda
Hasidate
Itsukushima
Matsushima (Flag)
Akitsushima
Naniwa
Flying Squadron
Takachiho
Yoshino (Flag)
Kwan Chia
Chih Yuen
Ting Yuen (Flag)
Chen Yuen
Lai Yuen
Kwang Ping
King Yuen
Ching Yuen
Chao Yung (Burnt)
Ping Yuen
Tsi Yuen
Yang Wei (Burnt)
TA TUNG KOU
Anchorage of Chinese Fleet
TA LU TAU
Chinese Ships Shown thus
Japanese Ships thus
Yalu River
Torpedo Boats
Tso Yih
Foo Lung
Ping Yuen
Kwang Ping
Sketch of Mouth of Yalu River
(from Memory)

序言

中國海戰歷史悠久，也意味深長。

在春秋戰國時期的青銅器，如「水陸攻戰紋銅鑒」、「宴樂漁獵攻戰銅壺」，「嵌錯金銅壺」的紋飾上，可看到那時中國的水軍已作為一種軍事力量出現了，但我們還不能證明紋飾中的水軍是在海戰。最早的中國海戰記錄是《左傳》所載，西元前四五八年吳、齊兩國舟師的黃海海戰。那是列國中靠海邊的兩個國家之間的海上戰鬥，屬於近海戰鬥。漢武帝時，始有跨海作戰。

漢朝樓船從山東半島跨海東征，滅了朝鮮半島北部拒絕向大漢稱臣納貢的衛氏政權。此後隋、唐年間皆有東征高句麗、百濟的跨海作戰，尤其是白村江（今韓國西南錦江）海戰是中日之間的第一次海上交鋒，唐朝水師大勝。此外，宋朝末年的宋元崖門海戰，也是著名的大海戰，敗退海邊的宋朝廷經此一役徹底滅亡了。

中國古代海戰不屬於中國古代戰爭的主流，且發生在中國大陸邊緣，由於年代久遠，早期的海戰圖和海戰畫沒能傳世。現在能見到最早的海戰圖畫來自蒙元一朝，所以，本書亦以蒙元一朝的海戰為開篇。

本書所涉中國古代海戰，既包括華夏內部的海上格鬥，也包括華夏艦隊跨外海遠征，重點放在外國艦隊侵略中國的海戰；書中的中國古代海戰圖來自交戰雙方，有中國繪製的，也有外國繪製的，如，蒙元艦隊攻打日本唯一存世的海戰畫卷即為日本人繪製的《蒙古襲來繪詞》，它是記錄中國古代跨海大戰的最早繪畫記錄。

大明比之蒙元，國力更加強大，但蒙元東征日本、南討爪哇的攻擊型「藍水水師」到了明代沒有繼承，除了「宣教化於海外諸番國」的「下西洋」之外，大明水師再不出洋。對於海外，大明不需要海外領土；而海上安全，也僅為騷擾性質的倭寇。明朝沿長城建立了衛、所之時，在東南沿海也建了一連串的衛、所。天朝的海洋策略，由此變為「守口」岸防。明代僅存的一幅華人繪製的海戰紀實畫《抗倭圖卷》，表現即是近岸海戰。嘉靖年間，鄭若曾編撰的中國海防開山之作《籌海圖編》，所刊六省《沿海山沙圖》、《日本島夷入寇之圖》等，即是中國最早的海防地圖。中國海上策略就這樣進入了「防」的時代。

明末至清初的中國海防，不外乎兩個方面：一是防中日草寇混編的「倭寇」，二是防反清復明的海上武裝。這之中就包括防備既是「倭寇」又是「反清復明」武裝力量的鄭氏海上勢力。無法在大陸立足的鄭成功最終從荷蘭人手中收復了台灣，中國古代海戰史因此有了唯一一次奪回失地的勝仗。

中國大規模的海上主權之戰從清道光年間開始。一八二〇年英王喬治四世即位，同年，清帝道光即位，經過康、雍、乾、嘉後，大清人口增至四億，而國庫幾近枯竭；而一八一五年拿破倫歐洲戰敗，英國成了歐洲霸主，並成為世界最大工業品生產與出口國；這一年，清國的財政收入不過白銀四千萬兩，而英國則是白銀一億五千萬兩。在這樣的背景下，船堅砲利的英國率先叩擊清國的大門。

一八四〇年至一八六〇年，大清先是打了二十年的兩次鴉片戰爭，此後，幾乎每隔十年就有一場海上戰爭：一八七四年日本以「牡丹社事件」為由入侵台灣；一八八四年清法在馬江開戰；一八九四年清日甲午之戰；一九〇〇年「庚子事變」，大清與十一國開戰；一九〇四年日俄在旅順開戰；一九一四年日德在青島開戰。

從一八四〇的庚子年到一九〇〇的庚子年，大清的海戰，一打就是六十年；從道光到咸豐，再到同治，再到光緒，四位皇帝，一甲子裡，清廷都是在海戰的戰火中度過；先是外國艦隊入侵中國，後來發展為列強在中國海面為瓜分中國而戰；反映在清代的海戰圖上，就是中國人繪製的多是海防圖，而外國人繪製的多是進攻路線圖和割地佔港圖。

為展現歷史的真實面貌，本書所選海戰圖全是古圖，不用今人繪製的「示意圖」。古人描繪和記錄海戰，除了繪製海戰地圖外，還繪製海戰紀實畫。在沒有攝影技術的時代和攝影技術發明了還沒有廣泛應用的時代，西方商船和戰艦都會請畫家參與遠航。如，十七世紀來華的荷蘭船隊就帶有畫家約翰·尼霍夫（Johannrs Nieuhof）隨航；一七九三年馬戛爾尼率領的英國使團帶有隨團畫家威廉·亞歷山大（William Alexander）；後來，清英、清法開戰，西方艦隊更是必備隨軍畫家，以繪畫的形式記錄戰事（雖然，一八三九年法國達蓋爾發明了攝影術，但第一張照片是長達八小時的銀版曝光拍下的鴿子籠，攝影術很久無法普及）。繪畫是當年西方媒體極為重要的戰事報導手段與風俗。

一八四二年英國誕生了世界第一份以圖畫為主體的週刊《倫敦新聞畫報》（*The illustrated London News*），不久，以圖像為主體的報紙或報紙增刊在歐洲大地流行起來。如，一八四三年創立的法國《畫報》（*L'illustration*），和後來的《世界畫報》（*Le Monde illustre*），這些畫報無不以時事報導為主，《倫敦新聞畫報》不僅開闢了「對華戰爭」專欄，還專門派遣查理斯·沃格曼（Charlea Wirgman）作為「本刊特派畫家兼通訊員」來華觀戰。所以，一些「特派畫家」也成了海戰的親歷者。如，第一次鴉片戰爭英國艦隊攻打廈門時，隨軍畫家格勞弗（Glover）就曾跟海軍陸戰隊一起登岸，並在英軍攻克的砲台上掛起英國國旗。正是這個原因，英國國家海事博物館才將格勞弗的「英軍攻打廈門系列紀實畫」，當作重要的海戰史料永久收藏，並向公眾展示。

雖然，本書主要分析的是中國反侵略戰爭，但在記述各歷史階段戰爭時，原則上不用「中國」一詞，而用當朝政府的名稱，如，「大元」、「大明」、「大清」，還歷史以歷史面目，尤其是清王朝，通常不用有漢文化色彩的稱謂來指代清廷，「中國」一詞，僅見於晚清外交辭令中。

有清一代的海戰，對於國人來講，皆為外來侵略戰爭。如果把這些戰爭放在國際背景下來描述和研究，那麼戰爭命名就應依據國際慣例，以當事國的主賓關係來命名。比如，鴉片戰爭，即是「清英戰爭」；甲午戰爭，即是「清日戰爭」；馬江海戰，即「清法戰爭」；至於，日俄的旅順之戰，自然是「日俄戰爭」；本書即按此原則來命名這一連串的海上戰爭。為了方便讀者閱讀原版海戰圖，本書在敘述中儘量保留西文艦船名稱，並在附錄中保留所能搜集到的中、外參戰艦隊的中西文名錄。

此外，這些戰事是放在國際背景下描述的，本書通常是用西元紀年，特殊情況用古代中國的年號。以廣義的「古代」而論，本書內容應止於清朝，但一九一四年日、德青島之戰，與之前的「德佔山東」和「三國干涉還遼」等事變有著內在聯繫，所以，書尾收錄了一節「日德青島攻圍戰」。

民國學者陳衡哲說過「歷史不是叫人哭的，也不是叫人笑的，而是叫人明白的」，這裡選取一百五十餘幅海戰圖和海戰畫，是想藉此解讀「敗在海上」這一歷史命題，和對「落後就要捱打」這種說法的另一種解讀。

從明末清初西洋畫家繪製的中國海景畫來看，葡萄牙、荷蘭和英國的船隊，不遠萬里跑到中國，並不是奔著中國的「落後」而來，相反是仰慕中國的「先進」而來。如，荷蘭東印度公司約翰．尼霍夫一六五五年繪製的《荷蘭使節船遠眺廣州城圖》，表現的就是荷蘭船隊到大清，呈「朝貢」帖，尋求通商的情景；而順治朝則以「荷蘭國典籍所不載者」、「向不通貢貿易」為由，拒絕了荷蘭的貿易請求。再如，繪製於一七八四年的《中國皇后號》，描繪的就是美國獨立後向中國派出的第一艘戰船改裝的商船。為表達對中國皇室的尊重，此船特命名為「THE EMPRESS OF CHINA」（中國皇后）。

在西方人眼裡，此時的中國是先進與富裕的代表。英國歷史學家喬治．賴特（George Newenham Wright）在一八四三年倫敦出版的《中國：那個古代帝國的風景、建築和社會習俗》大型畫冊的《序言》中說「這個人口眾多的國家……

推動了人類文明發展的『三大發明』：印刷、火藥和指南針」，但古代中國從來不把「萬里長城」和幾大「發明」作為中華文明的象徵，中國人對外宣傳時只提絲綢、瓷器、茶葉。賴特還稱中國是「三億六千萬人口的強大帝國」。雖然，自馬可．波羅來過大元以後，西方就稱中國為「帝國」，但古代中國很少自稱「帝國」，直到李鴻章在《辛丑條約》上簽字時，才仿照列強自稱「大清帝國欽差頭等全權大臣李鴻章」。

西方同中國在海上開戰，確實是「通商」不成之後的事情。

晚清的覺悟，是列強「開砲看中國」在先，大清「開眼看世界」在後。

這時，中國的「落後」已暴露出來，中國人、外國人都能看到大清在軍事和文化上落後於西方。但若以「落後」論，此時的日本，比之美國，也是全面落後，可是一八五三年「黑船事件」之後，美國沒打日本，反而結了盟；日本更是將此事稱為「黑船開國」，佩里將軍登陸日本的地方被日本當作開埠標誌豎碑紀念；而比之日本，俄國落後嗎？德國落後嗎？但清末民初之時，俄、德都捱了日本的打，都被從中國海面上打跑了。當然，日本背後有列強支持，但大清也曾有英國的軍事支持，前有洋槍隊，後有西洋式艦隊，軍中有「洋員」有「顧問」，但卻沒在對外戰爭中發揮應有的作用。或許，有人會講日本列島的生存壓力，決定了海外擴張是它唯一生存之路，但太平洋裡這麼多島國，只有日本迅速變身，成了東方強國，這是值得思考的事情。

那麼，是清國的帝制落後嗎？但英國、俄國、日本也有皇帝，為什麼外國皇帝能派兵打清國呢？或是，清國沒有立憲？可俄國也沒立憲，咋沒人打到俄國去，反而是俄國侵入到清國來了。或是，清國軍事落後？大清沒有現代化的陸軍，旗兵、綠營沒有統一建制，統一指揮；但海軍不一樣，北洋海軍與世界接軌，軍艦是世界一流的軍艦，軍官是留洋的「海歸」；然而，海軍建設分成派系，缺少統一指揮，相互掣肘，雖船堅砲利，但形同虛設，海戰、岸防皆不堪一擊。

或許，「腐敗」更切合大清的實際。日本連皇室都勒緊褲帶，傾全國上下的財力買鋼鐵戰艦時，清國皇室卻用海軍軍費，給皇太后造園子祝壽，這種由上而下的腐敗，要了大清的命。或許，還可以「無能」來論。大清，如果是一頭狼領著一群狼，肯定會打勝仗；如果是一頭狼領著一群羊，也能打勝仗；如果是一頭羊領著一群狼，也有打勝仗的可能；但大清的現實恰恰是，一隻羊領著一群羊；整個天朝，沒有一個好的政治家，也沒有一個好的軍事家……說到底是「落後」在文化上，輸在文化敗壞的環節中。

著名學者袁偉時先生曾說過「不要帝王史觀，不要黨派史觀，也不要英雄史觀。你只要客觀地看，依據材料來討論」，所以，我們還是看看這些海戰圖吧，它不能給出標準答案，但可以給出一點參考答案。

翻看書中所收的海戰圖就會發現，僅從海戰圖的數量與品質的對比看，中國已露出「敗」像。大航海為西方人打下的繪製海圖的基礎與傳統，令每一個西方國家遠航東方的使團中，都配有專門的測繪船、繪圖師和畫家，他們為列強侵華提供了第一手的地理與文化資料，可以說，列強皆有備而來。

西方人繪製的海戰圖，有海岸線圖、航線圖、戰船列陣圖、砲擊要塞位置圖、登陸圖、圍城圖、進攻圖、撤退圖、分割土地圖……看似五花八門，實是面面俱到。而中國繪製的海戰圖，只有一個品種，即海防砲台圖。它反映了中國對戰爭的全部領悟就是：開砲。在「守海，不如守江，守江，不如守防」的理論指導下，幾乎所有重要海口都建有砲台。這種以守為核心朝海上開砲的戰略，比使用大刀長矛是進步了一點，但實在稱不上是海防戰略。

那麼，中國的海防戰術呢？從《虎門十台圖》可看出是層層設防，卻沒有相互聯防，岸砲之間無法達成火力交叉，兵力隔江隔海，也無法相互支援。此外，岸上砲台都是敞開式（直到甲午海戰時，旅順才建了一座有頂的砲台），沒有考慮來自頭頂的砲彈。所以，虎門開戰時，這些砲台被英國艦隊的砲火，各個擊破，英艦直抵廣州。再看馬江海戰的《法國艦隊砲擊閩江沿岸砲台圖》，沿江所有砲台，砲口全都向外，固定死的大砲不能轉頭向上游開砲；這些砲台最終全被從上游馬江得勝歸來的法艦，從背後相繼擊毀。大清國沒有從海上攻擊陸地的經驗，自然也就沒有從陸地防守海上的經驗。所謂岸防，有防無術，最後是防不勝防。

再來看書中的另一類海防圖，即西方列強在中國構建的海防之圖，西洋人建立的岸防體系，會給人以不同的感悟。如，葡萄牙人繪製的《澳門海防圖》，這套海防系統有效地扼制了荷蘭、英國的進攻；再如，俄國的「旅順要塞圖」，德國的「青島要塞圖」，更是現代要塞的典範，令日軍對旅順和青島的攻擊，耗費大量時日，傷亡慘重。

「敗在海上」的大清，不僅岸防是花架子，海戰也是紙老虎。從法國與日本繪製的海戰圖看，「馬江海戰圖」記錄了法國艦隊與福建水師開戰前的位置，和漲潮落潮間法國艦隊砲位的變化，精準的戰機選擇，決定了法艦能在半小時內消滅清軍。而日本海軍部繪製的「黃海海戰圖」則顯示了，北洋水師的或「一」字或「A」字形的戰陣，被日本聯合艦隊的游擊戰術所破。日本兩列游擊小隊，靈活迅速，繞著紮堆的北洋艦隊打，最終將北洋海軍擊垮。十年間，南、洋北洋兩大近代水師，皆被動捱打，展讀地圖，敗跡可尋。

「敗在海上」，不能說是黃土文化敗給了海洋文化，但黃土文化受到西方文明攻擊而被迫應對來自海上的危機時，顯然很不適應，揚棄不明。兩次鴉片戰爭，間隔僅十幾年，西方艦隊的帆船轉眼換成了蒸汽鐵甲艦，但戰術卻沒變：英國艦隊的登陸戰，仍是先用遠程艦砲攻擊沿海砲台，而後，海軍陸戰隊從側翼搶灘登陸；法國、日本艦隊的戰法，都是突然襲擊、圍堵和閉塞戰法，前有馬江港，後有威海港；但大清海軍與敵交戰，毫無對策，無所變化，一退再退，一敗再敗。紙上談兵時，明有《籌海圖編》，清有《海國圖志》……但經歷了慘烈的海上對抗後，中國仍沒產生《海權論》這樣的理論思考。

有清一代大小海戰有八十餘次，但大清海軍史料中，卻找不到一幅軍用海圖，找不到一幅記錄和總結戰況的海戰地圖，世間僅留下一批虛假戰報，如《福州捷報》、《長島摧沉圖》、《丁軍門朝鮮恢復圖》、《豐島大捷圖》……

而同樣作為北洋水師一員參加黃海海戰的鎮遠艦副艦長「洋員」菲里奥．諾頓．馬吉芬（Philo Norton McGin，一八六〇～一八九七），卻為「中方」寫出真正的海戰報告。這位美國人在黃海大戰中身負重傷，戰後回美國養傷，他在「右眼視神經損傷，耳鼓膜損傷，肋部、臀部受傷，仍有殘留碎片」的情況下，用僅存的一隻眼睛，在醫院裡寫出了一份萬言戰報，並配有一幅《一八九四年九月十七日十二時三十分清日黃海交戰圖》，這是馬吉芬為「中方」留下唯一的黃海海戰圖。這份重要的戰報發表於一八九五年八月出版的《世紀》雜誌上，同時，還特別配發了「現代海權理論之父」馬漢的《評鴨綠江外的海戰》一文。

再看英國海軍，這方面的工作更是全面細膩，不列顛圖書館就曾出版了兩大本英軍在亞洲的海戰圖目錄《情報解密（一八〇〇～一八八〇）》和《帝國的地圖（一八八二～一九〇五）》，書中收錄了英軍入侵亞洲各國的兩千多幅軍事地圖目錄。這種海戰圖的對比，反映出西方在世界地理方面、大航海方面和海戰方面的傳統與素質遠遠超越了大清，中國其他王朝也缺少這種傳統與素質。

大清軍隊船堅砲利時，仍缺少地理課，缺少地圖或海圖這一課。一連串的外來侵略和不斷的敗仗，令大清痛感舊式軍隊的陳腐與無能，決定建立現代新軍。一九〇六年清廷在保定創辦了北洋軍官學堂，仿照日本軍校的教學模式授課，部分教材直接選取日軍教材，其中就有一部《兵要地理》。這部日本人寫的書中刊有眾多關於中國的航線圖與海岸圖等多種軍事地圖，如《膠州灣圖》、《大沽附近一般圖》等等，可見日軍為侵華所做的地理功課多麼扎實。鑒於血的教訓，民國軍事教育中，加入了地理教育和海洋教育。

總之，仗不一定全是用砲艦打的，失敗也並非由一種因素決定。這些古代海戰圖所提供的，僅是分析問題的材料之一。

是為序。

梁二平

二〇一四年一月一日於中國深圳

CONTENTS 目錄

目錄 CONTENTS

CONTENTS 目錄

目錄 CONTENTS

CONTENTS 目錄

目錄 CONTENTS

1 元帝國的海上擴張

引言：從江河到大海

《水軍圖》〰宋繪明摹本

從戰爭史的角度講，春秋是古代戰爭的寶庫，所有戰爭類型都在其中，自然也包括海戰。《左傳》載公元前四八五年「徐承率舟師，將自海入齊。齊人敗之，吳師乃還」，這是中國古代文獻記載的最早海戰，地點大約在今天的青島琅琊台附近的黃海海域，是一場近海戰鬥。此後的文獻中，還記錄了一些跨海大戰，如，漢、隋、唐幾朝派水軍跨海遠征朝鮮半島。

遺憾的是唐以前的海戰，沒留下任何地圖與繪畫，現在能看到的古代水軍最早的圖畫文獻，僅有宋代的水軍操練圖，如張擇端的《西湖爭標圖》（傳世摹本為《金明池爭標圖》），明代畫家仇英摹宋畫《水軍圖》（圖1.0）。「爭標圖」描述的不是打仗，而是宋水軍在汴梁，也就是今天的開封金明池賽船。

「明四家」之一的仇英是摹古的集大成者，他將精工與士氣融於一身，成就了獨特的文人畫藝術風格。這幅《水軍圖》見證了仇英早期摹古成就。「水軍圖」雖然是一個古代傳統畫種，但我們看不到走向海洋的水軍描繪。這幅描述水軍操演的《水軍圖》，仍是一幅內河練兵圖。畫中描繪大河寬闊處將

圖1.0《水軍圖》

明代畫家仇英所摹宋畫，紙本立軸，縱73公分，橫105公分，現藏中國航海博物館。

官、士紳們在觀看和評點水軍演練，水中軍士奮力搖槳，遠處重巒疊嶂、帆桅林立……但終歸不是海戰，僅算為海戰練兵。

真正的跨海大戰和海戰圖，出現在蒙元一朝。大元兩次跨海遠征，攻打日本，還遠赴南洋，征討爪哇。大元跨海攻打日本和爪哇，在《元史》中有記載，但現存史料中，卻找不到一幅大元的海戰圖，甚至，連大元東征南討的航線圖也沒有，僅在日本畫師《蒙古襲來繪詞》中存有記錄，這不能不說是中國海戰圖史的一個缺憾。

幸運的是，元代以前，沒有任何一個國家敢對華夏海疆有所動作，從這個角度講，大元可算「海上無戰事」的太平盛世。

元日第一次海戰

〰《本朝圖鑒綱目（九州部分）》〰一六八七年繪
〰《蒙古襲來繪詞．前卷．文永之役（出戰部分）》〰約一二七五至一二八一年繪

天下是打出來的，打天下是要花錢的，蒙元帝國海陸並進地開戰，令這個新王朝入不敷出，所以，它要海陸並進地收錢。

南邊的南宋還沒有完全打下來，東邊的朝鮮已被征服，東擴的下一個目標即是日本。一二六八年，忽必烈命高麗使者攜《大蒙古國書》（高麗國王也曾致書日本，要求他們向大蒙古國稱臣）赴日本，要求日本倣法高麗來朝「通好」，也就是「納貢」，否則將「用兵」。

這份今天仍藏於日本的《大蒙古國書》云：「大蒙古國皇帝奉書日本國王：朕惟自古小國之君，境土相接，尚務講信修睦。況我祖宗，受天明命，奄有區夏，遐方異域，畏威懷德者，不可悉數。朕即位之初，以高麗無辜之民久瘁鋒鏑，即令罷兵還其疆域，反其旄倪。

高麗君臣感戴來朝，義雖君臣，歡若父子。計王之君臣亦已知之。高麗，朕之東籓也。日本密邇高麗，開國以來，亦時通中國，至於朕躬，而無一乘之使以通和好。尚恐王國知之未審，故特遣使持書，佈告朕志，冀自今以往，通問結好，以相親睦。且聖人以四海為家，不相通好，豈一家之理哉。以至用兵，夫孰所好，王其圖之。至元三年八月」。

日本雖小，但並沒因蒙古人打敗大宋而高看大蒙古國，這個與大宋通好的小國，甚至認為大蒙古國

不能代表中國。所以，這份「通好」國書遭到日本鎌倉幕府斷然拒絕。其後，忽必烈又兩派使者，幕府仍然拒之不見。由此引發了忽必烈兩次跨海「用兵」，攻打日本。

這兩次海戰，在中國古文獻中沒有命名；在日本文獻中，依日本年號（古代日本雖然對中國稱臣，但年號從未像朝鮮那樣使用中國年號）稱為「文永之役」和「弘安之役」，亦稱「蒙古襲來」。

這段歷史，中國、朝鮮、日本皆有文字記錄，但海戰圖方面，中國沒有留下任何形式的記錄。而在日本，這兩場戰爭一直被當作民族驕傲與民族仇恨來反覆描繪，留下了很多精彩的海戰繪畫，其時間最早、最可信、最著名的即《蒙古襲來繪詞》。這個繪詞的出品人是親歷這兩場戰役的下級武士竹崎季長。雖然，畫中主要描繪的是九州肥後國御家人竹崎季長的個人戰績，但畫面包括多種軍事訊息。

作為肥後國兵衛尉的竹崎季長，曾兩度出征抗元。在「文永之役」中，因有單騎攻入敵陣的表現，由一個無收入的下級武士受賞一塊土地，成為一個小領主；七年後，在「弘安之役」中，季長再顯武威，在鷹島海面追擊元軍時，搶先攻上敵船，砍敵人首級，再立軍功；為答謝神明的庇蔭，向祖先匯報戰功，他請畫家把自己在文永、弘安兩次戰役的戰績製成繪卷，供奉於家鄉神社。這兩部長卷即是後世所說的《蒙古襲來繪詞》。

《蒙古襲來繪詞》共有兩卷，前卷是「文永之役」，約成於一二七五至一二八一年；後卷是「弘安之役」，繪製於一二九三年。此繪詞原有一套兩份各二卷，分藏於甲佐神社和竹崎季長家，後因兩份皆殘破，修補時唯有將兩份四卷互補其缺，拼貼成完整的一套兩卷，輾轉流傳。一八九〇年由大矢野家將之上獻皇室，現藏東京千代田區宮內廳三之丸尚藏館。

一二七四年正月，忽必烈在新落成的大都宮殿接受朝賀，農曆十月即揮師東進，跨海征討日本。蒙

元歷史文獻中，找不到當年元軍海上攻打日本的海圖，或者，元軍根本就沒繪製海圖。十三世紀日本航海圖也很難找到，這裡只能選一幅一六八七年日本繪製的《本朝圖鑒綱目（九州部分）》（圖1.1）作為參考。此圖較好地呈現了古代對馬海峽兩岸的航線分佈與地理面貌。圖上方為朝鮮釜山，元軍攻打日本即是從釜山合浦港出發（今鎮海灣馬山浦），中央為對日本馬島、壹岐兩島，下方為日本九州島，即築前、築後、豐前、豐後、肥前、肥後、日向、薩摩、大隅等九國。其「三前」豐前、築前、肥前是九州的海防前沿。

農曆十月上旬，征東元帥蒙古人忻都、右左副帥高麗人洪茶丘和漢人劉復亨，率蒙漢軍兩萬人、高麗軍五千人、水手六千七百人，從高麗合浦出發，先後打下了對馬、壹岐兩島，隨後進攻肥前國沿海的五列島。十月二十日，元軍兵分二路在築前博多灣登陸。

九州的鎮西奉行少貳（日本武將分為帥、大貳、少貳、守、介等）藤原經資，召集由藤原氏、大友氏、戶次氏、菊池氏等北九州豪族所組成的聯軍，和薩摩守護島津久經率領的薩摩軍，此外還有從附近的神社、佛寺臨時武裝起來的少量神官、僧兵，共組織了十萬兵力迎戰元軍。藤原經資令他的弟弟藤原景資擔任前線指揮官，率軍駐守沿海。《蒙古襲來繪詞．前卷．文永之役》表現的就是這場博多灣登陸阻擊戰。此卷大約分成六組畫和分列其間的長短不一的「詞」，展

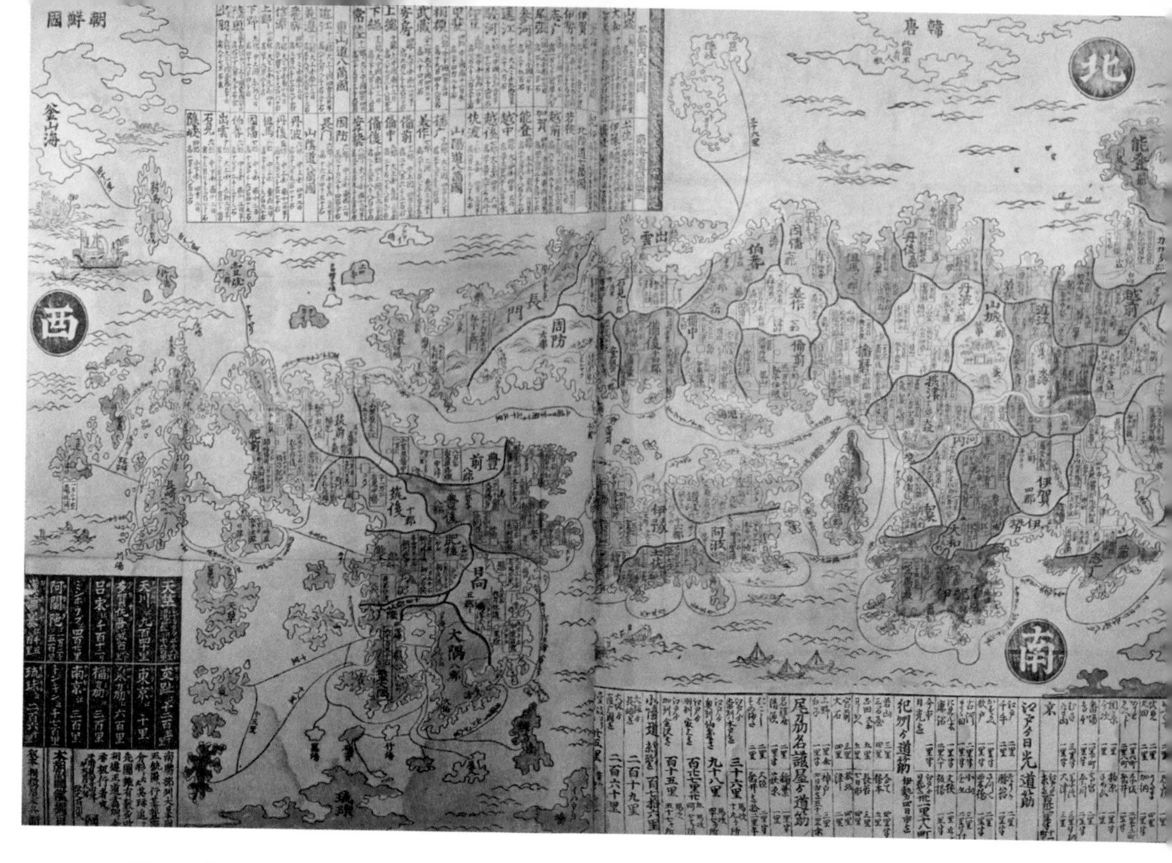

圖1.1《本朝圖鑒綱目（九州部分）》

較為準確地反映了古代對馬海峽兩岸的航線分佈與海岸面貌。圖上方為朝鮮釜山，元軍攻打日本即是從釜山合浦港出發，中央為對日本馬島、壹岐兩島，下方為九州島。築前大宰府為九州首府，元軍兩次攻打日本，都沒能靠近這個首府。

示了僅有四個侍從的下級武士竹崎季長的五人小組的戰績：第一組表現的是元軍博多以西的赤阪集結，日大將少貳景資命令各部武裝固守所屬據點，待元軍攻到陣前時，再出兵迎擊，但竹崎季長獨主率先出戰。畫面由右向左展開，季長主從五騎，自繪有紅色廊柱的筥崎八番宮西進，畫中時年二十九的季長臉龐白皙，頭配星兜，身披蔥綠色鎧甲，揹負箭囊，栗毛坐騎昂首徐步，穿越松林而過。

第二組表現的是季長途經大將少貳景資陣前，既不下馬歸隊，反而堅持以五騎主動出擊，謂若非如此無從立軍功，景資亦允其所請。第三組表現的是季長一行與剛殺敵回來的猛將菊池武房相遇的一幕，

圖1.2《蒙古襲來繪詞．前卷．文永之役（出戰部分）》中「元軍在築前國博多灣集結與竹崎季長出戰」

畫中描繪了元兵身穿長袍，頸披護項，在太極圖般的旌旗下列陣；畫右側騎馬射箭的為竹崎季長。前卷圖縱約40公分，橫約230公分，約成於1275至1281年，現藏東京千代田區宮內廳三之丸尚藏館。

看見戰勝的武房，季長勇氣倍增。

第四組表現的是「季長主從五騎與元軍在鳥飼濱交鋒」（圖1.2）。圖畫最左端繪的是在太極圖般的旌旗下，身穿長袍，頸披護項的元兵迎戰日軍。季長在三名元兵銳矢長槍齊發之下，險些掉下馬來，一顆火藥彈，在頭頂上爆炸，幸得白石通泰援軍及時趕到，季長方保性命。此役季長有衝鋒在先之功，白石通泰有解圍之功，遂互為證人，據實上報。

第五組表現的是戰後半年，論功行賞之事，杳無音訊，季長不服氣，親往鎌倉，向幕府申訴，但家貧的他唯有賣馬鞍換盤纏，一二七五年六月自竹崎出發，八月抵鎌倉，獲恩賞奉行安達泰盛接見。

第六組表現的是在鎌倉，季長獲恩賞奉行安達泰盛接見，獲賜海東鄉之地和黑栗毛駿馬一匹，季長衣錦還鄉。

此役，元軍在博多灣登陸，受到守軍的激烈抵抗，折損大半兵力，副帥劉復亨受箭傷，元軍不得不退至海灘。夜裡海上遭遇大風，一些戰船沉到海裡，元軍只好返回朝鮮。

農曆十月二十二日，守在大宰府準備決戰的日軍，最終沒有等來元軍。正是這一天，九州方面匯報對馬、壹岐兩

島為元軍佔領的戰報才送到京都，而此時元軍已全部撤退。也就是說，「文永之役」完全是九州地方武裝在對抗元軍，日本最高層並沒有任何具體部署和指揮。大元第一次跨海征日，就這樣不明不白地結束了。元朝廷認為給了日本人應有的教訓，大賞征日有功將士；日本國則認為是「神風」助九州武士打敗了元軍。從此「神風」成了日本民族緊急關頭的最後一根精神支柱和戰勝一切困難的圖騰。

《蒙古襲來繪詞．文永之役》中，並沒有火器的描繪。僅有炸開的半個冒火石彈的描繪，此彈險些打死季長。這個武器可能是「回回砲」，即阿拉伯工匠製造的拋石機，所拋的石彈裝有火藥，能爆炸，但畫中沒有拋石機的描繪。這個武器也可能是手銃，即用竹筒裝填火藥發射鐵、鉛和石製的球形彈。但畫面中也無手銃的描繪。元日大海戰，應用最廣泛的還是刀與箭。蒙古佔優勢的兵器是強力的箭，日本佔優勢的兵器是鋒利的刀。

此外，圖中的許多細節，也值得注意：如對陣軍旗，元軍統一用是太極圖般的旌旗；但此時的日本軍隊，並不用太陽旗，九州豪族們各展自己的旗幟，如少貳氏「四目結」，菊池氏「二枚並鷹羽」、島津氏「鶴丸十文字」，這是鎌倉時代一直到德川時代的日本武士家紋，也是日本的軍旗特色。

此時，日本沒有統一的國家軍隊，打仗靠的是各地豪族武裝，但就是這支地方上的雜牌軍，打敗了大元的多國部隊組成的正規軍。

元日第二次海戰

《蒙古襲來繪詞．後卷．弘安之役（海防部分）》一二九三年繪

《蒙古襲來繪詞．後卷．弘安之役（登船部分）》一二九三年繪

《蒙古賊舟退治之圖》一八六三年繪

第一次跨海征日結束後，忽必烈以為日本人已被嚇倒，遂派使者再赴日本令其「通好」。這一次，日本鎌倉幕府執政的北條時宗，不但不同意「通好」，反將三十人的使團全部斬首，僅放四個高麗人，回大元報信。忽必烈得知大元使團被殺，決意報仇，於是組織第二次跨海征戰。從日本文獻看，他們更重視元日第二次海戰，按日本年號稱其為「弘安之役」。

此役，忽必烈發兵兩路，一路由忻都、洪茶丘率領四萬蒙漢作戰部隊，高麗將軍金方慶統領高麗軍一萬人，戰船九百艘，組成東路軍，從高麗合浦港出發，跨過對馬海峽，進攻日本；一路由范文虎率領十萬江南屯田部隊，戰船三千五百艘，組成江南軍，從慶元（今寧波）出發，東渡日本；兩路軍約定一二八一年六月，在對馬海峽中央的日本壹岐島會師。

一二八一年五月三日，東路軍從高麗合浦港（今釜山鎮海灣馬山浦）啟

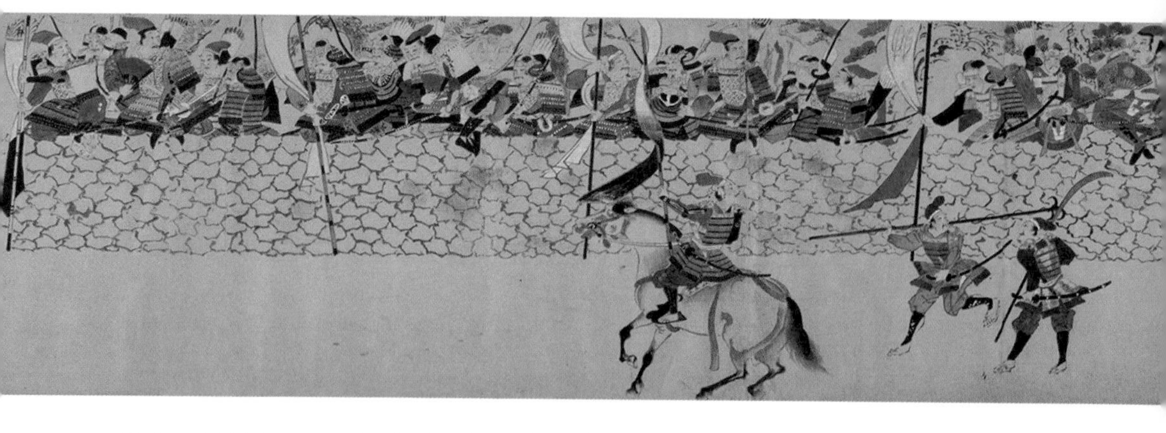

圖1.3《蒙古襲來繪詞．後卷．弘安之役（海防部分）》中「博多灣海防 石壩」

畫家用多個畫面表現長長的石壩。第一次元日海戰後，鐮倉幕府為加強築前及大宰府的防衛，歷時五年，構築20公里長的石壩。後卷圖縱約40公分，橫約200公分；繪製於1293年，現藏東京千代田區宮內廳三之丸尚藏館。

航，五月二十一日，元軍進攻對馬島，日軍雖頑強抵抗，終因眾寡懸殊，全部戰死。五月二十六日，東路軍又攻克壹岐島。六月六日，東路軍統帥忻都為爭奪頭功，不等與江南軍會師，率東路軍分兩路圍打攻築前博多灣。兩路元軍都沒能在博多灣海灘立住腳，皆撤退到壹岐島，等待與江南軍會師。

七月初，范文虎、李庭率十萬江南軍，戰船三千五百艘，到達築前志賀島（今福岡海面一小島，此島因一七八四年出土漢光武帝授給日本的「漢倭奴國王」金印而聞名），與東路軍忻都、洪茶丘所部會師。由於在築前博多灣登陸作戰屢屢失敗，東路軍和江南軍都被趕到長崎平戶港，元軍陸上部隊大部分撤回到船上。

《蒙古襲來繪詞．後卷．弘安之役》，主要表現的是元軍攻打築前博多灣的戰鬥。此卷大約分成五組畫和分列其間的長短不一的「詞」，展示了竹崎季長的戰功。

第一組表現季長探望六月在博多灣志賀島戰役中負傷的河野通有的情形。

第二組依內容可稱為「博多灣海防石壩圖」（圖1.3）。石壩是第一次元日海戰後，鐮倉幕府執政北條時宗，為加強築前及大宰府的防衛，歷時五年構築的。它西起今津，東至箱崎，二十公里長、兩米高，後世稱其為「元寇防壘」。畫家將石壩橫貫多個畫面，氣勢非凡。坐在石壩上的是菊池武房麾下的武士，石壩下的是身披赤絲鎧甲，挾長弓、懸太刀的季長。此役，季長的坐騎已換成「文永之役」獲賞的黑栗毛駿馬。

第三組表現的是閏七月五日季長千方百計欲乘船追擊元方的殘軍，畫面上六、七艘滿載日武士的兵船，正趕赴鷹島（古屬肥前，今屬長崎的五列島）海面殺敵。

第四組依內容可稱為「季長登船斬殺元兵」（圖1.4）。畫

圖1.4《蒙古襲來繪詞・後卷・弘安之役（登船部分）》中「季長登船斬殺元兵」

畫中一排元軍戰船，正被六、七艘滿載日本武士的兵船追擊，圖右側的季長乘小船搶登元軍戰船，斬殺元軍二人。後卷圖縱約40公分，橫約200公分，繪製於1293年，現藏東京千代田區宮內廳三之丸尚藏館。

家用多個畫面描寫了七月元軍兩路部隊會師後進攻鷹島的戰事，畫面上一排元軍戰船，正被六、七艘滿載日本武士的兵船追擊，圖右側是季長乘小船搶登元軍戰船，斬殺元軍二人。畫面顯示此時的海戰，還是跳幫（跳船）、登船、斬殺的冷兵器海戰形態。

第五組描繪季長在自己所屬的肥後國守護城次郎盛宗面前表功，圖中央穿紅甲的是季長，他前面的地上，擺著兩顆用來表現戰攻的元軍人頭，負責記錄軍功的引付奉行人在一旁筆錄。

「弘安之役」的日軍總指揮與「文永之役」一樣，仍由太宰府鎮西奉行少貳藤原經資擔任，副將為大友賴泰。守軍除兼任

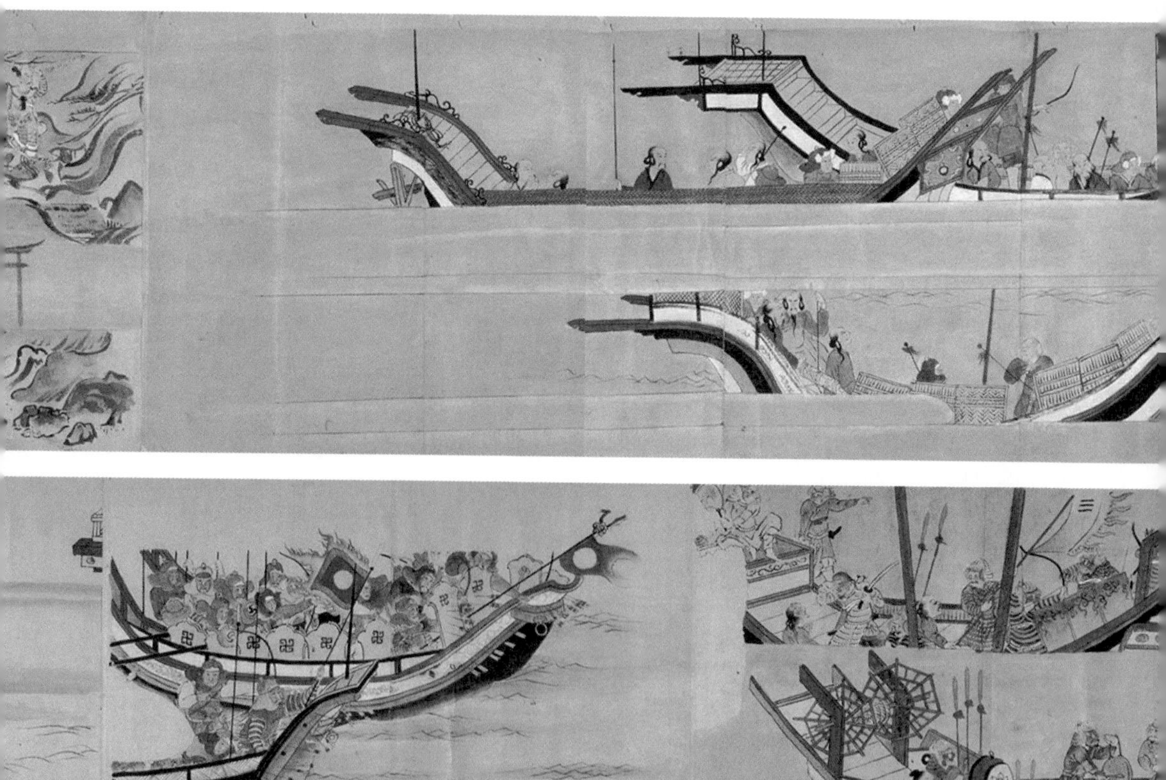

圖1.5《蒙古賊舟退治之圖》

從左至右可以看到助陣的「四大天王」：北方「毘沙門天王（多聞天王）」、東方「持國天王」、南方「增長天王」、西方「廣目天王」；畫中還繪有「四大天王」的幡麾。此畫出版於1863年，再次表明即將擴張的日本非常看重「弘安之役」的勝利和對「神風」的宣傳。

「三前兩島」守護的藤原經資御家人（武士）外，還有「三後」的築後守護北條宗政、肥後守護安達成宗、豐後的大友和薩摩、大隅、日向的島津久經的部隊，總計有四萬餘人。另外，還有約六萬餘騎東國武士，作為援軍待命。

兩路元軍會師後，在博多灣打了幾仗都不成功，部隊多在海上戰船待命。可能是因為天氣原因，元軍一直沒能發起對九州首府太宰府的總攻。八月一日起，持續四天的海上風暴令停泊在海上的元軍戰船大部分沉沒，倖存的部分元軍只好撤退回

國。數萬沒能撤退的元軍被俘，日本人將元軍中的蒙古人、色目人、高麗人全部斬首，原屬南宋的漢人被留為奴。

「弘安之役」，元軍大敗，日本朝野認為這是「神風」天祐。如這幅日本版畫家歌川義虎的雕版印刷三聯畫《蒙古賊舟退治之圖》（圖1.5），畫上方從左至右可以看到助陣的「四大天王」：北方「昆砂門天王（多聞天王）」、東方「持國天王」、南方「增長天王」、西方「廣目天王」，畫中還並繪有「四大天王」的幡麾。

這幅畫出版於一八六三年，它再次表明，即將擴張的日本非常看重「弘安之役」的勝利和對「神風」的宣傳。

日本歷朝都非常看重打敗元軍的這兩場戰鬥，不僅留下大量紀實繪畫，筆者在福岡市看到至今仍保留著多段「元寇防壘」遺址，並建有「元寇史料館」。

古代中國對這兩次元日海戰的失敗很少總結，明清兩代也再沒有出洋作戰的經歷。

進入現代，才有歷史學家分析元日海戰，認為失敗的原因是元軍不善海戰，不熟悉戰區的水文氣象條件，戰船也多是經不得風浪的平底江船，所以，人多船多的大元水師仍然是大敗而歸。

大明抗倭

引言：倭患之防

〰《籌海圖編・沿海山沙圖》〰一五六二年刊刻

中國沿海全面設防，始於明代。

朱元璋對「禁海」的熱愛超過史上任何一位皇帝，幾乎兩三年就要重申一遍。關於禁海原因，朱元璋只說：「朕以海道可通外邦，故嘗禁其往來。」此後的大明，在嚴格禁海和有限開禁之間，徘徊反覆。由此也產生了明代特有的「倭寇」和針對「倭患」的海防。

正史裡出現「倭寇」一詞，是從《明史》開始的。最初「倭寇」中的「寇」字，是作動詞使用的，表示「侵犯」，如「倭，寇福州」。如此往復，「倭寇」終於作為名詞而被使用，成為「日本侵略者」的意思。「倭」也由此成為日本的蔑稱。

其實，「倭寇」最初多為流亡海上的蒙元軍水師舊部，如張士誠、方國珍等殘餘軍隊，後來發展為大明海商和海盜與日本海商和浪人混編而成的民間草寇武裝，如王直（《明史》誤作汪直，沿用至今）和鄭芝龍都是發跡於日本的大明海商兼海盜。正是這些海上草寇，讓海上軍事力量薄弱的明朝廷頭痛了幾十年，剿倭首領胡宗憲甚至出版了一部由鄭若曾撰寫的海防巨著《籌海圖編》，此書為後世留下了第一幅中國沿海海防全圖《沿海山沙圖》（圖2.0），還有防倭專圖《日本島夷入寇之圖》。

嘉靖時，明朝廷的招撫與剿滅並用，倭患才漸漸平定。似為紀念這一切，有人繪製了海戰長卷《抗倭圖卷》，此卷是迄今為止人們能見到最早的中國人繪製的海戰圖畫，在海戰圖史上，佔有重要席位。

平定了「倭患」的明朝廷，並沒有注意到更大的海患和真正的海盜，正向大明襲來。此時，葡萄牙人、荷蘭人正駕著帆船越洋而來……

圖2.0《籌海圖編．沿海山沙圖》

可以看到圖中央的「定海所」和圖上方的「釣魚嶼」。

海上防倭

〰〰《籌海圖編．日本島夷入寇之圖》〰〰一五六二年刊刻

用「倭」來指稱日本或朝鮮等中國東方的古代部族，大約始於戰國。「倭」字進入國家文獻是在漢朝。不過，從東漢光武帝賜日本倭奴國金印來看，印上的「委」或者「倭」，沒什麼貶意。南北朝時，日本貢使來華，也自稱為「百濟、新羅、任那、秦韓……六國諸軍事，安東大將軍，倭國王」。據《新唐書．日本國傳》載：咸亨元年（六七〇年），日本派遣使者，祝賀平定高麗。使者說，學習中國文字後，不喜歡「倭」的名字，改名為日本，因為國家靠近日出的地方。但改稱日本國後，很長一段時間，倭之舊稱仍在日本使用，連聖武天皇（七〇一年～七五六年）的宣命書裡，仍以「大倭國」自稱。

「倭寇」是一個複雜的歷史現象。唐朝以後，國家的重心，從北方向南方轉移。宋代開始，海洋成為朝廷的經濟增長點。雖然，《宋史．日本傳》中有「倭船火兒（領航員）滕太明毆鄭作死」的記載。但宋代的中日海上走私，並沒有形成武裝販運的規模。大規模的武裝走私，興起於朝代更替的特殊時期。宋滅亡時，一批宋末將領，先後下海為盜。這種朝代更替時的海盜現象，一直持續到元明之交和明清交替之時。

由於日本與蒙元結仇，海上沒有官方貿易，鋌而走險的日本海商，慢慢淪為海盜倭寇；

大明代元之初，流亡海上的元軍水師舊部也轉而為「寇」；朱元璋出於兩方面的考慮，施行了「片板不得下海」的嚴厲海禁。海禁之後，流亡海上的元軍水師、窮途末路的中國海商、失去武士身份的日

本浪人、流竄在外的日本國罪犯……這些身份複雜的人混在一起，構成了大明的「倭患」。

明嘉靖時，中國東南沿海的倭患達到高峰。

史載：嘉靖三十一年（一五五二年）秋，倭寇在江南賊首陳東引領下，突襲劉家港。次年，汪直（王直）又引倭船十一艘，掠寶山、闖瀏河，登岸剽劫；此後，蕭顯又引倭寇二千多人大舉登陸，沿婁江襲太倉、昆山，轉而掠嘉定、青浦、松江，進犯上海；接著徐海又領倭寇數百人，直入青浦白鶴進犯太倉，還有一股倭寇七百餘人，在何八帶領下，直奔大倉，兩股倭寇協同作戰，合圍太倉城……

恰在嘉靖之時，中國誕生了兩部極為重要的地理著作：一部是羅洪先在嘉靖三十四年（一五五五）出版的《廣輿圖》；一部是鄭若曾在嘉靖四十一年（一五六二年）出版的《籌海圖編》。以海防為目標的《籌海圖編》，匯聚了明初以來各方繪製的海防圖一百七十二幅，其中就有這幅頗具海戰意味的《籌海圖編．日本島夷入寇之圖》（圖2.1）。

在說《籌海圖編．日本島夷入寇之圖》之前，有必要先說一下編圖人鄭若曾。這個昆山人原本想走科舉之路，但三十三歲才混個生員（秀才），又進了京師國子監苦修，但連考兩次就是中不了舉。後來放棄科考，遊歷四方，畫了不少沿海地圖。不知是他娶了三品官魏庠的大女兒（二女兒嫁了另一名人歸有光）的背景，還是他編繪地圖的本事，嘉靖三十三年（一五五四年），他被剛剛出任浙江巡按御史的胡宗憲看中，調入剿倭機構，專司海防情報一事。胡宗憲不僅賞識鄭若曾的才幹，還撥專款使鄭若曾的海防巨著《籌海圖編》在嘉靖四十一年（一五六二年）得以出版。

《籌海圖編．日本島夷入寇之圖》中的日本被分為兩部分，一個是加圈註明的「日本」，一個是日本旁邊加框註明的「薩摩州（在今九州島西南部）」。作者為什麼要把「薩摩州」從日本島中單列出

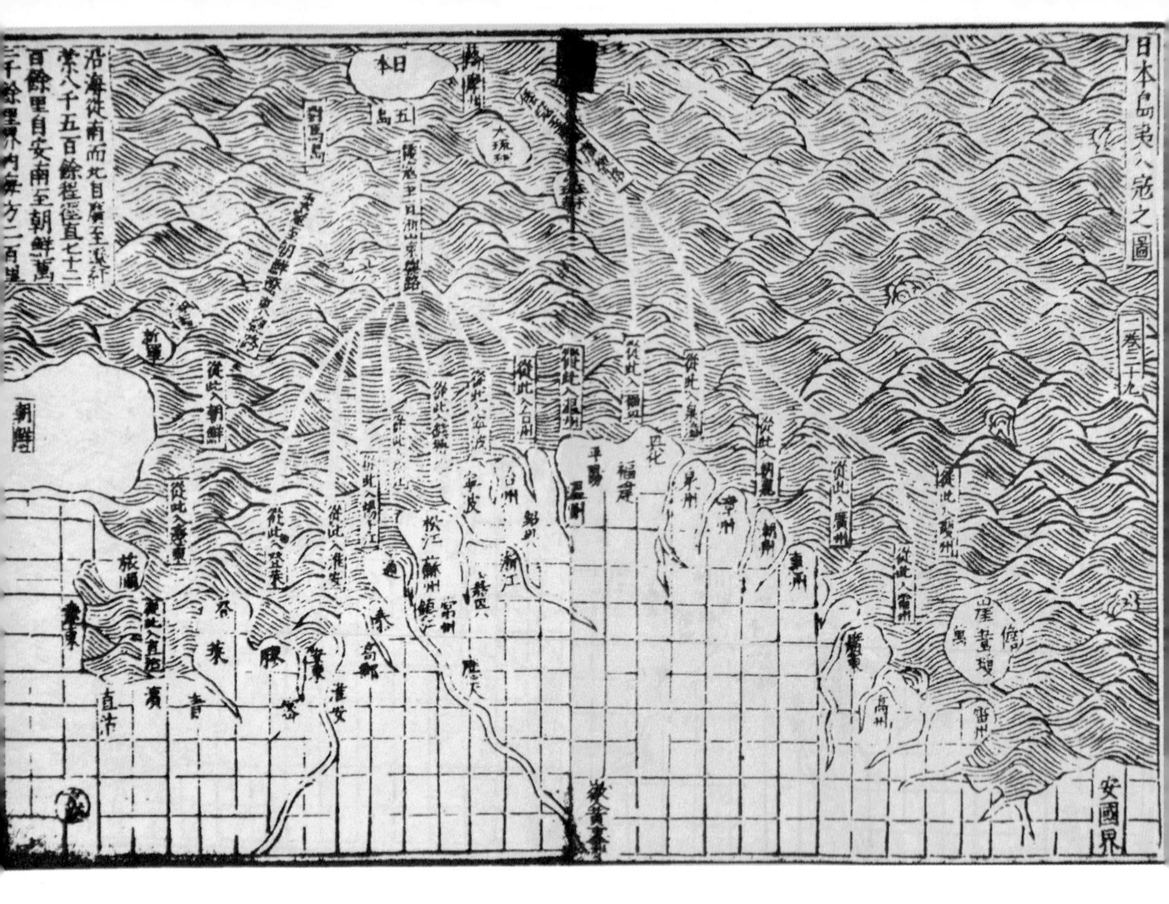

圖2.1《籌海圖編．日本島夷入寇之圖》

此圖以「薩摩州」為出發點，列出了一組呈放射形的海上進攻大明與朝鮮的航線：向西北是「倭寇至朝鮮遼東總路」；向正西是「倭寇至直浙山東總路」；向西南是「倭寇至閩廣總路」。此書出版幾十年後，豐臣秀吉的部隊正是從「倭寇至朝鮮遼東總路」上，攻入朝鮮。圖為書版，縱30公分，橫20公分。

來，因為它是倭寇的老營，也是日本南部著名的海上貿易基地。嘉靖年間，從徽州跑到日本的海盜汪直（一五五七年被胡宗憲誘騙到杭州殺掉），就在九州的長崎安營紮寨，並自稱徽王。

《籌海圖編．日本島夷入寇之圖》以「薩摩州」為出發點，列出了一組呈放射形的進攻中國大陸與朝鮮的路線，分別加框標明：向西北是「倭寇至朝鮮遼東總路」；向正西是「倭寇至直浙山東總路」；向西南是「倭寇至閩廣總路」。此圖出版幾十年後，豐臣秀吉的部隊正是從「倭寇至朝鮮遼東總路」上，攻入朝鮮。

明代地圖的區劃有三個系統：行政區劃、軍事區劃和監察區劃。按理說這幅軍事防禦圖應該在沿海部分標註軍事區劃，如，衛、所、巡司、堡、墩、營、寨等。但鄭若曾沒有這樣標註，而是在三大入寇「總路」之下的倭寇至中國沿海的「分路」航線對應處，標註行政地名：「從此入遼東」、「從此入直沽」、「從此入登萊（為刻圖方便，登州、萊州皆取單字入圖）」……「從此入泉彰」、「從此入潮惠」、「從此入廣州」、「從此入瓊州」……計有十六個「入寇」地點。這些入寇點到底歸哪個衛所，全靠用圖者自己掌握了。值得注意的是，圖中倭寇進犯的航線，與中國的第一幅刻有航線的地圖《輿地圖》完全相同，只是宋代表現中日海上通商的航線，如今變成了倭寇入侵的航線，讓人「別有一番滋味在心頭」。

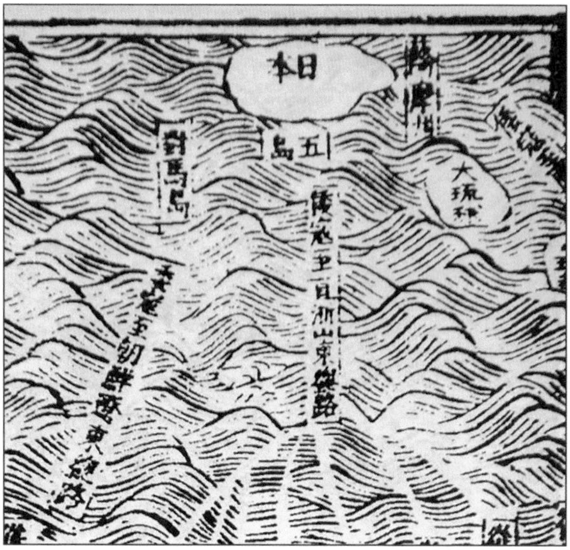

《籌海圖編．日本島夷入寇之圖》上，有準確的海岸線、詳細的海岸地名、主次清晰的航線——可謂一幅標準的航海圖了。不過，乾隆朝編《四庫全書》收入《籌海圖編》時，雖然採取了手抄手繪的方法，令地圖完整清晰，但原版《籌海圖編．日本島夷入寇之圖》上極為重要的「陰紋」入寇航線被抄工隨意略去，使此圖頓失航海意味，價值遠遜原刻本（圖名亦改為《日本入寇圖》），這也從一個側面反映出清初「重陸防輕海防」的時代特色。

圖2.1局部放大圖

《籌海圖編．日本島夷入寇之圖》出版幾十年後，豐臣秀吉的部隊正是從「倭寇至朝鮮遼東總路」上，攻入朝鮮。

抗倭海戰

﹏《倭寇圖卷．出征圖》﹏明末摹繪
﹏《抗倭圖卷．交戰圖》﹏約一五五七年繪
﹏《抗倭圖卷．獻俘圖》﹏約一五五七年繪

作為海戰圖《日本島夷入寇之圖》，只標出了日本一方的進攻路線，沒有標註海防衛、所的位置，攻防對抗的意味略有不足。所以，這裡選取了明代的海上抗倭的畫卷，藉畫說事，以補其不足。

明代傳下來的抗倭圖畫，最著名的就是中國國家博物館收藏的《抗倭圖卷》和日本東京大學收藏的《倭寇圖卷》。兩幅長卷都沒留下作者名，但兩幅畫都在倭船戰旗上，用日本年號記錄了戰爭的時間，《抗倭圖卷》為「日本弘治三年（一五五七年）」，《倭寇圖卷》為「日本弘治四年（一五五八年）」。《抗倭圖卷》繪製年代應是戰旗上所註的時間「日本弘治三年）」之後所作；《倭寇圖卷》畫上題籤「明仇十洲台灣奏凱圖」，但據中日兩國專家分析，明嘉靖時並無攻打台灣的戰事，題籤是附會於仇英，此畫應是明末清初根據《抗倭圖卷》臨摹的作品。

兩幅長卷都用了同一種「紀功圖卷」的方法，描繪的幾乎是同一場抗

圖2.2《倭寇圖卷．出征圖》

表現了前有刀盾手、長槍兵為先導，後有肩扛斬馬劍、蠍子尾的大明正規軍出征場景。圖為絹本設色，縱32公分，橫523公分，現藏日本東京大學。

倭大戰。遺憾的是兩幅畫都沒有註明是哪一場戰役，但兩幅畫的敘事環境是一樣的，畫面從頭到尾都繪有大面積的水面，其水面又以大小不同的波紋表現了由海入江的不同水面。兩幅畫描繪的戰事，皆從倭寇船登陸開始，而後是探查地形、掠奪、放火、百姓避難、明軍出戰、海陸交戰、明軍大勝，和勝利凱旋的全過程。兩幅畫描繪的交戰雙方表現得非常明確，《抗倭圖卷》與《倭寇圖卷》的進攻一方都是三艘倭船，登陸入侵。從人物造形上看得出入侵者為留「月代」髮式的「真倭」，但他們並非正規部隊，而是裝備簡單的日本浪人，上身穿著單衣，下身僅著兜襠布，赤腳，腰挎倭刀。

從《倭寇圖卷．出征圖》（圖2.2）這一部分，可以看出抗擊倭寇的是軍容整齊的大明正規軍。明朝的軍旗有很多種，有「明」字旗，還有太陽旗、三勾玉旗、玄門旗、八卦旗等等。這裡可以看到部分明朝軍旗，如朱雀旗、爻陣旗、長方戰旗等。排成一字長蛇陣的明軍以刀盾手和長槍兵為先導，後邊是肩扛斬馬劍、蠍子尾的大部隊。

值得細讀的是水上交戰場面：《抗倭圖卷》與《倭寇圖卷》上都是兩條倭船與兩條明船在交戰。倭寇一方，有刀有

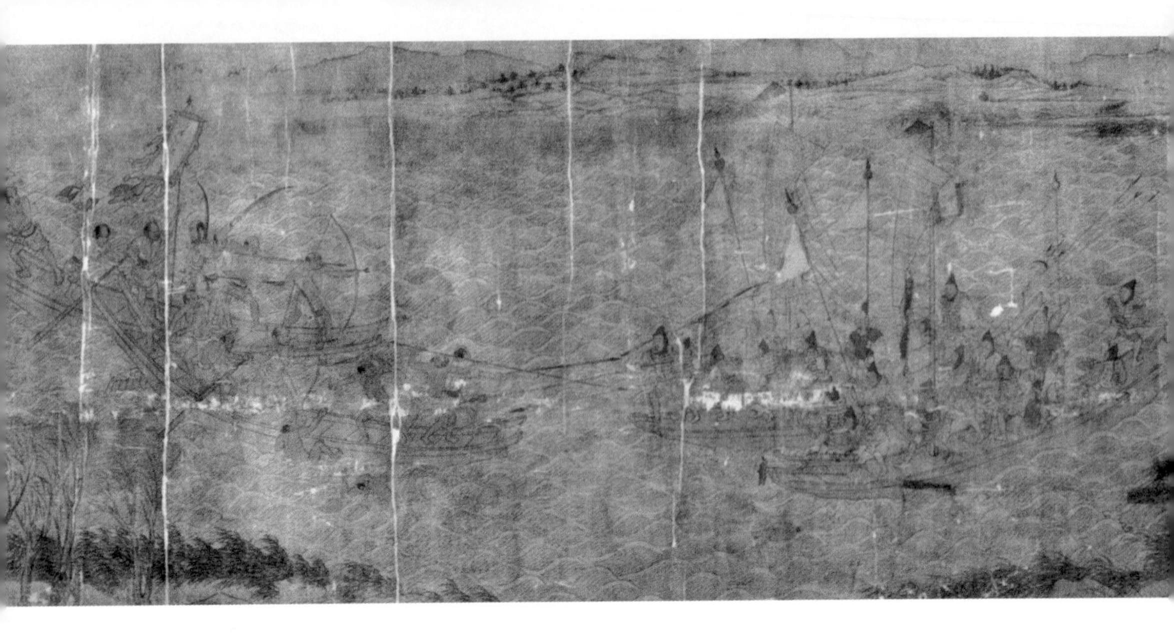

圖2.3《抗倭圖卷·交戰圖》

表現了兩條倭寇船與兩條明軍船在交戰，倭寇一方，僅有刀、箭，完全是草寇型的冷兵器作戰；而明軍船頭則架有管狀火器，已然是掌握熱兵器的軍隊。圖為絹本設色，縱31公分，橫570公分，現藏中國國家博物館。

箭，完全是草寇型的冷兵器作戰。明代中國已經有了火器，如單眼銃、子母銃、噴筒這些管狀火器。後期，還有火繩槍和佛朗機砲。《抗倭圖卷·交戰圖》（圖2.3）明軍船頭架有管狀火器，已然是掌握「現代」武裝的軍隊。所以，勝負已定，倭寇被打落水中。接下來的《抗倭圖卷·獻俘圖》可以看到三名倭人，高舉「浙直文武官僚」旗幟的明軍總督的部隊，接收前線抓回來的倭寇（圖2.4）。

研究此畫的日本學者須田牧子認為，畫面表現的時間段為明嘉靖三十六至三十七年。

這兩年，在剿倭方面，明軍的最大勝利就是明嘉靖三十六（一五五七年），即日弘治三年。這一年，汪直（王直）被明廷以「招撫」之名，從日本誘騙到大陸，次年，被投入按察司大獄，隔年被斬。如果把此前戚家軍接連不斷的剿倭大捷，和接下來的被誘捕與被殺聯繫在一起，可以說，大明抗倭取得了決定性的勝利。此畫正是在這個意義上進行創作的，並不一定是表現哪一場具體的抗倭海戰。

圖2.4《抗倭圖卷·獻俘圖》

表現了高舉「浙直文武官僚」旗幟的明軍總督的部隊，帶著三名倭寇凱旋的場景。圖為絹本設色，縱31公分，橫570公分，現藏中國國家博物館。

不過，從戰爭的意義上講，這算不上真正的海戰，更不是國家與國家，即大明與日本兩國的開戰。它只是大明正規軍在剿匪，那些倭寇不僅不受日本國的保護，日本國還多次公開表明支持中國剿滅這些海盜。

應該指出的是，這兩幅畫的影響完全不同。日本東京大學收藏的《倭寇圖卷》，一直是日本中學課本裡必選之圖，曾被反覆介紹。

凡在日本受過教育的人，都知道這幅畫。而很有可能是日本的《倭寇圖卷》之母本的《抗倭圖卷》，自一九六五年入藏中國國家博物館後，始終是「養在深宮人未識」。直到近幾年，才與公眾見面，這不能不說是我們歷史與藝術研究中的一個遺憾。

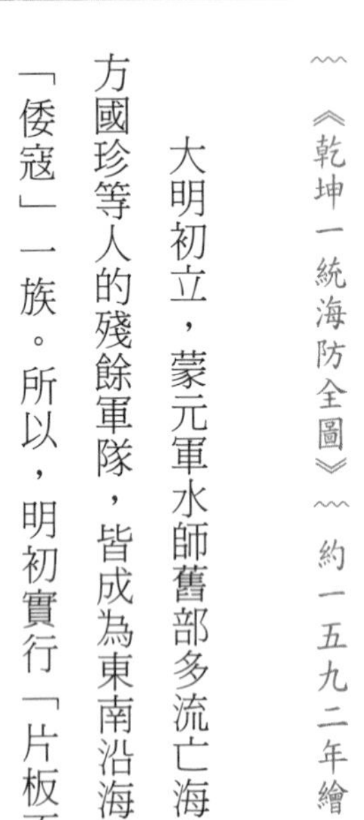

明代岸防

〰《乾坤一統海防全圖》〰約一五九二年繪

大明初立，蒙元軍水師舊部多流亡海上，如張士誠、方國珍等人的殘餘軍隊，皆成為東南沿海島嶼與大陸之間「倭寇」一族。所以，明初實行「片板不得下海」的禁令，在東南沿海建立了有史以來最為密集的海岸防衛體系。如果說明初海禁，還是一個防止叛亂、防止海盜策略，那麼到了明中晚期時，這個海岸防衛體系已表現出更深層的國防意義。

人們讀宋代海疆地圖時，會看到一些海防元素，多以水軍和船場的面目出現，沒有系統的海岸防線佈局。古代中國海防大格局是在明嘉靖「倭患」高峰之時確立的，鄭若曾的《籌海圖編》就是在這個背景下誕生的。一五六二年付梓的《籌海圖編》，論述了中國沿海地理形勢、倭寇情況、海防策略、海防設置、治軍原則以及武器裝備等，可謂中國第一部全面論述海防的圖籍。但《籌海圖編》以

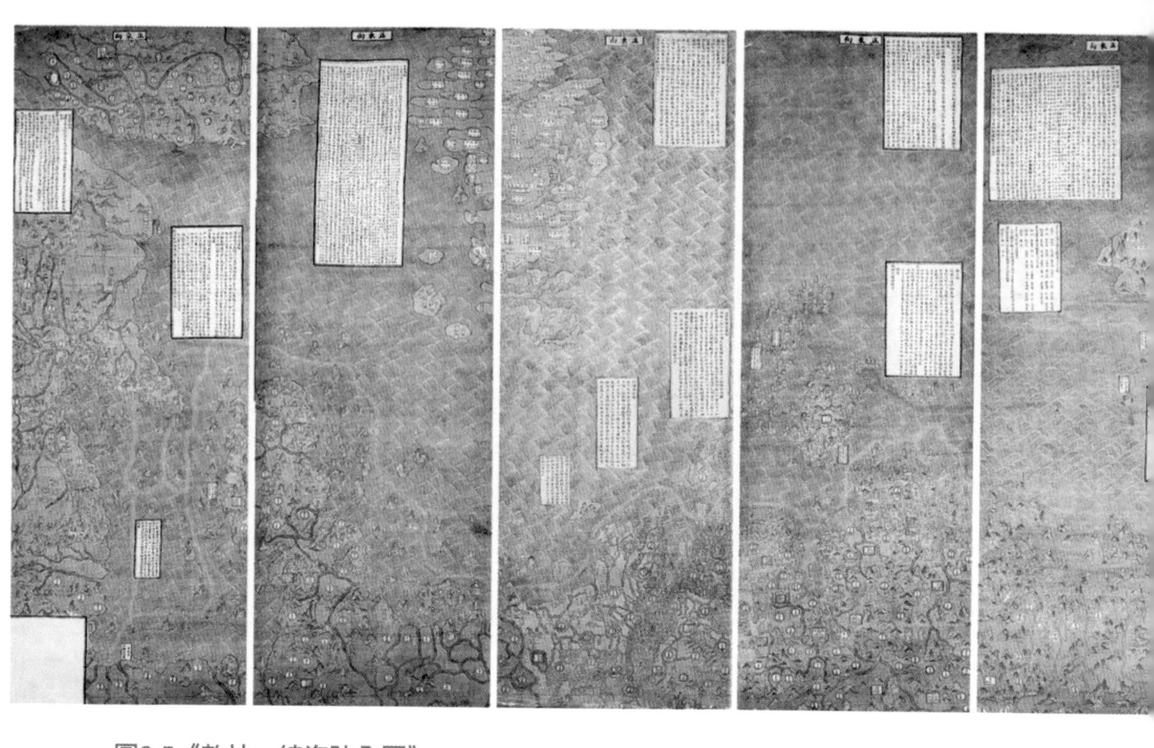

圖2.5《乾坤一統海防全圖》

描繪了從欽州灣至鴨綠江的大明海疆，圖上有圖説27處，文圖構成一套完整的海防思想。全圖分為10個條幅，每個條幅縱170公分，橫60公分，總長為605公分，大約繪於1592年，現藏中國第一歷史檔案館。

書版刻印時，原來的「一」字長卷被分成了單頁圖，不便閱讀，所以，這裡選取了董可威《乾坤一統海防全圖》（圖2.5）來展示明代海防全貌，也藉此反映萬曆時期不一樣的海防形勢。

實際上，董可威《乾坤一統海防全圖》是鄭若曾《萬里海防圖》的摹繪本，原圖未註繪圖時間，專家推測它約繪於一五九二年。因圖右上方有萬曆三十三年（一六〇五年），吏部考功司郎中徐必達的題識。後世也因此稱其為「徐必達題識《乾坤一統海防全圖》」。董可威、徐必達等人為何要將半個世紀前鄭若曾編的《萬里海防圖》重新摹繪為《乾坤一統海防全圖》，又加以論述呢？

明萬曆年間，「倭患」已由民間貿易衝突，升級為藩屬危機與海疆隱患。一五九〇年豐臣秀吉結束了日本戰國時代，挾統一日本之勇的豐臣秀吉，一五九二年悍然出兵攻打朝鮮。大明作為朝鮮的宗主國，即向朝鮮派四萬中國兵跨江入朝，擊退了攻入朝鮮的日軍。但日本與朝鮮、琉球和大明不斷有海上衝突。一六〇九年，日本薩摩州的部隊甚至把琉球王尚寧抓到日本，逼其臣服。

為防範日本，明廷翻出歷史文獻，命人重繪海防圖，論述海防之策。於是有了這幅六公尺長的巨幅彩繪海防圖。這是一幅綜合性的沿海軍事設防圖，其海岸線西起廣西欽州灣，東至鴨綠江口，詳細描繪和論述了廣東、福建、浙江、南直隸（今江蘇、安徽）、山東、北直隸（今河北）、遼東等七省沿海地區的自然地理特徵，政區建置以及軍事設防狀況。

《乾坤一統海防全圖》與《籌海圖編》一樣，都將海洋畫在上方，將陸地畫在下方。但與《籌海圖編》不同的是，《乾坤一統海防全圖》十條幅地圖，每條幅都有準確的方向標註，如「正東向」、「東南向」、「正南向」。

作為海防圖，其海洋繪製十分精細，海以細波紋線表示；島嶼礁石、港灣渡口，皆重點標註；水寨險灘，還附以文字說明；海岸線與島的相對位置，大體準確；是一幅非常實用的海防圖。

值得一提的是這幅海防圖上還附有許多重要的「海論」，如《廣東要害論》、《浙洋守禦論》、《江北設險方略論》、《山東預備論》、《遼東軍餉論》……這些百字「小論文」，如「江河入海之際，大船皆可乘潮而入」、「四郡無患，則中原留都可高枕而臥矣」，構成了一套完整的海防理論。

此圖特別描繪了與大明隔海相望的日本、朝鮮、琉球的沿海地區；同時，圖中還繪出了「小琉球國」，被認為是首幅繪製較為清楚的台灣地圖；釣魚島列島也明確地標明在大明海疆海防範圍之中；實為中國古代海疆與海防歷史面貌的又一有力證明。

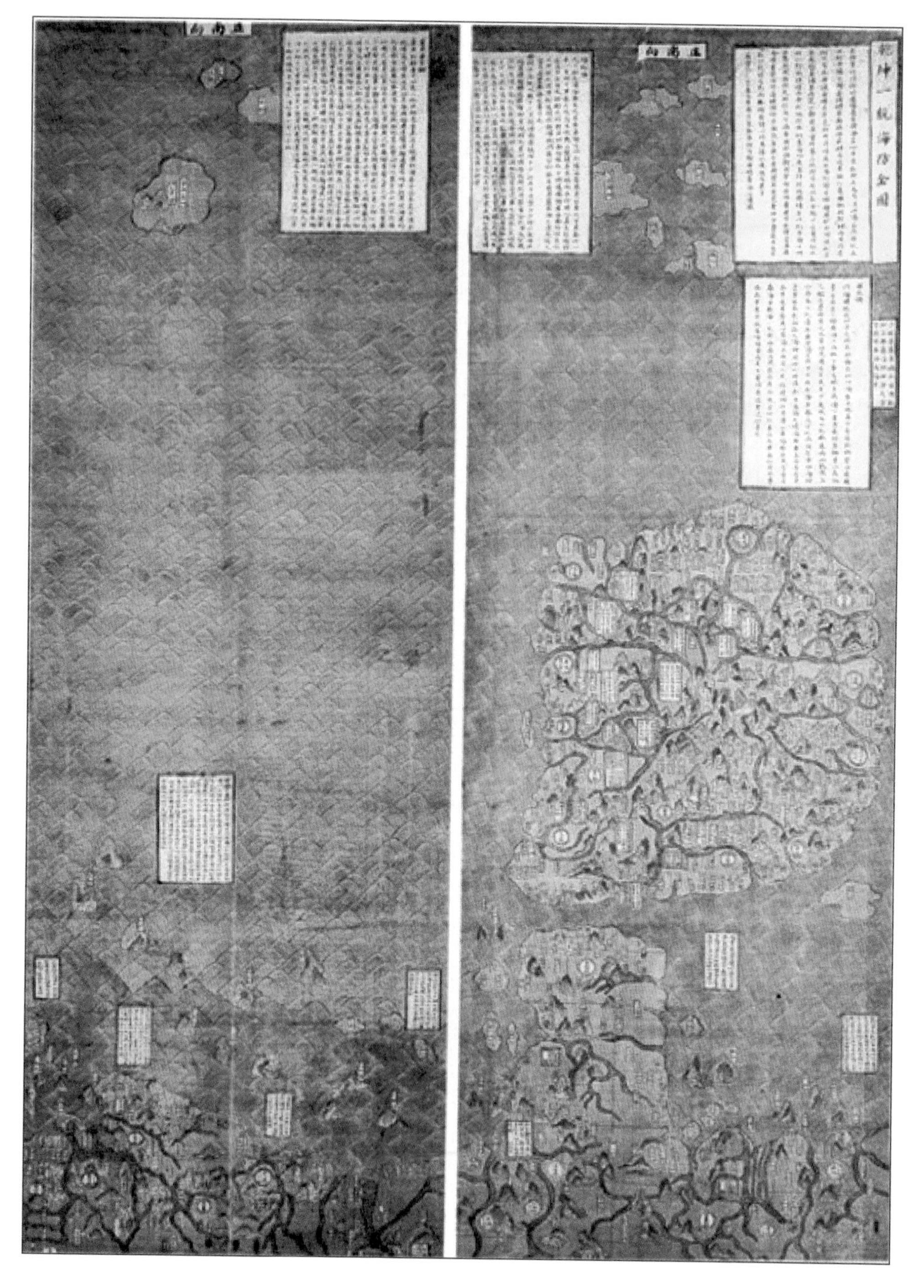

圖2.5局部放大圖

《乾坤一統海防全圖》上還附有許多重要的「海論」，這些百字「小論文」，構成了一套完整的海防理論。

3 西人東進

引言：大航海帶來的西人東進

〈〈《荷蘭使節船遠眺廣州城圖》〈〈一六五五年刊刻

明代以前，中國人說的西方，通常是指「西域」，多指印度、波斯及阿拉伯世界。「西域」早在漢朝就與華夏有海上交往了。這條航路，阿拉伯人熟得如同走親戚的路和回家的路。但對於真正的西方而言，通往東方的航路則是大航海時代，由葡萄牙人開闢的。葡萄牙開闢東方航路的腳步猶如下跳棋，由三個航海家找到三個關鍵點，用了三個十年，完成了進入東亞的三級跳：一四八八年巴爾托洛梅烏·繆·迪亞士（BARTOLOMEU DIAS）發現了好望角；一四九八年達伽馬（GAMA VASCO，DA）跨越印度洋登陸印度；一五一一年阿方索·德·阿爾布克爾克（Afonso de Albuquerque）攻佔麻六甲……

葡萄牙人就這樣進入了亞洲，一路向南尋找香料群島，一路向北進入中國。

據說，第一位登上中華大地的葡萄牙人叫奧維士（Jorge Alvares，也譯為歐維士、區華利），時間是一五一四年，地點是澳門。這一年，恰好廣東右布政使吳延舉擅立《番舶進貢交易之法》，外國商船來華時間被擴大為無限期入境（明初對「朝貢」的國家，有明確的時間間隔及停泊地等規定），進入廣東即可上稅、賣貨。但京城官員並不認同廣東開放貿易，不斷有人告狀。不過，大明第十位皇帝朱厚照此時正在

圖3.0《荷蘭使節船遠眺廣州城圖》

由荷蘭東印度公司的約翰尼霍夫所繪，他在東印度公司航行中國的過程中，繪製了一百多幅插畫。這幅畫繪於1655年，是最早以廣州為題的西洋畫。

豹房行樂，並未對葡萄牙商船來華貿易進行干預。此種好景一直持續到一五二一年，三十一歲的正德皇帝病死，他十五歲的堂弟朱厚熜繼位成為嘉靖皇帝。嘉靖朝廷開始驅逐住在屯門的葡萄牙商人，於是有了中西交往史上的第一場海戰——屯門之戰。敗走屯門的葡萄牙船隊，五年之後，又進入了舟山群島，與福建海商兼海盜金子老、李光頭，浙江海商兼海盜王直，進行走私貿易。在十六世紀出版的葡萄牙海商使用的海圖上，可找到東南沿海一帶走私通商口岸的地名，如「Chincheo」（漳州）、「Lalo」（料羅）、「Syongican」（雙嶼港）、「Liampo」（寧波）等，可見葡萄牙人對這一帶海域之熟悉。一五四三年葡萄牙人沿東海北上首次進入日本。

一五三五年嘉靖朝在濠鏡澳設市舶提舉司，正式將澳門定為「互市」港口。一五四八年嘉靖朝廷派巡撫朱紈摧毀了雙嶼港，葡萄牙人從東海退出，把船再度開進澳門海域。一五五七年葡萄牙以每年白銀五百兩租銀，租借了這個島嶼。

南海抗夷第一戰——屯門海戰

〰《東印度群島航海圖》〰一五一九年繪

〰《蒼梧總督軍門志．全廣海圖》（局部）〰一五七九年刊刻

葡萄牙阿爾布克爾克的艦隊攻佔滿剌加（麻六甲）之後，在那裡建立了總督府，隨後以此為據點分兵兩路繼續尋找東方商機：一方面繼續向東航行，尋找香料群島；一方面轉而北上，尋找與中國通商的機會。（圖3.1）

關於一五一四年葡萄牙人奧維士的登陸地點，一直存有爭議。澳門人認為他先在澳門媽祖廟前方登陸，是澳門開埠第一人，所以在澳門南端為他立了雕像；但也有人認為，他先在屯門登陸，那裡賣掉船上帶來的東西，帶著黃金、珠寶以及東方物產回到葡萄牙，成為轟動一時的探險家。

澳門在珠江口西岸，屯門在珠江口東岸。奧維士最初是在西岸登陸，還是在東岸陸登，史無定論。但有一點是無疑的，葡萄牙確實是最先侵佔中國土地的歐洲國家，屯門確實是中國人與葡萄牙人開戰的地方。

筆者曾專赴香港坐著屯門特有的環城輕鐵進行了實地考察，雖然，無法斷定這個屯門港即是葡萄牙人當年落腳的地方，但這裡有屯門河入海口，內有避風港，外有深水澳，是一個泊大船的好碼頭。

據史料記載，「屯門」之名始起於唐代，唐朝廷曾在珠江口虎門外南頭半島上設海防屯門鎮，此名有「屯兵之門」的意思。宋、元改屯門鎮為屯門寨。明初設南頭寨，屯門稱「屯門海澳（澳即可以停船

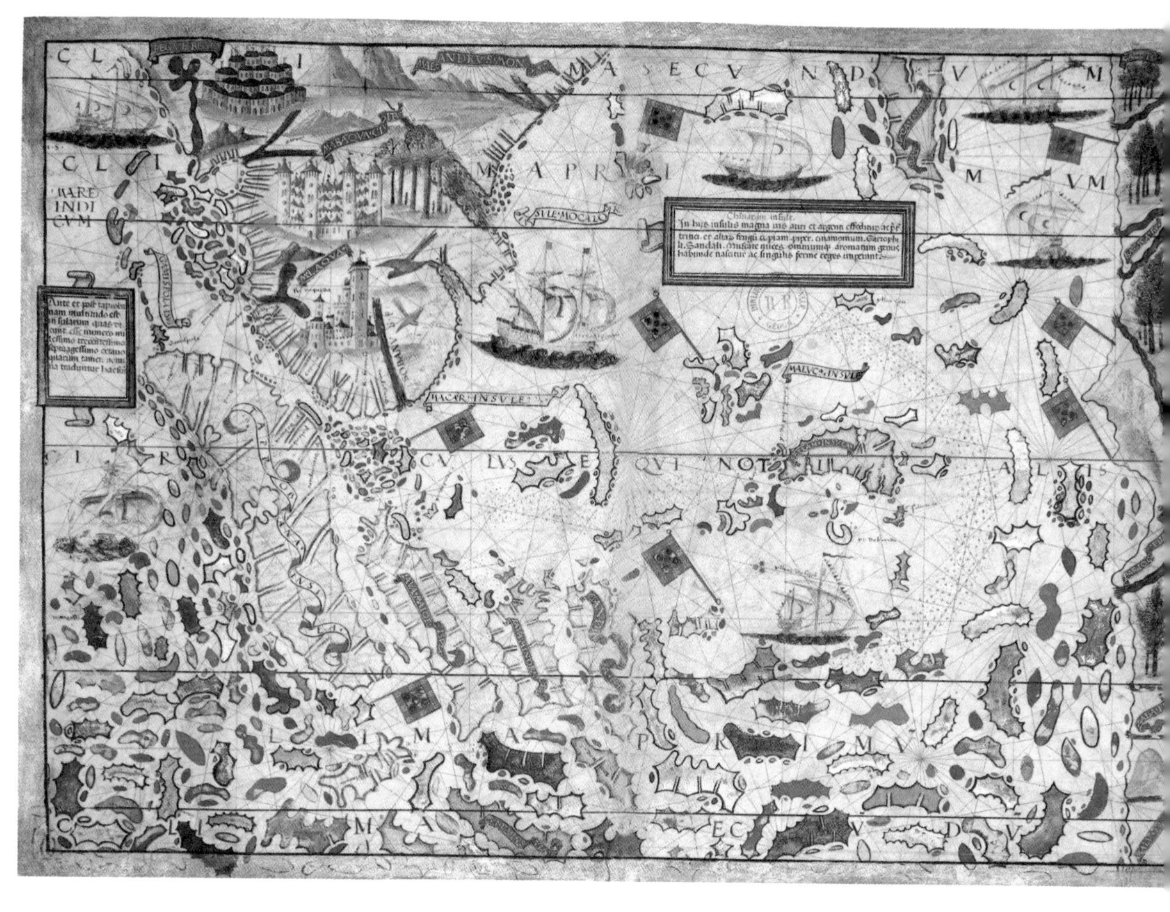

圖3.1《東印度群島航海圖》

此圖是1519年葡萄牙出版的航海圖，東印度已經在掌控之中。

的海灣）」。但明代文獻中沒有葡萄牙文獻記載登陸地所稱的「屯門島」（Tumon）。所以，明代「屯門」的具體位置也無定說，一說在南頭島，一說在杯渡山（今香港青山）。

筆者在屯門作調查時，於山中打聽杯渡山，已沒多少人知道，人們只知道青山。相傳南北朝時，有高僧乘木杯漂至屯門山，在這裡修行。此山遂被稱為「杯渡山」。山腰上的青山禪院（古稱杯渡寺），傳說已有一千五百年的歷史。在明嘉靖出版的《籌海圖編．廣東沿海山沙圖》上，可以看到「福永」之南的海上繪有「杯渡山」。

這幅《全廣海圖》（圖3.2）原載《蒼梧總督軍門志》一書，此書是一部邊疆軍事志書，專記明代兩廣軍事事宜。古代泛稱百粵之地為「蒼梧」，故名。一五五二年應檟初修《蒼梧總督軍門志》，一五七九年劉堯誨重修。從此圖已繪出「新安縣」來看，圖應繪於萬曆元年增設新安縣之後。圖中「屯門澳」一處註記：「此澳大，可泊。東南風至老萬山二潮水，至九州一潮水，至雞公頭半潮水，至急水門五十里，南頭兵船泊此。」這一註記，不僅標示了屯門的位置，也顯示出它在海防上的重要地位。

一六六八年，康熙朝在杯渡山下置「屯門墩台」；乾隆朝改其為「屯門汛」；在嘉慶版《新安縣志重印本·海防圖》上，可見「杯渡山」邊已註有「屯門汛」。在葡萄牙人托梅皮雷斯的《東方簡志》中，也有對屯門的描述：「靠近南頭陸地處，有些為各國規定的澳口，如屯門島等……。」在葡萄牙人弗朗西斯科·羅德里格斯一五一二年所繪圖上，「Tumon」被標註在今大嶼山附近。所以，筆者認為香港屯門應是葡萄牙人所稱之「屯門」。

葡萄牙人登上「屯門島」時，大明第十位皇帝朱厚照正在豹房行樂，朝臣皆弄不清葡萄牙是何方神聖。明代文獻借用阿拉伯人對西方人的稱謂「法蘭西斯克」，稱其為「佛郎機」。因為葡萄牙船隊以滿剌加為據點，所以大明認為此國近「滿剌加」。

一五一四年廣東右佈政使吳延舉擅立《番船進貢交易之法》，開放貿易之舉，京城官員並不認同。但玩心頗重的正德皇帝，未對葡萄牙商船來華貿易進行干預。

一五一八年葡萄牙人帶著三艘大船來到屯門島，旁若無人地興建房屋，構築砲台，似乎成了這裡的主人。葡萄牙人派出翻譯火者亞三，通過用洋貨賄賂官員，在南京見到了正在南巡的正德皇帝。正德皇帝很喜歡火者亞三，把他留在了身邊。葡萄牙商船也在屯門順利地住了下來，成為合法商人。但葡萄牙

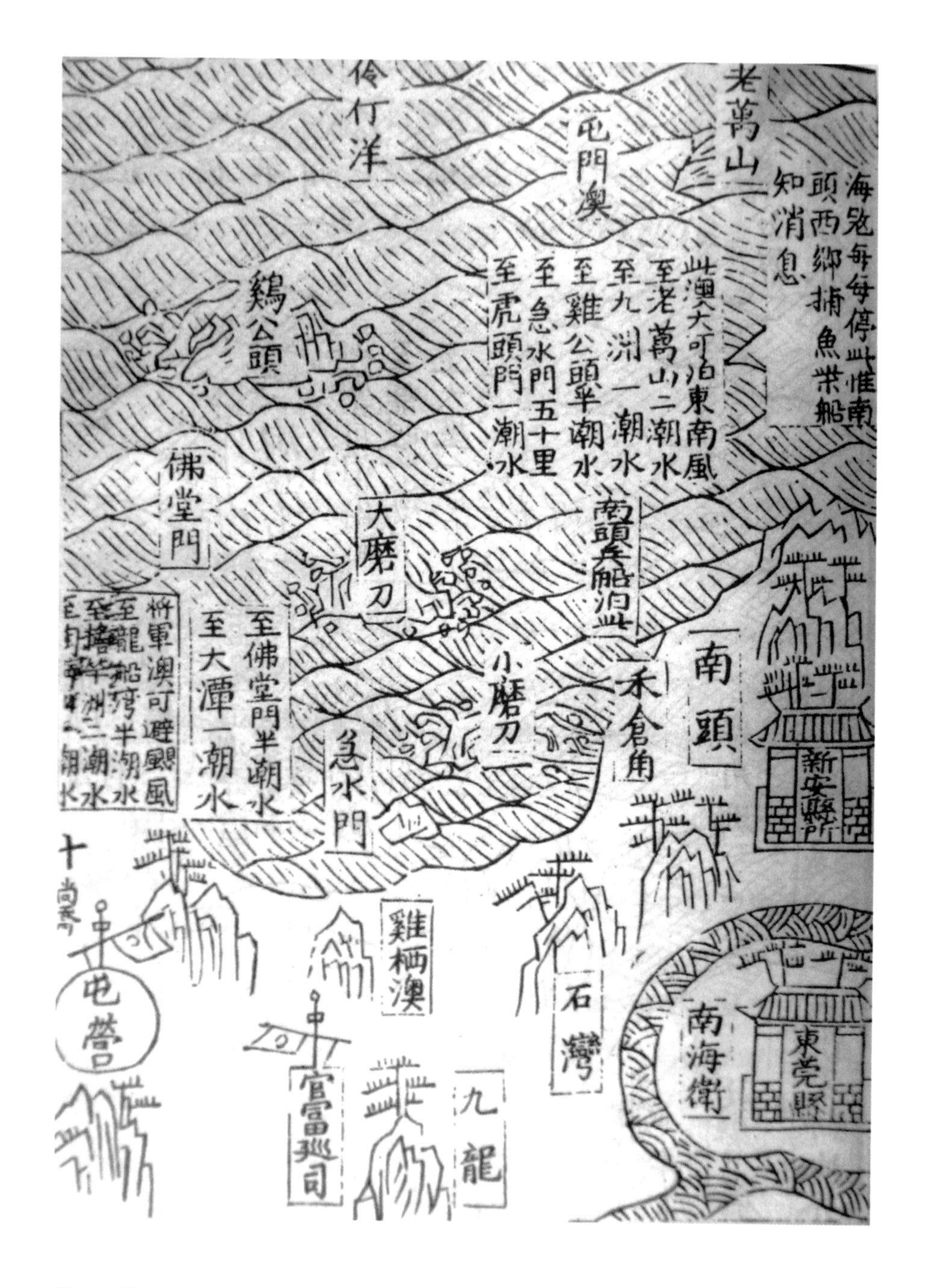

圖3.2《蒼梧總督軍門志·全廣海圖》（局部）

原載《蒼梧總督軍門志》一書，此書是一部邊疆軍事志書，專記明代兩廣軍事。古代泛稱百粵之地為「蒼梧」，故名。1552年應檟初修，1579年劉堯誨重修。從圖上繪出「新安縣」看，圖應繪於萬曆元年（1573年）增設新安縣之後。圖中標示出「屯門澳」，註記屯門地理位置和海防地位。

人的好景不長，一五二一年，三十一歲的正德皇帝朱厚照病死於豹房，他十五歲的堂弟朱厚熜繼位，成為嘉靖皇帝。皇太后出來清理先朝亂政，御史丘道隆於前一年所上的：「滿剌加乃敕封之國，而佛郎機敢並之，且啖我以利，邀求封貢，決不可許」奏摺，這才有了下文。火者亞三被以「冒充使節」罪名處死，葡萄牙使臣被逐出北京城。同時，嘉靖皇帝還命令廣東按察使、海道副使汪鋐，率軍驅逐住在屯門的葡萄牙人。

於是，有了中西交往史上的第一場海戰——屯門之戰。

此時，葡萄牙人已佔據屯門島若干年，有幾艘配有火砲的大船守護。五十六歲的汪鋐，不得不採取先禮後兵之策，先是對葡萄牙人宣詔，令其盡快離去，但葡萄牙人仗著持有先進武裝，並不理會汪鋐。汪鋐只好率五十艘戰船，對屯門葡萄牙人發動了軍事驅逐。由於屯門有砲艦守護，汪鋐的小船很快被洋槍洋砲擊敗。

首戰告負的汪鋐，改換戰術，邊圍邊打。史料記載，汪鋐是用了多種土辦法，最終於一五二一年九月七日，打跑了葡萄牙人。一是，準備了一些裝滿油料和柴草的小舟，待一天颳起很大的南風，汪鋐率軍士四千眾，船隻五十餘，再次攻打葡萄牙船隊。汪鋐先將一些填有膏油草料的船隻點燃，火船快速朝葡萄牙船隊駛去，由於洋人的艦船巨大，轉動緩慢，無法躲開火船進攻，很快燃燒了起來，葡萄牙人大亂。二是，汪鋐藉洋人大亂之機，派人潛入水下，將未起火的敵船鑿漏，葡萄牙人紛紛跳海逃命。然後，汪鋐命軍士躍上敵船廝殺，敵軍大敗。最後剩下三艘大船，趁天黑逃到附近島嶼藏身，十月底逃回滿剌加。

葡萄牙人退回滿剌加休養生息，尋找下一個進入東亞的突破口。一五二三年葡萄牙人麥羅．哥丁霍

（Mello Coutinho，大明稱其為別都盧）的船隊到達滿剌加，雖然，他已知道大明與葡萄牙關係惡化，但仍「恃其巨銃利兵」，攜「劫掠滿剌加諸國……破巴西國」之勇，一意孤行，「遂寇新會縣西草灣」。

在新會西草灣，葡萄牙船隊的貿易請求再次遭到大明的武力驅趕。據《明史》載：「佛郎機國人別都盧寇廣東，守臣擒之。初，別都盧備倭指揮柯榮、百戶王應恩率思船截海禦之。轉戰至稍州，向化人潘丁苟先登，眾人齊進，生擒別都盧、疏世利等四十二人，斬首三十五級，俘被掠男婦十人，獲其二舟。餘賊末兒丁甫思多滅兒等復率三舟接戰。火焚先所獲舟，百戶王應恩死亡，餘賊亦遁。巡撫都御史張嵿、巡撫御史史涂敬以聞，都察院覆奏，上命就彼誅戮梟示」。

屯門與西草灣兩戰，把葡萄牙船隊趕出了珠江口，不甘心就此撤離中國海岸的葡萄牙人轉而北上，到東海尋找新的落腳點……

圖3.1局部放大圖

葡萄牙阿爾布克爾克的艦隊攻佔滿剌加（麻六甲）之後，在那裡建立了總督府，隨後以此為據點。

葡萄牙構築的澳門海防

〰〰《澳門海防圖》〰〰一六三四年出版

葡萄牙船隊一五二三年被大明軍隊趕出珠江三角洲，並沒有退縮到滿剌加不再出擊，而是稍許休整一下，又返回中國海域。這一次，葡萄牙艦隊沒有進入珠江口，而是沿大明海岸線北上，大約在一五二六年左右，葡萄牙商人進入了舟山群島。最初，葡萄牙商人是與福建海商金子老、李光頭，後來又與浙江海商汪直接洽，進行走私貿易，並逐步結成海上貿易聯盟。一五四二年左右，葡萄牙船隊在舟山群島定海建立起一個葡萄牙與大明、日本、朝鮮四國走私貿易的中轉站——雙嶼港。

雙嶼港在十幾年間，迅速發展成為東方海上貿易明星港口，這令嘉靖朝廷萬分不安。一五四八年，朝廷以海禁之名派出浙江巡撫朱紈，率戰船三百八十艘、兵六千餘人，進入雙嶼港剿倭。在擒獲海商頭目李光頭、許六、姚大等之後，以木石填平了雙嶼港。從此這個名噪一時的貿易港口，就從歷史的版圖上消失了。筆者曾列席過「雙嶼港國際論壇」，但專家們也只能考證出它大概的位置在舟山的六橫島上。

一五三五年嘉靖朝廷在濠鏡澳設市舶提舉司，澳門被正式定為「互市」港口而開埠。早就看好澳門的葡萄牙人，從東海退出後，再度把船開進了澳門海域。這一次，葡萄牙人就聰明了，先不提貿易，更不言佔領，一五五三年葡萄牙人賄賂了廣東海道副使汪鋐，以借地晾曬朝貢貨物為名在澳門登陸。一五五七年，在海岸邊修了幾年船的葡萄牙人，以每年白銀五百兩租銀，租借了這個島嶼，並獲得了在澳門修築房屋並居住的特許。從這時起，葡萄牙人開始將澳門當作自己的領地來經營。

筆者已多次考察過澳門。每次到澳門都少不了要到今人所說的「大三巴」。所謂「大三巴」其實是澳門最早的天主教耶穌會士的教堂。在取得了在澳門修築房屋並居住的特許後，一五六五年，葡萄牙人先在這裡建了一座聖保祿學校，不久，這裡成為遠東地區最早的一所西式大學。一五八〇年葡萄牙人又在此建立了一座聖保祿教堂（即「大三巴」）。一六一六年葡萄牙人以保護聖保祿的大學與教堂為名，在這裡建立了一個砲台，人稱「聖保祿砲台」，後人稱其為「大砲台」，又由於它位於澳門城中央，所以又有中央砲台之稱。

中央砲台是澳門最古老的砲台，葡萄牙人在中國的土地上修築砲台的大幕，由此拉開序幕。在這個被西方列強看好的島上，葡萄牙人到底建了多少砲台，現已無法說清了。但是藉助一六三四年葡萄牙出版的《東印度城鎮防禦工事圖》一書中由佩德羅繪製的《澳門海防圖》（圖3.3），我們可以看到晚明時澳門砲台的基本模樣。

筆者的澳門海防考察是從拱北口岸這邊開始的，從珠海拱北口岸進入澳門，首先看到的是與拱北海關只有幾百公尺之遙的望廈砲台。

這個砲台是鴉片戰爭後建的，砲口對著中國內陸方向。這個砲台的存在，表明大清的外交已完全處於劣勢。但在晚明的《澳門海防圖》上，情況剛好相反。此圖的北部雖然繪有砲口對著中國內陸的沙梨頭砲台，但此砲台一六二四年建成後，即被明廷勒令拆除，葡萄牙人先拆除了砲位與圍牆，至一六四〇年，將所有砲台全部拆除。因明朝廷早有規定，葡萄牙人修築砲台只能對外防海上夷人進攻，絕不可對內防大明朝廷。事實上，晚明時葡萄牙人在澳門修築的砲台，絕大多數是用於海外之防。

圖3.3《澳門海防圖》

原載博卡羅1634年出版的《東印度城鎮防禦工事圖》中，此圖反映了晚明時期澳門海防砲台的基本佈局，圖由佩德羅繪製，縱29公分，橫40公分。

在此的圖上方：從左至右，依次排列的是聖耶尼羅砲台、嘉思欄砲台、伯多祿砲台（主教山砲台）、火灰爐砲台、郫那砲台（西望洋砲台，現已消失）、竹仔室砲台。為看清這些砲台的位置，筆者登上澳門最高的松山。

這裡在一六三七年修築了東望洋砲台（亦稱松山砲

台），當然，在一六三四年出版的這幅地圖上是無法顯示的。此砲台後來成為東邊的重要火力點，山上還建了著名的燈塔。這些砲台構成了澳門東南海域的強大火網。

在此圖的上方：左邊為銀坑砲台，右側為媽閣砲台。媽閣砲台的原址就在今天媽祖廟，但砲台早已消失，而今這裡建了一座海事博物館。

在圖的中央：四方城堡內的為大砲台（即中央砲台）。大砲台上下分三層，每層都保留著精鐵重砲，粗粗一數，總共約有三十門之多。大砲台在澳門城中央，所以是一個覆蓋東西海岸的寬大砲火網。一六二二年，大砲台在反擊荷蘭人的進攻時立下大功，救了澳門。

所以，葡萄牙人也藉此機會，修築了更有威力的砲台。一六三七至一六三八年間，葡萄牙人在澳門半島的最高點東望洋山之巔，修築了東望洋砲台。它與媽閣砲台、望廈砲台構成半島完整的防禦體系。澳門總督還發動民工修築城堡，架設大砲數十門。但考慮到防禦需要，「止留濱海一面，以禦紅夷」。所以，崇禎初年，葡萄牙人修築東起嘉思欄砲台，北至水坑尾，折向西北經大砲台至三巴門，再向北至白鴿巢、沙梨頭門，轉向西南，直抵海邊。這條城牆全長一千三百八十丈。

據史料記載，從一六〇一年到一六二七年，荷蘭艦隊先後五次攻打澳門；後來，英國人也曾攻打過澳門；但都被葡萄牙人堅固的海防砲台打了回去。所以，有學者認為當年汪鋐讓葡萄牙人借駐澳門，是有「以夷制夷」之想法的，這個想法在後來荷蘭人攻打澳門時，果真奏效。

荷蘭攻打葡佔澳門

﹏《澳門圖》﹏一六五五年繪

葡萄牙人賴在澳門不走了，不僅為自己在中國找到了一個絕好的落腳點，還佔據了重要的海上咽喉，阻擋了其他西方列強進入中國進行貿易的通道。

面對巨大的海上利益和中國這樣巨大的市場，有「海上馬車伕」之稱的荷蘭，自然不甘人後。海盜出身的荷蘭東印度公司，最初是以海盜的形式在海上不斷打劫葡萄牙從中國和日本貿易歸來的商船，如一六〇三年六月，荷蘭人在澳門駛往麻六甲的海路上，伏擊了滿載貴重的藝術品、漆器、絲綢和陶瓷的葡萄牙大帆船「卡特琳娜號」（**Saint Catarina**）。一個月後，荷蘭戰船又截獲了從澳門駛往日本的葡萄牙的「那保丸號」，戰利品總值一百四十萬盾。據說荷蘭人從船上往下卸貨，就搬了十天。但海上打劫終究滿足不了荷蘭人胃口，他們的長遠大計是在珠江口落腳。

一六一九年，荷蘭人在印尼建造新城巴達維亞（今印尼雅加達）後，以此為據點開始了遠征中國的計劃。起初，荷蘭人也想傚倣葡萄人，向明廷借地通商，但卻遭到明廷的拒絕。因為明朝廷借地給葡萄牙人，已暗含了「以夷制夷」的想法。荷蘭人一看與明朝廷談不成，乾脆以武力與葡萄牙爭奪利益。

於是，葡荷兩國在中國的地盤上展開了爭奪戰。

一五一八年，葡萄牙人在屯門有私鑄砲台的不良記錄，所以，大明租借澳門時，在《海道禁約》中寫有明確規定：「禁擅自興作。凡澳中夷寮，除前已落成，遇有壞爛，准照舊式修葺，此後敢有新建房屋，添造亭舍，擅興一土一木，定行拆毀焚燒，仍加重罪」。正是在明朝的堅決反對下，葡萄牙人一直難以建造完整的砲台，以及城牆等防禦設施。所以澳門長期處於無海防工事、無兵力防守的混亂狀態。荷蘭人此前曾小規模試探性地攻擊過澳門，並探出了澳門海防薄弱這一點。

一六二二年五月二十九日，從巴達維亞開出的荷蘭艦隊與兩艘英國戰艦組成聯合艦隊，進入澳門海域，向澳門城開砲，並搶劫了兩艘中國和葡萄牙帆船。隨後荷蘭人又從巴達維亞調來多艘戰船，準備強攻澳門城。六月二十二日，一支由十七艘戰艦和一千三百名士兵組成的艦隊，浩浩蕩蕩開抵澳門東南海域，進攻也是從這裡開始的。

六月二十三日，兩艘荷蘭艦砲轟松山腳下的嘉思欄砲台（此時還沒有建東望洋砲台，嘉思欄砲台是東邊最重要的砲台）。這個砲台今天仍在，並建成了一個砲台博物館。不過，我們今天看到的這個砲台已是後來多次修建和擴建的砲台了。嘉思欄砲台是澳門南灣海防線的第一關。荷蘭人海上進攻路線是從東往西展開的。嘉思欄砲台火力強大，剛一開戰就擊中了荷蘭的主力艦「加萊賽」（GALLIASSE），擊沉這艘戰艦。

六月二十四日拂曉，荷蘭人以兩條方帆船開路，一支由迴旋槍和輕砲武裝起來的八百人的荷軍縱隊開始登陸澳門。在松山腳下的劏狗環海灘（今水塘），荷蘭軍向岸上的葡萄牙守軍猛烈開火。

葡萄牙軍隊只有少量的守衛，試圖阻擊荷軍登陸，但寡不敵眾，只好退守到松山上。當地居民一片驚慌失措，紛紛向西邊跑，逃到聖保祿教堂避難。

這時位於澳門半島中央的大砲台（亦稱中央砲台）發揮了作用，幾發重砲打退了荷軍進攻的氣勢。葡萄牙猛烈的砲擊，準確命中了荷蘭人的軍火庫，接連的爆炸聲中，荷蘭人退回到海上。

與此同時防守嘉思欄砲台和南灣砲台的砲兵的指揮官們，發現荷軍的進攻集中在海邊平原，遂命若昂·蘇亞雷斯·維瓦斯（João Soares Viva）率五十名火槍手去反擊登陸的荷蘭人。葡萄牙軍人的第一次衝鋒就使荷軍將領德茲頓（Kornelis Reyersz van Derzton）胸部中彈，荷軍驚慌失措，在陣陣砲聲中乘船撤退。

據葡方記載，荷軍被殺死和淹死的人員達三百至五百人之多。繳獲的戰利品包括八面軍旗、五面軍鼓、一門野戰砲以及戟、長劍、滑膛槍等一千餘件。葡軍共有約三百人參戰，僅四名葡萄牙人、兩名西班牙人和幾個黑奴被殺，約二十多人受傷。為紀念這次勝利，澳葡當局將六月二十四日定為澳門的「城市日」。

攻佔澳門失敗，迫使荷蘭人於一六二四年撤退至台灣，逐漸建立起殖民統治。一六二七年初夏，荷蘭再次派四艘戰艦前往廣東海域，企圖佔領澳門。當時澳門沒有一艘戰艦，葡萄牙富商將五艘商船配上火力，改成戰艦。八月十八日，時任澳門兵頭托馬斯維耶拉統領葡軍出海迎擊，擊沉荷方旗艦，擊斃其艦長及水手二十七人，俘虜三十多人，繳獲槍支二十四支，子彈二千發和金錢一批，又一次挫敗了荷蘭人。

這幅海上岸上都繪有砲火的《澳門圖》（圖3.4），原圖最早出現在約翰·尼霍夫（Johan Nieuhoff）的旅行筆記《荷蘭東印度公司使團晉見中國皇帝韃靼大汗》中。一六五五年荷蘭東印度使團首次派船到中國要求通商，約翰·尼霍夫作為使團中的水手兼繪圖員，參加了這此航行，並寫了這本著名的旅行筆記，並將他在中國畫的一百五十幅插畫收入其中。《澳門圖》是他畫的荷蘭船過澳門的情景。畫面上澳門的中央砲台在開砲，海面上荷蘭船也在開砲。荷蘭人放的可能是禮砲，因為荷蘭一六二二年曾經領教

圖3.4《澳門圖》

表現了1655年荷蘭使團船隊過澳門的情景，畫面上澳門中央砲台在開砲，海面上的荷蘭船也在開砲。雙方放的都是禮砲，因為荷蘭1622年曾經領教過葡萄牙澳門守軍的厲害，不敢靠近，葡萄牙人亦不希望荷蘭船隊進入其地盤。

過葡萄牙澳門守軍的厲害，但中央砲台放的可能是警示砲，葡萄牙人不希望荷蘭人進入其地盤。畫面上出現了一六二二年葡荷澳門開戰後構築的城牆。

英國學者赫德遜（G. F. Hudson）評論說：「兩個歐洲國家在中國領土上進行這場戰爭的結果，對中國來講是幸運的。葡萄牙人保住澳門，就維持了某種均勢。」這或許正是大明朝廷願意看到的結果。

4 收復與統一台灣

引言：唯一光復故土的海上勝仗

〰《東印度與日本航海圖》〰一五七一年出版

〰《澎湖列島海圖》〰一七五三年出版

〰《著名海盜一官與國姓爺在中國沿岸島嶼的據點》〰一七二七年出版

西方殖民史中的台灣是與葡萄牙的「發現」連在一起的，一五四三年在偶然中發現了「日本」的葡萄牙船隊，第二年，他們又在海上遠遠地「發現」台灣，葡萄牙人遠望島上山川雄秀，不由發出「Formosa」的感慨（意為「美麗之島」）。現在能看到了較早描繪台灣的地圖，皆出自葡萄牙。至少在一五七一年里斯本出版的《東印度與日本航海圖》（圖4.00）中，已有了對台灣的描繪。此圖不標註經度，只標註緯度。北回歸線剛好穿過台灣島，說明地理位置繪製準確，當時未將其標註「Formosa」（福爾摩沙），只是將其畫成三段的群島，在北端註為「lequeo pequno」「小琉球」。台灣的這種「群島」描繪，誤傳了半個世紀之久。

《東印度與日本海圖》很有可能還是荷蘭人林斯豪頓（Jan Huygen van Linschoten）一五九六年出版的《東印度水路志》中著名的《東南亞海圖》之母本，只是《東南亞海圖》將大陸上的佛塔都換成了

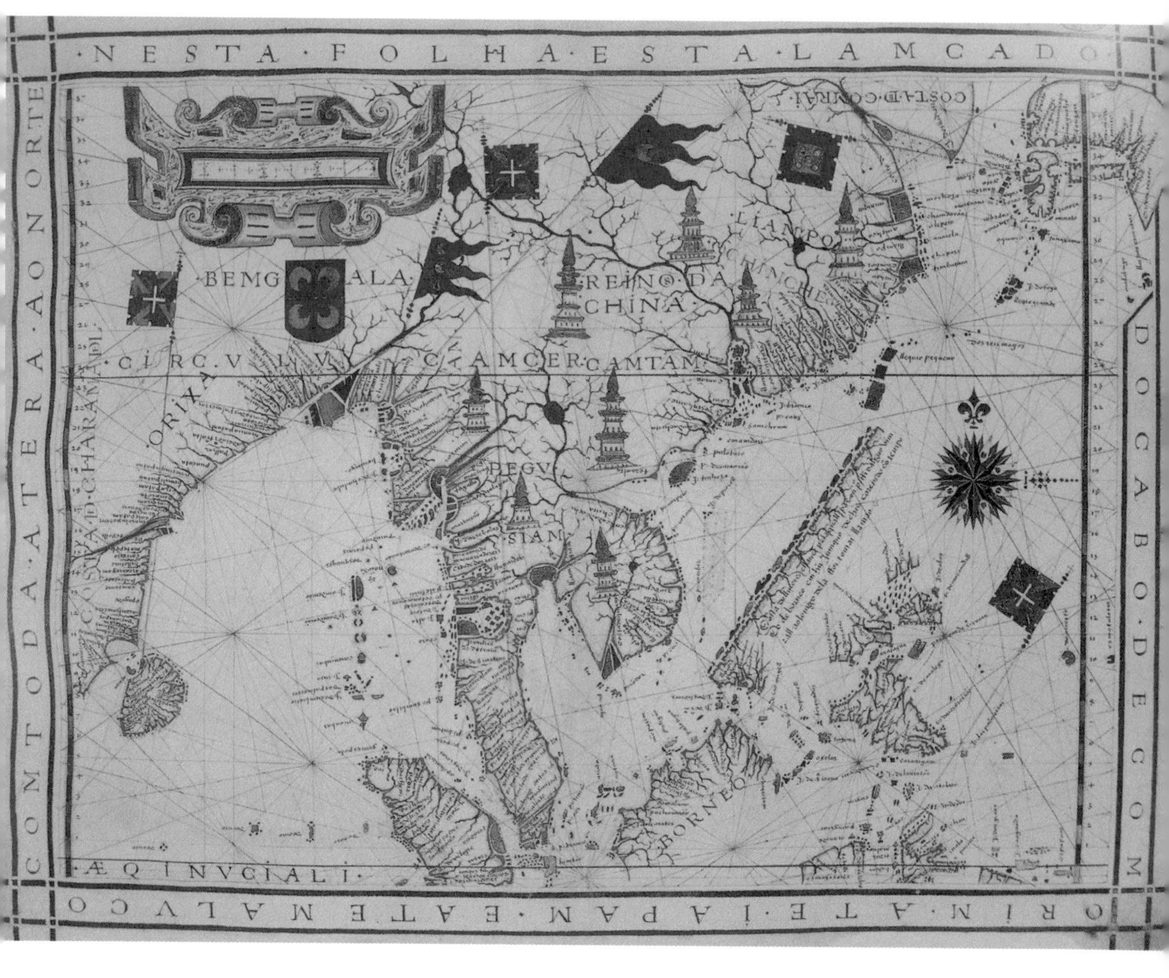

圖4.00《東印度與日本航海圖》

1571年里斯本出版，圖左為北，右為南，不標註經度，只標註緯度。北回歸線穿過台灣島，說明地理位置描繪準確，但台灣島畫成了群島，此錯誤，誤傳了半個世紀之久。本圖由葡萄牙地圖製作師費爾南．瓦斯．多拉多（Fernão Vaz Dourado）繪製，他捨棄了托勒密關於確定方位的理論，對陸地的描繪更加精確，被認為是該時期最好的地圖製作師之一。

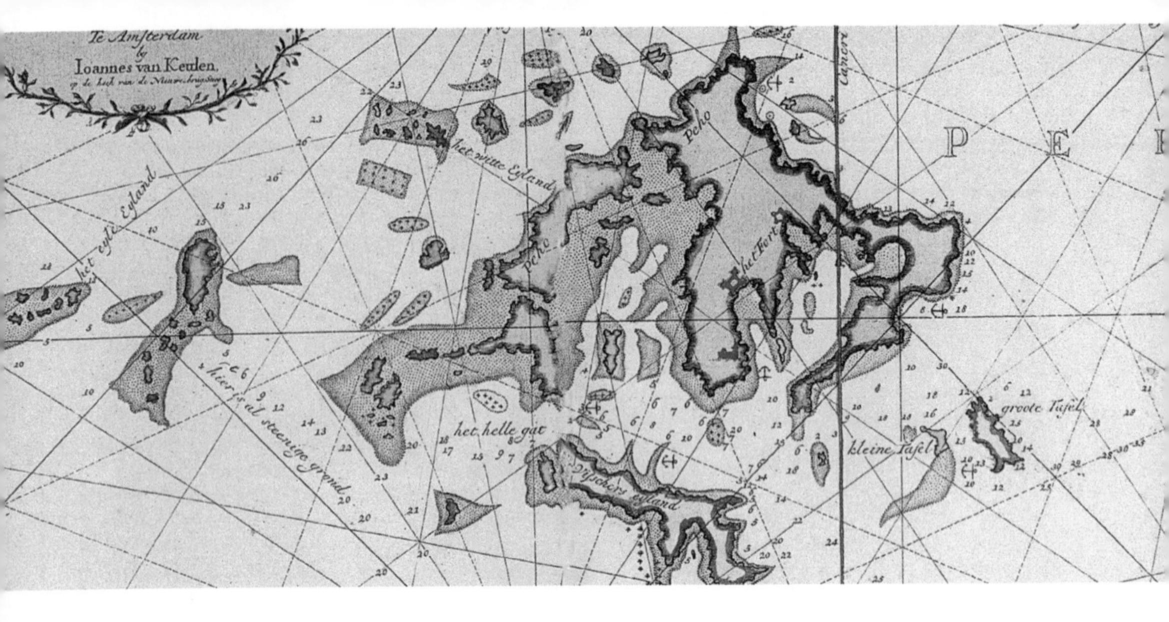

圖4.01《澎湖列島海圖》

描繪的是荷蘭人最初佔領的澎湖馬公島。它是一幅航海專用海圖，詳細標註了水深及測繪點，圖中央馬公島上還以紅色標註了三個建築物，馬公天后宮、紅毛城和一個小堡壘。此圖的底圖應繪於1622年荷蘭人佔領澎湖列島初期。

西方人喜愛的動物形象，日本仍保留著月牙形狀。台灣仍舊是三個方形島，但北島已標註為「I.Formosa」（福爾摩沙），中島標註為「lequeo pequno」（小琉球），南島無名。

自葡萄牙打開了通往中國的海上通道後，其他海上列強也紛紛駛向中國沿海。一六〇四年大舉進入南太平洋的荷蘭人，首次進入了台灣海峽，並佔領了澎湖島。

這幅《澎湖列島海圖》（圖4.01）描繪的即是這一時期荷蘭人佔領的澎湖首府馬公。此圖一七五三年在荷蘭阿姆斯特丹出版，是航海專用海圖。它詳細標註了水深及測繪點，圖中央馬公島上還以紅色標註了三個建築物，其中，南邊的為馬公天后宮，它是台灣最早的廟宇，也是馬公地名的由來，居中的四角堡壘為荷蘭人的紅毛城，北邊的為荷蘭人的小堡壘。可以看出，此時馬公島海灣東邊島尖上風櫃的荷蘭城，還沒有出現，所以，此圖的底圖應繪於一六二二年荷蘭人佔領澎湖列島初期。

一六二四年當他們的二次佔領澎湖島失敗後，轉而

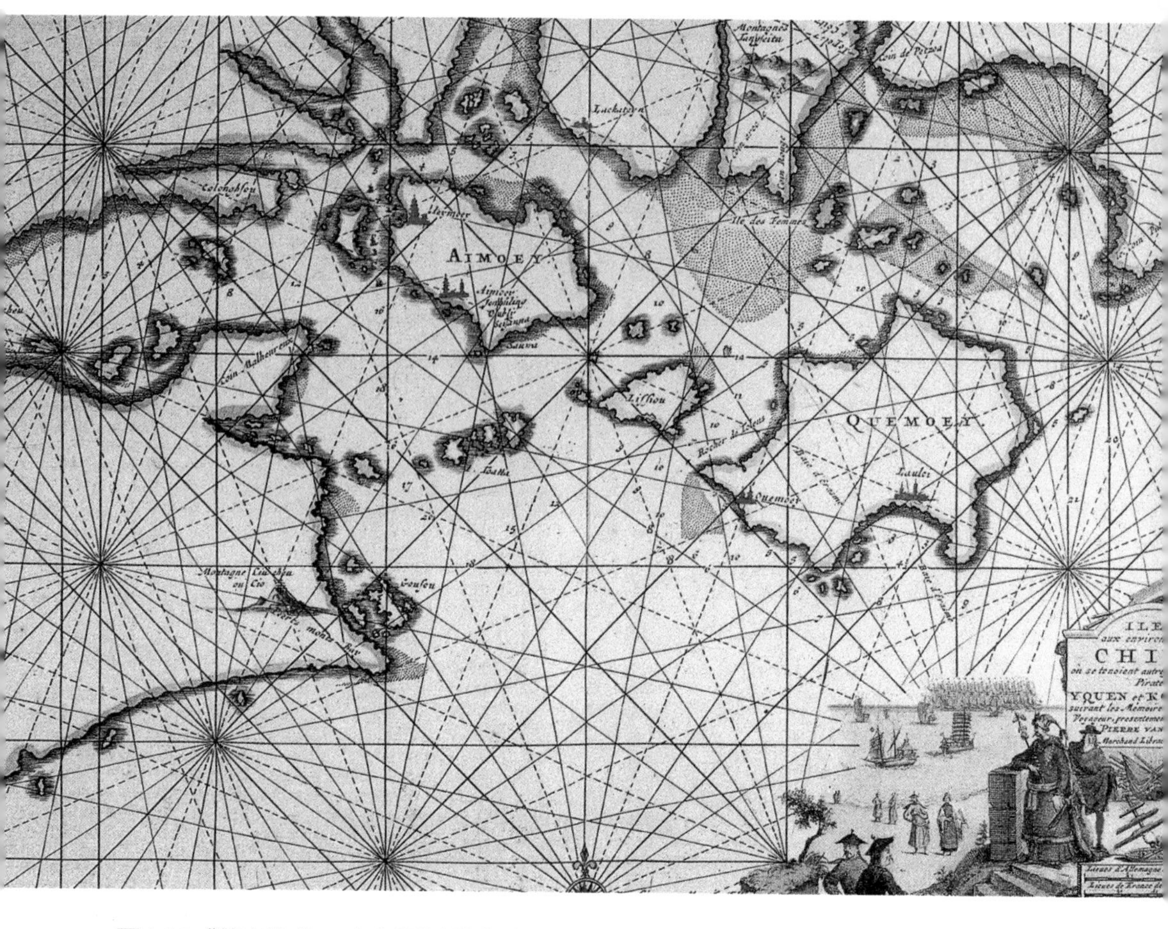

圖4.02《著名海盜一官與國姓爺在中國沿岸島嶼的據點》

圖名裡說的「一官」是鄭芝龍的小名，「國姓爺」為鄭成功尊稱。圖右側的大島為「Quemoey」（金門），中央的大島為「Aimoey」（廈門）。在金門與廈門兩個大島上，分別繪有兩個紅色建築，它們代表鄭氏海盜的據點。

佔據了南台灣。這幅《*Iles aux environs de la Chine où se tenoient autrefois les fameux pirates Yquenet Koxinga*》地圖反映即的是荷蘭人佔領台灣初期，描繪福建沿海鄭氏海商及海盜的據點分佈情況。圖右下長長的圖名可譯為《著名海盜一官與國姓爺在中國沿岸島嶼的據點》（圖4.02）。這裡說的「一官」是鄭芝龍的小名，「國姓爺」為鄭成功尊稱。圖左側的海灣標註為「R.Chincheu」（漳州河），還有西側的「Gousou」（浯嶼）。圖右側的大島為「Quemoey」（金門），中央的大島為「Aimoey」（廈門）。在金門與廈門兩個大島上，分別繪有兩座紅色建築，它們代表著鄭氏海商及海盜的據點。後來，鄭成功率領船隊跨海收復台灣，正是從金門島出發的。在兩個大島之間的兩個小島，為「Toatta」（大膽）與「Lauloi」（烈嶼），而緊鄰廈門西側的島為鼓浪嶼，廈門與鼓浪嶼兩島間繪有小船，表示這裡可以泊錠。金門島南部標註「Lauloi」，即料羅灣，是貿易港灣。此圖雖然是阿姆斯特丹一七二七年出版的，但從內容上看，它表現的完全是鄭氏海商及海盜興盛時期，其底圖應是十七世紀中期所繪的地圖，因為一六六二年後，鄭成功打下台灣，其據點正式移到了台灣。

其實，對於古代中國海防而言，「倭患」並非領土之患，剿倭海戰也是大明正規水軍對來自中國和日本的海上草寇之戰，算不上真正的海戰。真正的海戰與海患，是「紅毛夷」進入中國海帶來的，先是葡萄牙借澳門，隨後是荷蘭佔領台灣。

荷蘭人繪製的《鄭成功圍攻熱蘭遮》圖，記錄了中國海戰史上唯一的勝仗，一場光復國土的勝仗。雖然，它是反清復明的鄭成功尋找退路的一場海戰，但此後中國人就沒在海上打過任何一場勝仗。因此，人們應記住鄭成功，感謝這位被大明追殺的海盜，沒有他，大清統一台灣就沒了前提，或許也沒了可能。

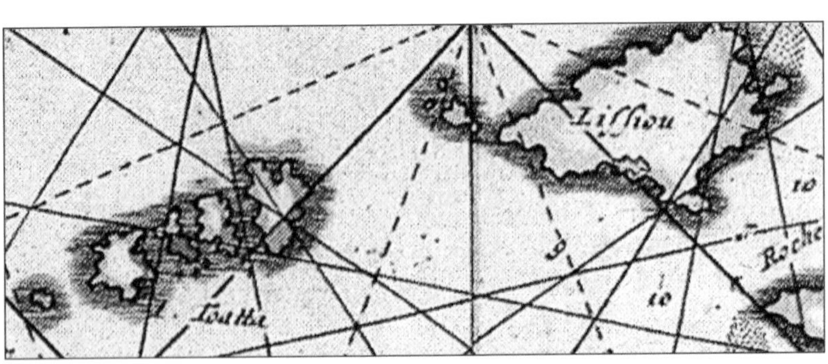

圖4.02局部放大圖

在金廈兩個大島之間的兩個小島，為「Toatta」（大膽）與「Lissou」（烈嶼），而緊鄰廈門西側的島為鼓浪嶼，廈門與鼓浪嶼兩島間繪有小船，表示這裡可以泊錠。

荷、西初構澎台海防

〰《熱蘭遮城堡圖》〰一六三五年繪

〰《雞籠海防圖》〰約一六六七年繪

荷蘭船隊在攻擊澳門的同時，也在打佔據台灣的主意。

荷蘭船隊進入台灣可分為兩個時期：一是一六〇四年初登澎湖，想以此為跳板在大陸謀取落腳點；二是一六二二年被大明朝廷從澎湖趕走，遷至台灣南部。在荷蘭人登陸台灣南部之時，西班牙船隊進入了台灣北部；兩個海上強國都在台灣投入了一定的軍事力量，並建立了部分海防堡壘。

先說荷蘭人，一六〇四年八月，荷蘭東印度公司的韋麻郎（Waijbrant van Waerwijk）借助夏季南風，從南洋率船隊赴廣東進行貿易，船隊在廣東遇颱風後，為避風北上進入台灣海峽，在澎湖停泊。

澎湖與福建近在咫尺，早在宋代，中國就有水師長期駐紮此地，明代仍有汛兵輪流戍守。但明初實行「海禁」，令沿海地區撤人、撤防；所以，荷蘭人登陸澎湖時，如入無人之境。不過，大明朝廷很快得知荷蘭人登陸澎湖的消息，即派駐守浯江把總沈有容前去驅逐荷蘭人。一六〇四年十一月，沈有容登澎湖島，向韋麻郎表明不允許番人在此落腳的態度，同時調集數十艘戰船雲集金門，面對如此強勢的驅逐，韋麻郎只好掛帆拔錠，退出澎湖。為此，朝廷特在澎湖立「沈有容諭退紅毛番韋麻郎等」石碑，表彰退敵有功的沈有容。此碑現仍保存在澎湖馬公鎮天后宮。

荷蘭人第二次進入澎湖是一六二二年攻打澳門失敗之後，從澳門海域退出的雷爾生（Cornelis Reyrsz）

艦隊，沒有回巴達維亞，而是又進入了澎湖。荷蘭人在澎湖本島馬公蛇頭山建造了城堡，想把這裡建成對中國大陸貿易的根據地。

據荷蘭人一六二三年繪製的《澎湖港口圖》等史料記載：城堡呈正方形，長、寬各為五十五公尺左右，城牆高約七公尺，城堡四角上各有一座往外突出的棱堡，棱堡上共安置二十六門大砲。城堡內有兩排營房，中央有一座三層樓房。城堡之外有一道乾壕溝，其餘的三面臨接海洋（參見本章引言中的《澎湖列島海圖》）。一直想和中國沿海「互市」的荷蘭，因不在大明的「朝貢」名錄上，而不被大明朝廷接受。

一六二四年初，明廷派福建巡撫南居益赴澎湖驅逐荷蘭人。南居益率兩百多艘戰船將馬公港包圍後，派遣海盜兼海商李旦作中間人敦促荷蘭人拆城離澎，另遷大員（今台南）。當時僅有十三艘船駐守澎湖的荷蘭人，完全無法與大明開戰；經過幾個月的談判，荷蘭人於一六二四年九月，放棄澎湖，東遷大員。

澎湖馬公蛇頭山城堡是西方人在台灣構築的最早城堡，由於明廷勒令荷蘭人撤退時要拆除城堡，所以，此地僅留下一點點城垣殘跡，見證這段歷史。筆者幾經搜羅沒能找到當時荷蘭人留下的澎湖馬公蛇頭山城堡地圖。

荷蘭人在大員登陸，最初並不是以控制全島為目的，而是以掌控海權為先導，迅速在海灣與河口處設立城堡，控制海上通道與商貿。一六二四年荷蘭人開始在海灣興建以荷蘭澤蘭省命名的「熱蘭遮」城堡（今台南安平古堡）。從這幅約翰・芬伯翁（Jo hannes Vingboons）繪於一六三五年的《熱蘭遮城堡圖》（圖4.1）來看，城堡延續了荷蘭人在海邊構建城堡的傳統模式，地點選擇在較高的海岸上，便於城防大砲火力控制近海範圍，同時，城堡還可與城外海灣上的艦隊共同組成火力網。方形城堡的四角都設有防衛性棱形堡，便於守望護城。在城堡的外面還設有一層圍牆，有一邊的圍牆外還挖有護城壕溝。熱蘭遮城堡建在半島上，它一方面是用來防止海上外敵來犯，另一方面，也是用來防犯島上居民叛亂，從陸上進攻，所以城堡的四邊全部安排了砲位。

約翰．芬伯翁繪製這幅地圖時，熱蘭遮城堡還沒有完全建好，建成後的城堡在營房外又構築了一圈高高的圍牆，並設立了多個砲位。

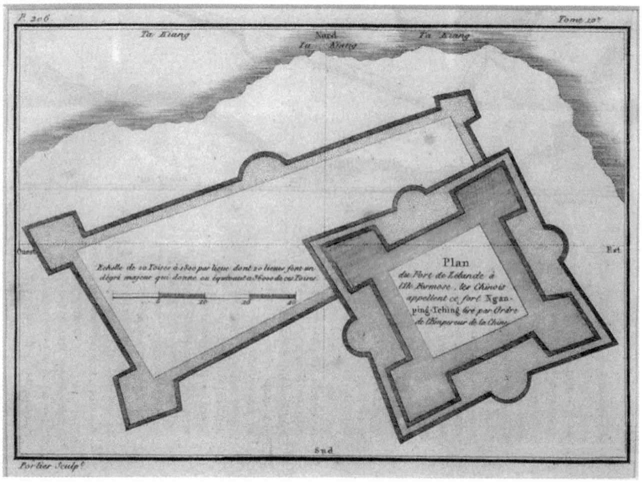

一五六五年佔領呂宋（菲律賓）的西班牙人，不甘心荷蘭獨佔日本、台灣貿易，曾派艦隊去台灣，因遇颱風登陸失敗。一六二四年荷蘭人從台灣西南部登陸時，西班牙駐馬尼拉總部，立即派出提督安敦尼率帆船十二艘、士兵三百人，由呂宋出發，再次越過巴士海峽，沿台灣東海岸北上，於一六二四年五月十二日在雞籠（今基隆）登陸。

一六二六年西班牙人在雞籠海口處的社寮島（今和平島）構築了「聖薩爾瓦多城堡」和兩個砲台。筆者沒有找到當年西班牙人建此城堡的地圖，但從這幅荷蘭人哥涅里斯．菲瑟比繪於一六六七年的《雞籠海防圖》（圖4.2），仍可以看到西班牙人當年構築「聖薩爾瓦多城堡」的基本模樣。雞籠這邊的「聖薩爾瓦多城堡」還未建完，一六二八年西班牙又派軍艦到台灣西北海岸的滬尾（今淡

圖4.1《熱蘭遮城堡圖》

表現了荷蘭人構建海邊城堡的傳統模式，方形城堡的四角設有防衛性棱形堡，便於守望護城。此圖繪於1635年，作者為約翰．芬伯翁，圖縱73公分，橫103公分，現藏荷蘭海牙國家檔案館藏。

水），構築了「聖多明哥城」。西班牙在台灣北部的擴張速度非常快，到一六三三年時，他們已佔領宜蘭、蘇澳、南投、花蓮交界處等地，完全控制了台灣北部。至此，形成荷蘭人控制台灣南部，西班牙人控制台灣北部的殖民格局。

西班牙佔領台灣北部後，台灣南部的荷蘭人，在政治、軍事、貿易和通航上都受到西班牙的威脅。荷蘭為排擠西班牙在台灣的勢力，於一六二九年七月從台灣南部派軍艦攻打淡水港，但遭到西班牙守軍的抵抗而失敗。一六四一年西班牙佔領的呂宋境內發生回教徒反抗事變，極需台灣兵力支持，西班牙為此削減了雞籠守軍。荷蘭藉此時機，再度發起對雞籠的攻擊。一六四二年七月，荷蘭巴達維亞總部派出軍艦五艘、士兵六百九十人，揮師北上，再攻雞籠。

寡不敵眾的西班牙守軍，被迫於八月二十五日投降。雞籠失守，接著荷蘭人「不戰而下淡水之城」，西班牙人最終於九月一日，全部撤出台灣。台灣從此被荷蘭人獨佔。

這幅《雞籠海防圖》是荷蘭人佔領雞籠後，在西班牙的舊城堡基礎上，重新擴建的海上防線：在海口的社寮島上繪有兩個城堡，一個在海邊，一個在島中央的山頂上，各插有荷蘭三彩條旗。在外海與內海，分別繪有掛著荷蘭旗的戰船。佔領與防衛的意味躍然紙上。圖上雞籠港的水文訊息也繪製得十分詳盡，河口、航道與海峽標註得清清楚楚。

同樣，一六四四年春天，荷蘭人在西班牙人撤退時拆毀的淡水「聖多明哥城」舊址上，重新構築了石室結構的新城堡，取名為「安東尼堡」。一六六二年鄭成功驅逐了侵佔台灣的荷蘭人之後，命左武衛何祐駐防淡水，重修「安東尼堡」。一六八三年鄭氏降清後，一八五一年五口通商之後，台灣於一八五八年開港通商，雞籠、淡水、安平（今台南）、打狗（今高雄）四個港口，也被迫闢為通商口岸。英國於

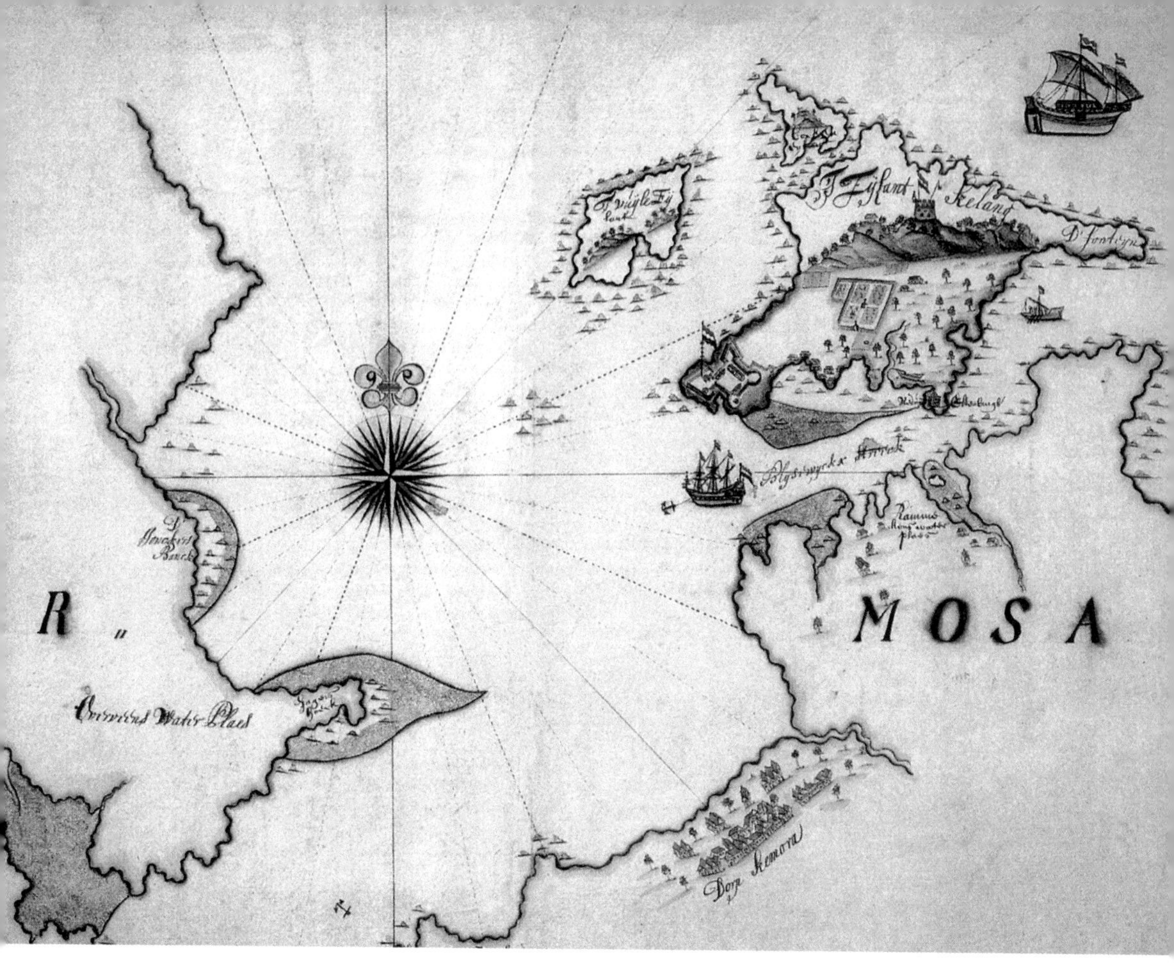

圖4.2《雞籠海防圖》

是一幅雞籠港海防全景圖：在海口的社寮島上繪有兩個城堡，一個在海邊，一個在島中央的山頂上，都插有荷蘭的三彩條國旗。此圖約繪於1667年，作者為哥涅里斯．菲瑟比（Cornelis Vischbee），圖縱48公分，橫69公分，現藏荷蘭海牙國家檔案館。

一八六七年與清廷訂立了此城的「永久租約」，將領事館辦事處設在城內。並用廈門運來的紅磚新建了三座房子，外觀皆有圓拱迴廊等十九世紀殖民式建築之特徵。

筆者在台灣考察時，已經找不到西班牙人當年建在雞籠海口社寮島上的「聖薩爾瓦多城堡」了，這裡現在是大片的現代化港區；但當年西班牙人、荷蘭人和英國人在滬尾山坡上建的城堡尚在，現在已成為到淡水旅遊不能不看的淡水古蹟博物館「紅毛城」。

鄭成功收復台灣

〰《熱蘭遮城與海港圖》〰一六四六年出版

〰《鄭成功圍攻熱蘭遮》〰一六六九年出版

鄭成功與台灣的關係，好像上天注定。一六二四年，大明天啟朝廷委派泉州走私頭領李旦與荷蘭人談判，動員荷蘭人拆除澎湖蛇頭山城堡，外遷至台灣本島上做生意。李旦此行所帶的通事（翻譯）即是鄭芝龍；正是這一年，鄭芝龍的兒子鄭成功在「倭寇」的發源地日本九州平戶藩（今長崎平戶市）出生。

奇怪的是，荷蘭人撤出澎湖的第二年，曾經雄霸日本與台灣之間的兩大海商兼海盜李旦和顏思齊都暴病而亡；鄭芝龍則藉此機會，收編了海上其他武裝力量，壯大了自己。一六二八年崇禎當上皇帝，朝廷招撫鄭芝龍就撫於福建巡撫熊文燦，詔授海防游擊，任「五虎游擊將軍」，坐鎮閩海。鄭芝龍轉而成為台灣海峽最大的官商通吃的海上霸主，也是崇禎朝廷的重要海防力量。此後，鄭芝龍統領幾萬鄭家軍，開始與退到台灣並在台灣南部構築了熱蘭遮城堡的荷蘭人做生意。

因為鄭氏海上貿易勢力提供的大量商品，熱蘭遮很快成為荷蘭東印度公司重要的海上貿易轉運站。這幅刊於一六四六年出版的《荷蘭聯合東印度公司的開始與發展》一書《瑞和耐遊記》裡的插畫《熱蘭遮城與海港圖》（圖4.3），栩栩如生描繪了當時荷蘭人經營大員的情景：圖上方，熱蘭遮城堡已經建好，岸邊有一個很顯眼的絞刑架，表明荷蘭人已在這裡用殖民者的刑罰來管治台灣人了；圖中央，停在台江內海的中國船插著荷蘭旗，表明它們為荷蘭東印度公司所有，這些船負責護送士兵到台灣本島和保護漁船；圖下

圖4.3《熱蘭遮城與海港圖》

原載於1646年出版的《荷蘭聯合東印度公司的開始與發展》一書的《瑞和耐遊記》裡，它栩栩如生描繪了荷蘭人當時經營大員的情景。圖為伊撒克．柯孟林所繪，書本，圖縱20公分，橫27公分。

方，插著荷蘭旗的三艘三桅大船是守衛城堡的荷蘭戰艦，所以船頭有砲火描繪。

一六四四年，大明被滿族人消滅，先前降明的鄭芝龍，轉而降清。但鄭芝龍的兒子鄭成功，則高舉反清復明的大旗，被南明隆武皇帝賞賜「國姓」，並改名「成功」。一六五九年，鄭成功率軍隊攻打南京失敗，退回福建。隨著滿清南進腳步加快，鄭家軍的地盤越來越小，僅剩廈門與金門，眼見大陸上已無生存空間，鄭成功決定帶部隊前往台灣，收復寶島。

這幅《鄭成功圍攻熱蘭遮》海戰圖（圖4.4），記錄了那場歷時九個月的跨海圍城拿下台灣的著名戰役。此圖出自一六六九年在瑞士出版的《爪哇、福爾摩沙、印度和錫蘭旅行記》一書，作者阿爾布列．赫波特（Albert Herport）是在荷蘭東印度公司工作的瑞士人，他親身經歷了荷蘭人被鄭成功趕出福爾摩沙（台灣）這一重大歷史事件。

一六六一年四月三十日，經過兩年精心準備，又剛剛騙走荷蘭來使的鄭成功，親率二萬五千將士，戰船數百艘，從金門出發，經澎湖，突進台灣西南部的台江內海，攻打大員。在這幅海戰圖陸地部分，可見鄭成功軍隊登陸鹿耳門（這裡現立有鄭成功登陸紀念碑），隊伍身著鐵甲，手持長刀，戰旗列列，正向前行進。據史料記載，鄭成功圍攻熱蘭遮城的軍隊，每四人即有一面戰旗，以壯聲威；士兵手持的長刀，即荷蘭人所說的「肥皂刀」；身著鐵甲抵禦荷蘭火槍的，即是著名的「鐵甲兵」……圖上所繪細節與史料完全吻合。

這幅海戰圖的海面上繪有多艘戰船，其中三桅風帆是荷蘭人的戰艦。據史料記載，最初，荷蘭艦隊被圍在海灣中，當時守在海灣裡的是「海克特」號、「格拉弗蘭」號、「向鷺號」和「瑪麗亞」號四艘荷蘭戰艦。鄭成功的戰艦很小，但非常多，有上百小船加入了這場海戰。每條小戰船上都配有兩門火砲，近十條小船組成一個小隊，分頭圍攻荷蘭人的大船（圖右，標註為12號的是中國小船隊，8號為荷蘭大船）。開戰不久，鄭成功的小船就炸毀了荷蘭最大的戰艦海克特號。另三艘荷蘭船帶傷逃到外海。在圖右上方，可以看到兩艘荷蘭戰艦已逃至外海，其中一艘應是逃往巴達維亞報信的快艇瑪麗亞號。

鄭成功很快取得台江內海的控制權，軍隊順利登陸，當天就攻下圖左側標註為6號的普羅民遮城堡

圖4.4《鄭成功圍攻熱蘭遮》

原載於瑞士阿爾布列·赫波特1669年出版的《爪哇、福爾摩沙、印度和錫蘭旅行記》。它是一幅精美的插畫，也是一幅紀實性海戰圖。

（即今台南赤嵌樓，原城堡已被壓在後建的文昌閣與海神廟下，有部分遺址已發掘出土）。登陸部隊在此建立總指揮部，鄭成功一邊與荷蘭人談判，一邊積極準備攻打半島上的熱蘭遮城堡（圖中標註為1號，左上放大圖標註為3號，此城堡至今仍在，已成為安平古堡紀念館）。此時，退守熱蘭遮堡的荷蘭人若想到巴達維亞求救，要等冬天的東北季風，才能南下；而南洋的救兵真的要來，還要等夏天的西南季風，才能北上；也就是說，他們至少要苦等一年，才可能獲救。

荷蘭人的地面部隊就這樣被圍困在熱蘭遮城堡裡。圖中央的熱蘭遮城的半島部分，上邊、左邊和右邊都繪有一團團的砲火。這些砲火表示的是鄭成功後來漫長的圍攻。左邊，在漢人居住的大員市鎮（後來這裡成為安平老街，即繁榮至今的台灣第一條商業街）五月五日即被鄭成功的軍隊佔領，在市鎮與熱蘭遮城城堡之間的開闊地帶是鄭成功的部隊，他們在這裡架設了二十八門西洋大砲，不斷轟擊熱蘭遮主城堡，但攻擊遇到了荷蘭人的頑強抵抗。所以，可以看到在圖右邊標註為 4 號的三個被砲擊的木造城塔，它反映的是鄭成功指揮的另一方面進攻。圖上方標註 5 號位置的是鄭成功前進指揮所，其下插有小旗的是鄭成功軍隊的營地。圖中央湯匙山上石頭構築的烏特勒支（Utrecht）城堡，已經冒煙。它顯示：經過從城裡叛逃出來的荷蘭中士羅狄斯（Hans Jurgen Radis）的指點，鄭成功軍隊決定以烏特勒支城堡為突破口，正狂轟這一據點。

一六六二年一月二十五日早晨，收復台灣的最後一戰，在烏特勒支城堡打響。鄭成功的幾十門大砲，持續一天的轟擊，大約兩千多發砲彈飛向了圖中央標註為 2 號的烏特勒支城堡，城堡被徹底擊垮。當晚，荷蘭人放棄了烏特勒支城堡，躲入熱蘭遮主城堡中。

佔據了攻擊熱蘭遮主城堡的制高點烏特勒支城堡的鄭成功部隊，用三十門大砲從南、北、東三個方向團團圍住熱蘭遮城堡。鄭成功不想讓熱蘭遮城堡徹底毀掉，於是坐鎮烏特勒支堡，向荷蘭人喊話，令他們棄城投降。荷蘭長官揆一（Frederick Coyet）

又堅持了一下，眼見無法守住城池，終於同意和談。幾經談判，荷蘭人在一六六二年二月九日，向鄭成功投降，從而結束了在台灣三十八年的統治。鄭成功由此建立台灣第一個漢人政權，置承天府於赤嵌城，史稱「明鄭時期」。

圖4.4局部放大圖1

熱蘭遮城堡，日據時代日本人將城垣剷平全毀改建，後歷經數次修建，於2009年成為熱蘭遮城博物館。

最後說一句，兩位主角和台灣的命運。荷蘭的揆一因丟失台灣，被判終身監禁，囚於印尼一個小島上，十多年後被特赦回國。一六四六年，清廷曾誘降了鄭成功的父親。以浙閩粵「三省王爵」為條件降清的鄭芝龍，在順治十八年（一六六一年），在京被清廷處死。

所以，打下台灣後的鄭成功，並不十分快樂，又經歷了兒子鄭經與奶娘的亂倫醜聞，和永曆帝在昆明被吳三桂處死的悲傷，在收復台灣的第二年，病死在赤嵌城。鄭氏政權移交長子鄭經。鄭經繼位後，堅持不削髮、不入貢的抗清政策。一六八一年鄭經病卒，十一歲的次子鄭克塽繼承延平郡王的王位。兩年後，清水師提督施琅督師攻克澎湖，鄭克塽見大勢已去，修表交印降清。台灣正式納入大清的統轄。

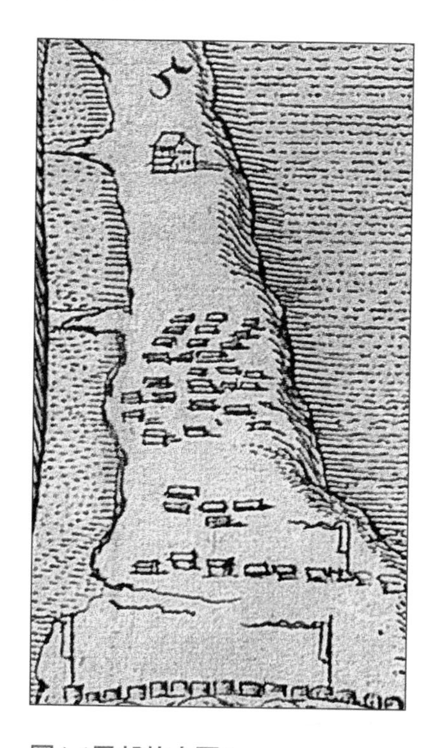

圖4.4局部放大圖2

鄭成功前進指揮所，其下插有小旗的是鄭成功軍隊的營地。

明鄭台南海防

〰《台灣府海防略圖》〰約一六六四年繪

〰《康熙台灣輿圖（局部）》〰約一六六二年繪

鄭成功收復台灣，以南明為正溯，用「永曆」年號，建都東都明京（後改為東寧，即今之台南），在台灣建立歷史上第一個漢人政權；從一六六二年至一六八三年，歷經鄭成功、鄭經及鄭克塽三世，史稱台灣明鄭時期。

南明鄭氏小王朝的元年，恰好是清康熙元年（一六六二年）。雖然一六六二年六月，三十八歲的鄭成功病逝於台灣時，康熙還題撰了輓聯：「四鎮多貳心，兩島屯師，敢向東南爭半壁；諸王無寸土，一隅抗志，方知海外有孤忠」。

但鄭成功兒子鄭經繼任後，仍然堅持舉兵反清。鄭經三十九歲（一六八一年）病逝，年僅十一歲的次子鄭克塽繼位，仍然不與清廷合作。鄭氏王朝與英國東印度公司簽訂通商條約，對英國、日本等國貿易開放，以維持台灣經濟發展。

在二十一年的對峙中，康熙曾派人與鄭氏進行了十次和談，前九次都以鄭氏堅持「依朝鮮例，稱臣納貢」而失敗，最後一次，大清以戰逼和，迫使和談取得成功。

鄭氏一族統治台灣期間，在台灣南北重要港口皆有設防；但沒能留下一幅鄭氏的台灣海防全圖，僅有這幅海防略圖，原圖沒有圖名，也沒有作者名和繪製時間。根據圖上所繪內容，權且稱其為《台灣府海防

圖4.5《台灣府海防略圖》

此圖是現在能看到的僅有的明鄭海防圖，原圖沒有圖名，權且稱其為《台灣府海防略圖》，根據圖中內容推測，大約為1664年所作。圖為紙本墨繪，縱123公分，橫126公分，現藏台灣國立中央圖書館。

略圖》（圖4.5）。此圖應是明鄭投降時被清軍搜羅到的，後藏於清廷內府，現藏於台灣國立中央圖書館。《台灣府海防略圖》原圖為紙本墨繪，縱一百二十三公分，橫一百二十六公分。它有兩幅摹繪本，一幅為漢文註記，一幅為滿文註記。專家根據圖中內容推測，約為一六六四年所作。現圖上的註記應為清人摹繪時所加，在漢文版的地圖上，南明建治的前邊都加了一個「偽」字。如，「偽承天府」，「偽左先鋒」、「偽右先鋒」等。

明鄭軍事組織多次變革。其體系大約可分為五軍戎政、總督軍務、管軍提督、將軍、親軍衛鎮、陸師鎮、水師鎮及監軍數部分，據《欽命太保建平侯鄭造報官員兵民船隻總冊》載，守台灣的官兵共有三萬七千五百人。

以中提督武平侯劉國軒為總督守澎湖，在澎湖修築營壘砲台。以中誠伯馮錫範為左提督，守鹿耳門，以防清軍登陸台灣。同時，在台灣北部也加強了防禦部署，以左武衛何祐為台灣北路總督，守雞籠、淡水，以防清軍襲其側背。

「台灣府海防略圖」描繪的是鄭氏軍隊在台灣府的佈署情況，範圍東起「蚊港」，即今天的台南縣北門鄉，西至「打狗」，即今天的高雄。圖中央是進入台江內海的鹿兒門，這裡註記了砲台和設官兵把守，往來航路。圖面還有大量的軍營的註記……但是鄭氏在台灣府的佈防，最終沒能用上。大清軍隊攻台時，僅澎湖小有抵抗，而後就潰不成軍，台灣本島很快舉旗歸降了。

為什麼康熙選在這個進候攻台灣，因為此前康熙最頭痛的是「三藩之亂」，三藩之中，除西平王吳三桂在雲南，另兩藩一個是廣東的平南王尚可喜，一個是福建的靖南王耿精忠，兩王勢力皆在沿海。擺平不了海邊這兩股勢力，台灣根本無法動作。所以，從一六七三年至一六八一年，打了八年平三藩之役。沿海軍勢力量回歸天朝後，一六八二年，康熙才派福建水師提督施琅率艦隊，展開進取台灣戰役。

事實上，收復台灣也是掃平福建靖南王耿精忠叛亂的一個延續。因為一直將台灣「比同外國」的鄭經，直接參與了靖南王耿精忠的反叛，在福建沿海對舉兵抗清，一度攻佔彰泉及廈門等城池。所以，收復台灣也可以看作是清廷平三藩的一個副產品。

施琅降清前曾是鄭成功的舊部，有豐富的海上作戰經驗。一六八三年，他在東北風季節，一反秋冬渡海登台灣的慣例，選擇在福建沿海南部的銅山島出航，借西南風北上，直取澎湖。經過一天搏殺，船隻無一損失。澎湖海戰結束後，施琅立即慰問居民，安撫降眾。澎湖海戰後，鄭克塽於廷上商議對策，朝臣分成死守台灣、或遷呂宋島再戰和降清三派。鄭克塽見大勢已去，幾經商議，鄭克塽最終採納了劉國軒等人的意見，宣佈歸降。

一六八四年，康熙朝置台灣府，為福建省所轄，「台灣」始被用來稱呼全島（圖4.6）。

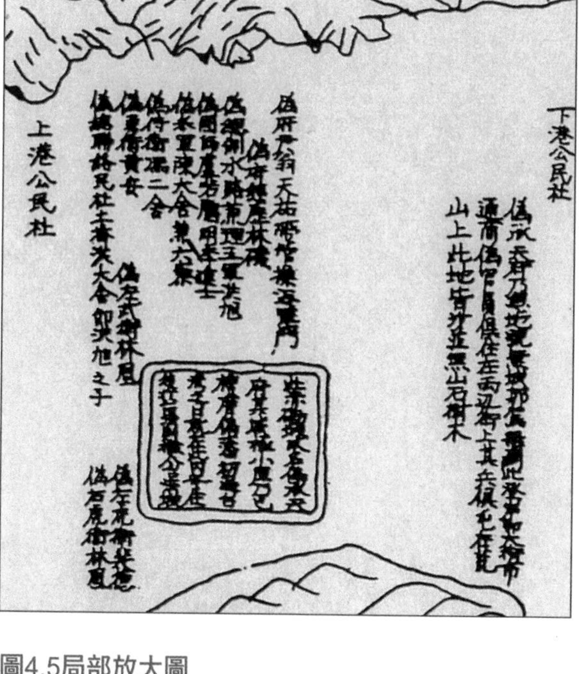

圖4.5局部放大圖

圖上的註記應為清人摹繪時所加，在漢文版的地圖上，南明建制的前邊都加了一個「偽」字。

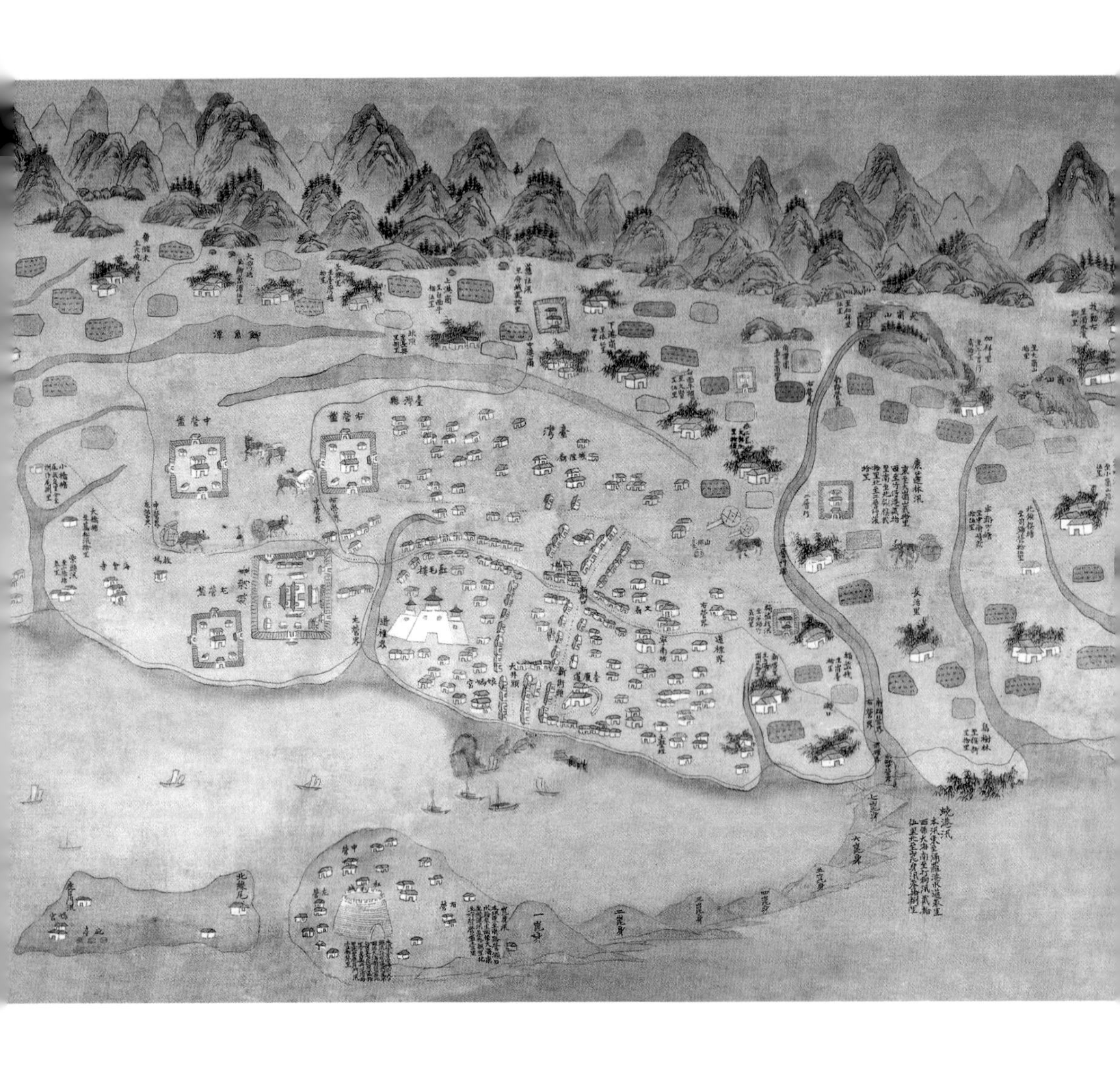

圖4.6《康熙台灣輿圖》（局部）

圖面顯示的已是大清的社會生活與海防佈局。

清廷平定台灣

〰《平定台灣得勝圖》〰一七八八年繪

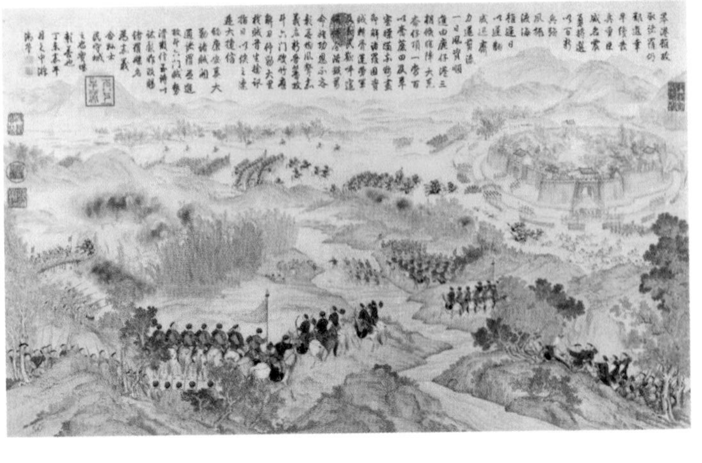

鄭克塽一六八二年降了大清，明鄭政權垮了，但反清復明勢力在台灣依然存在，平定台灣仍是清廷一項重要任務。從康熙到乾隆，盛世三朝都沒有放鬆過對台灣反清勢力的清剿。

自稱「十全老人」的乾隆，八十大壽時曾親撰《十全武功記》歷數其豐功偉績：「平準噶爾為二，定回部為一，掃金川為二，靖台灣為一，降緬甸、安南各一，即今二次受廓爾喀降，合為十」——這之中的「靖台灣為一」指的就是跨海平定台灣的戰功。

一七八六年，台灣天地會首領林爽文等率眾在台灣北部發起反清抗爭，連克彰化、諸羅、淡水諸城，於彰化建立大盟主府，自稱盟主大元帥，建元順天。清廷先是令閩浙總督常青鎮壓，但常青坐鎮泉州指揮平叛，一萬渡海清軍沒能消滅島上叛軍，台灣局面失控。次年，朝廷命陝甘總督福康安代替常青督辦軍務。福康安親自帶兵前往台灣，經過兩年戰爭，捕獲林爽文等首領，平定叛亂。

圖4.7《平定台灣得勝圖》（組圖）

描繪了1787至1788年間，乾隆朝廷平定台灣的戰爭場面，十二幅圖依次為：解嘉義之圍、大埔林戰役、斗六門戰役、大里弋戰役、集集埔戰役、枋寮戰役、小半天山戰役、林爽文被捕、大武戰役、莊大田被捕、登岸廈門、清音閣宴將士。

這是清朝少有的一次國內海戰，戰事被宮中畫匠繪成《平定台灣戰圖冊》（圖4.7）。

此圖冊由著名宮廷畫家姚文瀚、楊大章、賈全、謝遂、莊豫德、黎明等人分別繪製，畫為絹本設色，共十二幅，每圖縱五十

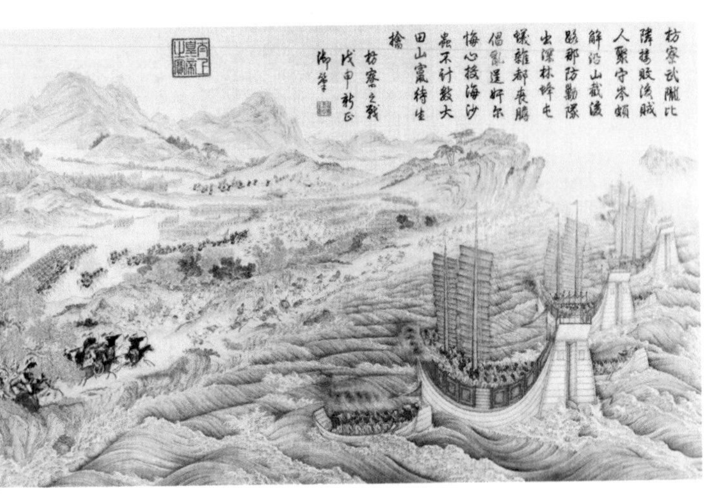

公分，橫八十七公分，圖上端有乾隆皇帝御筆詩文。彩色圖冊完成後，清宮造辦處又於一七九一年出版銅版墨印本，稱為《平定台灣得勝圖》。這種「得勝圖」式的戰冊，在乾隆朝，多用來頒賞給皇子及文武大臣。除《平定台灣得勝圖》外，還有《平定安南得勝圖》、《平定廓爾喀得勝圖》、《平定西域得勝圖》等戰冊在宮內流傳，其銅版刻印曾送法國製作。這種外界很少見到的「得勝圖」，多由幾位畫師來畫，風格不一，情節鬆散，全景式構圖，算不上好的藝術品，但卻有著重要的歷史文獻價值。

《平定台灣戰圖冊》描繪了一七八七至一七八八年，乾隆朝廷平定台灣的戰爭場面，十二幅圖依次為：解嘉義之圍、大埔林（今嘉義縣大林鎮）戰役、斗六門（今斗六市）戰役、大里弋（今台中市大里區）戰役、集集埔（今南投縣集集鎮）戰役、枋寮戰役、小半天山（今南投縣鹿谷鄉）戰役、林爽文被捕、大武壠（約今日台南市玉井區、、楠西區、南化區一帶）戰役、莊大田被捕、登岸廈門、清音閣宴將士。

一七八六年，林爽文以「反清復明」、「順天行道」為宗旨，在大里起事，此後攻彰化、佔諸羅，進軍台灣府（今台南市）。福康安率平叛大軍，跨海東征，於農曆十月二十九日在台灣鹿仔港登陸，十一月初解救被圍了半年的嘉義城。

第一圖反映的就是林爽文的軍隊敗退，守城清軍開門迎接福康安的平叛隊伍。此後，福康安的軍隊連克大埔林、斗六門、集集埔……圖中可見清軍與叛軍使用槍砲激烈交火的場面。

福康安命海蘭察等攻下八卦山後，又攻大里。林爽文在大里高築土城，列巨砲，內設木柵兩層。清軍發砲攻擊，捕殺甚眾，由西南、西北兩路攻下大里，林爽文逃入山中。

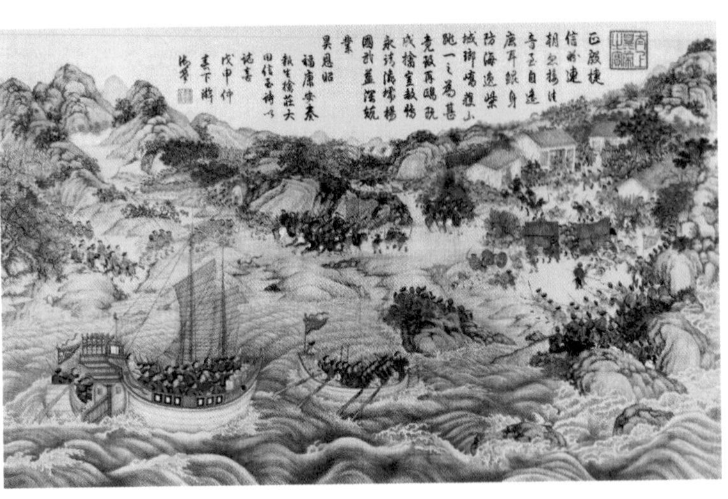

「攻克大里圖」描繪的就是這一戰鬥情景。畫面上裝備優良的清軍，使用火砲、火槍猛攻林爽文大本營。畫之上方有乾隆皇帝御題詩紀其事：「斗六門既取，直前抵賊巢。躍溪飛馬渡，掃穴短兵交。背壘犯雄陣，乘宵揮遁鞘。渠魁猶待獲，盼切捷旌捎。」

「進攻小半天圖」，畫面上呈現眾多清軍，攀岩翻山前進。畫之右上方有乾隆皇帝御題詩紀其事：「曉接軍營報，攻平小半天。前稱獲眷屬，今復走兇孱。與暇近旬日，聚群至二千。層層涉持重，屢屢戒遲延。將士真宣力，領軍可謝愆。並行賞與飭，期速奏功全。」

海路與陸路並進，岸上有馬隊在追，海面上有大船北進。在清軍水陸合擊下，林爽文退入埔里社、打鐵察一帶山溝內，福康安派兵層層圍困，步步緊逼，經過五晝夜激戰，林爽文彈盡糧絕，一七八八年農曆正月初五日，林爽文被俘（後檻送北京，在菜市口示眾斬首）。

「生擒林爽文圖」描繪的即是清軍在老衢崎（約今苗栗縣崎頂）活捉林爽文的情景。

福康安率清軍進剿莊大田，莊大田在牛莊、水底寮頑強抵抗後退入琅嶠（今恆春）。

福康安、海蘭察率清軍進入琅嶠，經過半日激戰，莊大田等人被俘。「生擒莊大田圖」描繪的琅嶠，西邊靠海，東邊為山，戰圖上出現了運送清軍的海船。

最後兩幅，一幅是平台大軍，乘船內渡，即將「登岸廈門」的情形；一幅描繪的是正在承德山莊的乾隆，賜宴凱旋將軍福康安、參贊海蘭察等功臣，乾隆皇帝御題詩曰：「……西域金川宴紫光，台灣凱席值山莊。敢稱七德七功就，又報一歸一事償。戒滿持勇增惕永，安民和眾繫懷長。養年歸政應非遠，益此孜孜勵自強。」

5 珠江口海防

引言：西使「朝貢」

〈〈《美國來華第一船中國皇后號》〈〈一七八四年繪

〈〈《英國馬戛爾尼使節團駛離虎門》〈〈一七九六年繪

〈〈《英國商船滑鐵盧號在黃埔》〈〈約一八二〇年繪

大航海打開了東西方的海上通道，新興殖民國家設立東方貿易機構，在十七世紀達到高潮：一六〇〇年不列顛東印度公司成立，一六〇二年荷蘭東印度公司成立，一六一六年丹麥東印度公司成立，一六二八年葡萄牙東印度公司成立，一六六四年法國東印度公司成立……英語和法語裡隨之出現了「遠東」（**far east**，**estrem-orient**）這個詞，西方人開始用它代指中國；明朝末年，徐光啟、李之藻等人發明了「泰西」一詞，中國人開始用它代指歐洲。

這時的「遠東」被「泰西」人看作是財富的代表，是他們嚮往的國度。

這時的「泰西」被「遠東」人看作是野蠻之「夷」，是不受歡迎的國家。

一六四四年滿清代明，「遠東」改朝換代，此時的「泰西」，爆發了清教徒革命（又稱英國資產階

圖5.00《美國來華第一船中國皇后號》

繪於1784年，描繪了剛剛獨立的美國為解決國內經濟危機，於1784年8月向中國派出第一艘戰船改裝的商船，為表達對中國皇室的尊重，此船特命名為「The Empress Of China」（中國皇后）。

級革命）。

清承明制，依然鎖國。一六五三年順治朝以「荷蘭國，典籍所不載者」、「向不通貢貿易」為由，拒絕了荷蘭的貿易請求。康熙朝直到台灣一統，海上太平，才在一六八五年開放海禁，廣州、漳州、寧波、雲台山先後設置海關。早就看好清國市場的英國人，一七〇〇年在定海設了英國東印度公司清國事務所；法國緊隨其後，於一七二三年在廣州設立商館，成為英國之後清國的第二「外貿」大國。正當其他西方國家準備與清國通商之際，一七五七年乾隆皇帝又因各海關稅額矛盾，英國人洪任輝告狀，遂下令關閉廣州以外各口，僅留「廣州一口通商」。

圖5.01《英國馬戛爾尼使節團駛離虎門》

繪於1796年，原畫框上曾記有「這是珠江河口虎門的景色，馬戛爾尼特使正在乘坐軍艦獅子號（HMS Lion）往澳門，岸上的清國砲台鳴砲致敬」，所以此圖右側放砲，不是打仗而是禮砲，致敬的砲台是虎門砲台。

廣州就這樣成為了清國貿易的焦點。

一七八四年八月，剛剛獨立的美國為解決國內經濟危機，向清國派出了第一艘戰船改裝的商船。為表達對清皇室尊重之意，此船被命名為「中國皇后」（The Empress Of China）（圖5.00）。為保證海上航行安全，中國皇后號保留了此船原來作為戰船時的全部武器。在這幅西洋畫上，可以看到停泊於珠江口的中國皇后號上高掛一面此海域從未見過的美國星條旗。

一七九三年，英國向大清派出了第一個正式的國家使團。但不想開放口岸的乾隆皇帝拒絕了英國駐泊經商的請求，使團無功而返。一七九四年一月，馬戛爾尼的「獅子」號通過虎門要塞時，記錄了這裡的海防：只要漲潮和順風，任何一艘軍艦「可以毫無困難地從相距約一英里的兩個要塞中通過」，隨團畫家畫下了「馬戈爾尼船隊駛離虎門」（圖5.01）的情景。一八一六年英國派阿美士德率領使團，經大沽口進入北京，再

圖5.02《英國商船滑鐵盧號在黃埔》

圖中掛有英國東印度公司旗幟的大船是英國商船滑鐵盧號，教科書中常稱它為「鴉片走私船」，但在畫的左側，可以看到清廷官船就泊在旁邊，船上還立有兩塊令牌。此畫大約繪於1820年，作者為英國畫家哈金斯，圖縱35公分，橫58公分，香港與英國分別藏有此畫的不同版本。

次與大清商談租借一塊地駐泊經商之事，因嘉慶皇帝拒絕，又沒談成。

此時，早已在澳門落腳的葡萄牙人，一八一九年向英國開出可借澳門為英國貿易基地的條件，每年可運送五千箱鴉片到澳門，交「租地」銀十萬兩。英國不想高價「租地」，又不想離開南中國，自行將伶仃洋和黃埔，當作英國躉船駐足地。這幅題為《英國商船滑鐵盧號在黃埔》的西洋畫（圖5.02），記錄了英國商船停泊黃埔港的場景。

越來越多的外國商船在珠江口活動，還有廣州十三行紅紅火火的外貿生意，令清廷十分不安，尤其是鴉片大量湧入清國市場，令珠江口海防形勢越發複雜緊張，本土海盜，海外列強，各種小規模海上衝突不斷，珠江口進入了比明末清初更加緊張的戰時狀態……

珠江口第一關——香港海防

〰《新安縣志．香港海防圖》〰一八一九年刊刻
〰《尖沙咀砲台》〰一八四一年繪
〰《遠眺香港島》〰一八四一年繪

珠江口到廣州有三道海防關口：第一道關口，即香港與澳門，它們一東一西守衛著珠江第一門。早在明初，澳門就被葡萄牙「借駐」，朝廷默認的「以夷制夷」，將珠江口西岸海防「交給」葡萄牙人。葡萄牙也確實抵抗住了荷蘭人入侵珠江口西岸，而這裡主要講，珠江口東岸的香港海防。

位於珠江口東岸的香港是海上入粵之要衝，唐朝即設屯門鎮，派兵駐守。明朝因倭患，於萬曆時設南頭寨，統轄六汛，巡防香港一帶海域。一六六二年，剛登皇位的康熙，為防鄭成功在沿海從事反清復明活動，曾下令遷海，沿海守軍後撤，汛地亦被廢棄；一六六九年，康熙下令「復界」後，西方船隊不斷來到東南沿海，清廷重新在粵沿海增設汛營和砲台，香港砲台即是這一時期構築的。

從一八一九年出版的《新安縣志》所載《香港海防圖》（圖5.1）上看，清廷對香港海防已有明確佈局：雞翼角（大嶼山）、屯門、九龍、佛堂門等地都設立了軍事要塞，圖面到處飄著「汛旗」。其中雞翼角砲台建於一七一七年，選址大嶼山西南角，置大砲八門。要塞俯瞰珠江口水路要道（現存砲台遺址）。東九龍北端，佛堂砲台，建於一七一七年，置大砲八門。一八一〇年，因此砲台孤處海外，守軍難以接濟，將其廢棄，駐軍及大砲移至九龍寨，另建九龍砲台，置大砲八門。同時，海面也繪有三桅大

圖5.1《新安縣志・香港海防圖》

1819年出版的《新安縣志》中《香港海防圖》顯示清廷對香港海防已有明確佈局：雞翼角（大嶼山）、屯門、九龍、佛堂門等地都設立了軍事要塞，圖面到處飄著「汛旗」。

圖5.2《尖沙咀砲台》

描繪了由大麻石構築的尖沙咀砲台，砲樓為中式，此畫繪於1841年，作者為約翰．柯林斯，水彩紙本，縱22公分，橫32公分。

帆和旗幟的西洋商船，表明此時珠江口已是洋船往來的重要港口。

九龍港一直是軍事港，早在一八一○年，張百齡任兩廣總督時，就在這裡建有砲台。在一八三八年刊刻的《廣東海防匯覽．海防圖》上，可以看到九龍灣畔繪有九龍砲台，有城牆，有砲位，有營房；它的對岸是香港島的紅香爐汛，兩個要塞扼守鯉魚門內洋。

一八三九年穿鼻洋之戰後，林則徐將這裡的砲台擴建為尖沙咀和官涌兩座砲台，並調陳連升到官涌山崗建立防守營盤。官涌山崗上新建營盤對停泊在這裡的查理．義律（Charles Elliot），率領的英國商船和兵船有所震攝。但一八四一年清英真正開戰後，因此砲台孤懸海外，不足抗敵，被清軍放棄。這年三月，英軍佔據了這兩座砲台，

圖5.3《遠眺香港島》

描繪了維多利亞灣裡的英國艦隊，岸上已建立了英國軍營。香港由大清抗夷的海防前哨，轉眼變成了英國的殖民陣地。此畫繪於1841年，作者為約翰．柯林斯，水彩紙本，縱22公分橫32公分。

官涌砲台被炸毀，尖沙咀砲台保留，改稱「維多利亞砲台」。兩砲台最終消失於二十世紀初，今人僅能從英國畫家約翰．柯林斯當年的紀實畫中，一覽砲台當年的風采。在一八四一年英軍佔領香港後，約翰．柯林斯繪製了多幅香港和九龍的圖畫。這幅《尖沙咀砲台》（圖5.2）與《遠眺香港島》（圖5.3）可以說是姐妹篇，兩幅畫分別表現了一峽之隔的香港與九龍兩岸在鴉片戰爭初期的海防面貌。

珠江口第二關——穿鼻海防

〰《廣東海防匯覽．虎門海防圖》〰一八三八年刊刻

〰《虎門外望沙角砲台》〰一八一一年繪

過了香港與澳門拱衛的珠江海口第一關，再向上游航行，即是珠江口第二關——穿鼻洋。此地因兩岸各有一個海角伸向航道，形成穿牛鼻子一樣的天然關口，故名穿鼻洋。此洋東岸海角為東莞縣的沙角，西岸海角為順德縣的大角，兩角相距三十里左右；此關口，內達虎門水道，外連大海，恰處在香港到廣州水路的半程，地理位置十分重要。在這幅一八三八年出版的《廣東海防滙覽．虎門海防圖》（圖5.4）右下方，可以看到珠江口海防第二個關口，也是虎門口海防的第一關口——穿鼻洋，此洋東西兩端建有沙角砲台和大角砲台。

穿鼻洋東岸的沙角砲台（亦稱穿鼻砲台），始建於一八〇〇年。砲台配大小鐵砲十一門。在相連的扯旗山上有望樓和圓形砲台；在捕魚台山建有露天砲位。沙角砲台與大角砲台東西斜峙，相距三千六百多公尺。雖然，當時大砲的射程，對封鎖洋面尚不得力。但初來珠江口的英國人還是很早就關注到這個砲台。這幅「虎門外望沙角砲台」西洋版畫（圖5.5），由西洋畫師占士．沃森一八一一年繪製，它真實地記錄了砲台當時的面貌：堡壘前有開闊地，後邊有小山；在相連的扯旗山上有望樓和圓形砲台；在捕魚台山建有露天砲位。

穿鼻洋西岸的大角砲台，始建於一八一二年。據關天培《籌海初集》載：「砲城一處周圍九十三

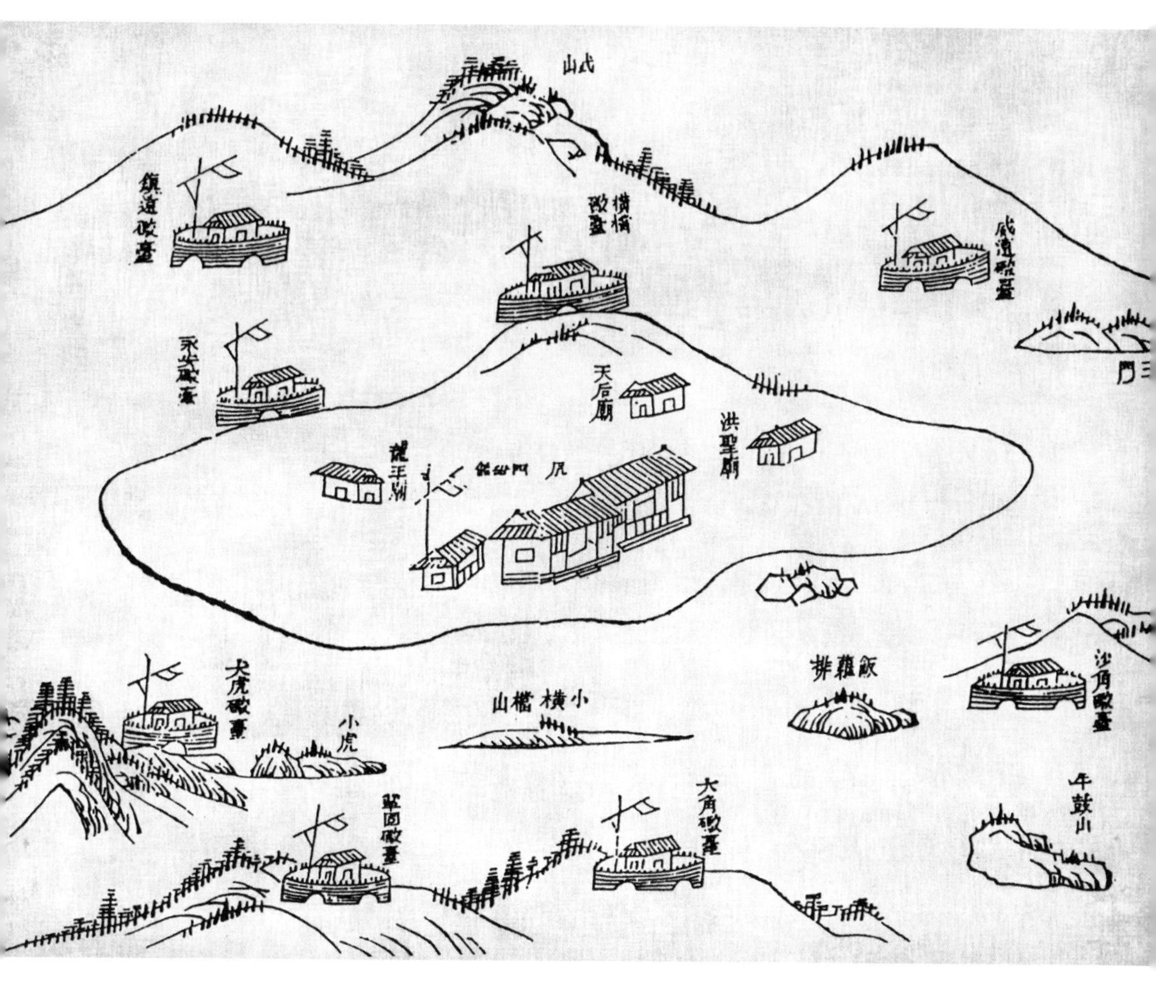

圖5.4《廣東海防匯覽・虎門海防圖》

圖右下方，可以看到虎門海防第一個關口即是穿鼻洋，在這裡作者繪出了「沙角砲台」和「大角砲台」。1838年出版。

丈，砲洞十六個，鐵砲十六門。」大角砲台與對面的沙角砲台東西斜峙，形成虎門海防的一道重要門戶。此砲台在一八四一年一月七日的清英海戰中遭受破壞，一八四三年重修，但在第二次鴉片戰爭中又被英、法聯軍砲擊毀損，一八八五年重建，建有砲台八處，即振定、振陽、振威、安平、安定、安威、流星、安勝等八砲台。

雖然，大角砲台與沙角砲台，後來經歷了多次戰亂，但筆者到這裡考察時，看到兩個砲台仍然保存完好，並建成為對外開放的海防公園。

圖5.5《虎門外望沙角砲台》

表現了始建於1800年的沙角砲台（即穿鼻砲台），在相連的扯旗山上有望樓和圓形砲台；在捕魚台山建有露天砲位。它與大角砲台東西斜峙，為虎門第一門戶，兩台相距三千六百多公尺，當時大砲的射程，難以封鎖洋面。此畫繪於1811年，作者為佔士．沃森，縱18公分，橫23公分，香港渣打銀行收藏。

珠江口第三關——虎門海防

〰《籌海初集．十台全圖》〰一八三六年刊刻

〰《虎門砲台組圖》〰晚清繪

虎門是珠江口通往廣州的第三道關口。

一五八八年，明萬曆朝在珠江口東岸石旗嶺上設虎門寨。明代所設沿海墩台，只用於觀察與示警，有戰事燃放烽火報警。所以，明代虎門寨只有城牆，沒設砲台。清代沿海墩台，才升級為砲台要塞。

一七一七年，康熙朝始在虎門建設砲台，於虎門寨南面山嶺設南山砲台，於橫檔島設永安砲台、橫檔砲台、西砲台，東砲台，組成封鎖江口的火力網。一八一〇年，嘉慶朝將虎門寨城升格為水師提督駐地，因南山砲台距水道太遠，又在山下築鎮遠砲台。雖然，康、嘉兩朝在虎門陸續興建砲台，但並無海防效果。道光初年，雖「設法整頓，而究不見振作」。直到一八三四年，珠江口外國船不斷生事，海防吃緊，清廷才調關天培任廣東水師提督，加強虎門海防。

關天培到任後，從「禦敵之道，守備為本，以逸待勞，以靜制動」的原則出發，針對水道寬、火砲射程短等弱點，增建、改建各砲台，添鑄重砲，使虎門要塞十座砲台聯絡一氣，並把有關奏稿、書稿、告示、制度、圖式等，編成《籌海初集》四卷，於一八三六年刊行，供官兵學習。

《籌海初集》有許多重要的插圖成為後人研究虎門海防的重要史料。如《十台全圖》、《秋濤浴鐵圖》、《中流擊楫圖》等，表現了各砲台形勢和攻守陣勢。其中《十台全圖》（圖5.6）尤其重要，它全

圖5.6《籌海初集．十台全圖》

描繪了虎門十個砲台：沙角號令砲台、大角號令砲台、永安砲台、橫檔砲台、鎮遠砲台、威遠砲台、新涌砲台、鞏固砲台，蕉門砲台、大虎砲台。

面反映了關天培戰前的海防部署與策略。《十台全圖》方位為上西下東，左南右北。圖上繪出了關天培精心設計的虎門三道防線，共計十個砲台。這組清宮舊藏《虎門砲台組圖》（圖5.7），則可以更加清楚地看到虎門各主要砲台的砲位佈局與堡壘細節。

《籌海初集．十台全圖》左側的沙角號令砲台和大角號令砲台為第一道防線，二台發現敵艦，即發號令通知上游砲台。此圖的中心為第二道防線的中心，在江心橫檔島上有永安砲台、橫檔砲台；東岸有鎮遠砲台、威遠砲台、新涌砲台；西岸有鞏固砲台、蕉門砲台。敵艦若進入橫檔島兩邊水道，皆有砲台擊之。此圖右側的大虎砲台為第三道防線，敵艦若突破第二層防線，大虎砲台可以「一台當關」最後迎頭擊之。

令人遺憾的是，這個以守為中心，層層設堵的防禦體系，只為防止敵艦越過虎門，

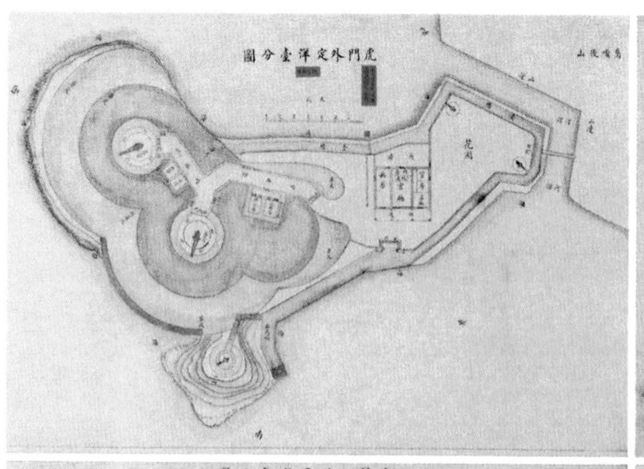

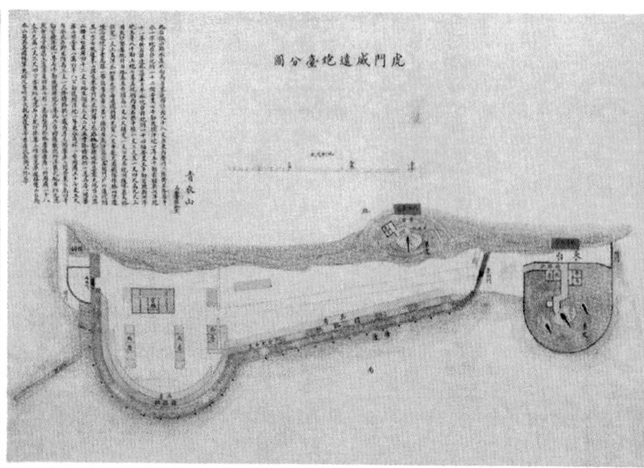

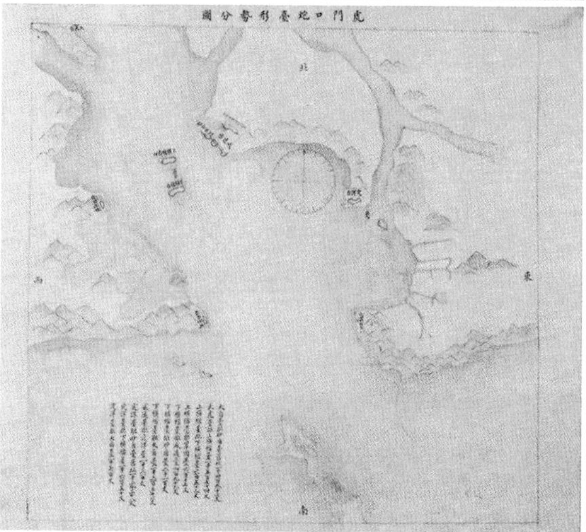

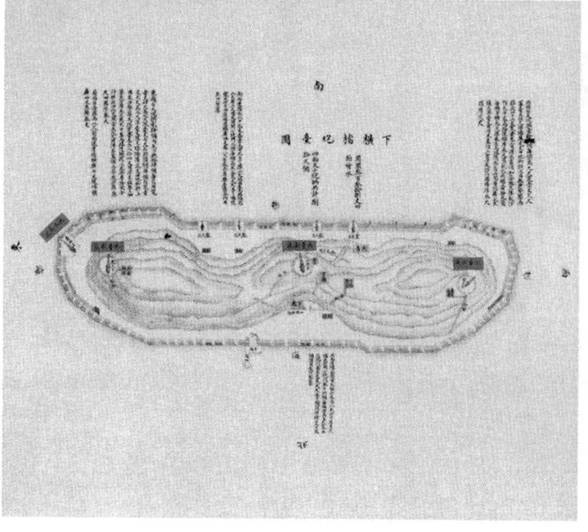

圖5.7《虎門砲台組圖》

可以更加清楚地看到虎門各主要砲台的砲位佈局與堡壘細節。

攻打廣州，沒有料到後來英艦並不急於攻打廣州，而是在虎門直接進攻砲台。清軍砲台全是無頂蓋的，不便於守軍自我保護，而且，三層並無火力關連的砲台，在英軍採取逐個擊破的戰術中，沒有應對措施，所以，很快就全線失守。

靖海滅盜

《靖海全圖．平海受降》約繪於一八一六年
《靖海全圖．大嶼困賊》約繪於一八一六年
《靖海全圖．絕島燔巢》約繪於一八一六年
《靖海全圖．梯航入貢》約繪於一八一六年

中國海盜主要活躍在明清兩朝。明代海盜集中於東部沿海，清代海盜集中於南部沿海；古文獻中有一些中國海盜的文字記載，但圖與畫的記錄就少得可憐。反映明代海盜的有《抗倭圖卷》和它的明末摹繪本《倭寇圖卷》。反映清代海盜的有《平海還朝圖》和《靖海全圖》。這兩個清代重要史卷圖皆出現在二十一世紀第一個十年的拍賣市場上。前一幅被北京私人買家拍得，後一幅被香港海事博物館拍得。兩個長卷都成為近代史學家最新的研究對象。

從海戰圖的角度講，清宮畫師袁瑛約三公尺長的手卷《平海還朝圖》，雖然記錄的是欽差大臣張百齡平定廣東海盜的事跡，但畫面僅是張百齡平定廣東海盜後班師回朝盛況——百官在河岸兩面迎接他坐的大船，沒有海上戰鬥內容，價值遠不及十八公尺長的《靖海全圖》。

據專家分析，《靖海全圖》很有可能是一九〇〇年被法國侵華軍人劫至海外的，曾在英、法藏家中流傳，還在巴黎展示過。二〇〇八年藏家家族後人來中國尋售時，被香港海事博物館慧眼收購，使這幅珍貴海史畫得以保存下來。和許多研究者一樣，筆者也想一睹它的真容，但總長十八公尺的巨幅長卷，僅有幾次幾公尺長的局部展示。後來，香港海事博物館從赤柱搬家，就沒再露臉。二〇一三年二月

圖5.8《靖海全圖·平海受降》

立在船頭的紅衣女子，據推測是鄭一死後的紅旗幫首領石香姑（鄭一嫂）。

二十五日，香港海事博物館新館在中環八號碼頭開業，這件鎮館之寶，不僅有了原件的局部展示，還增加了數碼動態版，人們可以像看環形電影一樣，看到長卷的完整展示。

在原作展示專區，筆者看到《靖海全圖》約五公尺長的局部展示。看不到長卷的頭尾，據介紹得知：此畫沒有落款，作者姓名，也無從考究。專家根據畫的內容考證，此畫約成於一八一六年左右，專為紀念嘉慶年間剿平廣東沿岸海盜而繪製，全畫共分二十個章節，共十八公尺長，絹本設色。

此卷因與著名海盜張保仔有關，吸引了許多珠三角的人前來參觀。早些年，香港出了不少關於張保仔的書和影視作品，他在珠三角可謂家喻戶曉。筆者也曾到香港長洲島，專程採訪島上的著名景點張保仔洞。此洞在島東邊臨海的巨崖之下，岩洞顯然崩塌多次，洞口僅容一人鑽過，裡邊沒有開發，也不建議旅客進入，但凡是登島的遊客，無不來此留影。所以，參觀此圖時，筆者最想看到畫中有無張保仔。但不論是局部展示的原作，還是數碼動態版的全景圖，在「香山納款」等多個海盜受降畫面中，無法確認這位珠江第一大海盜的形象。值得一提的是，在一位館員的指點下，筆者在《靖海全圖．平海受降》（圖5.8）的後一部分中找到了另一位著名海盜，這位立在船頭的紅衣女子，據說就是石香姑（鄭一嫂）。

說到張保仔，不能不提鄭一嫂；而說鄭一嫂，就不能不提到鄭一；說到鄭一，就不能不提到鄭成功。鄭一出身「海盜世家」，祖上曾是福建海盜鄭芝龍的一員，後因鄭成功反清復明攻下台灣，鄭一的祖先沒有跟隨赴台，而是南下珠江口，另尋出路。康熙初年，即一六六一年到一六六九年的十年間，為切斷鄭成功與大陸的物資通道，朝廷實行了十年「遷界」，把海邊的居民，後撤五十里。沿海居民，斷了海上生計。鄭一這代海盜家族，由珠江口轉向越南海邊活動，後被越南阮氏王朝趕回珠江口。鄭一與這裡的海盜結盟，將六支海盜分成紅、黃、青、藍、黑、白六旗幫派，他領導的紅旗幫勢力最為強大，華南海盜勢力在嘉慶年間進入鼎盛時期。

民間傳說，鄭一在某次行動中，將出生在江門漁民家的張保仔擄去，年少的張保仔從此上了賊船。一八〇七年十一月，鄭一在越南沿海一帶突然死亡。他的妻子石香姑，即鄭一嫂，成為紅旗幫的首領。此後，鄭一嫂與張保仔以香港為根據地，指揮大小船一千多艘，橫行於南中國海域。

張保仔雖然名氣很大，但卻不是一位正史中的人物。關於他的記載，最早出現在兩本地方筆記中：一是袁永倫《靖海氛記》，二是溫承志的《平海紀略》。前者多以黑旗幫首領郭婆帶為重心，張保仔的記錄，未能述全。後者出版於作者死後數年，可能是他人代筆完成。此外，一八四〇年編撰的《新會縣志》，也有相關記載：嘉慶十四年（一八〇九年）「五月初九日，海賊鄭一嫂、張保仔犯境，署縣沈寶善親往江門

圖5.9《靖海全圖．大嶼困賊》

表現了清廷水師船在大嶼山海面圍剿海盜的場面，其中火攻海盜船的一幕，尤其精彩。

堵禦」。張保仔就這樣成了「歷史人物」。

當年因張保仔劫掠對象多以過往官船和洋船為主，所以，民間傳說把他塑造成一位海上英雄。但這位海上英雄的行徑，大大影響了清廷的海上利益，官方多次派兵圍剿。這個《靖海全圖》即是幾次珠江靖海行動的集中表現。借助數碼動態版，筆者終於看到原畫描繪的二十個場景：平海受降、大嶼困賊、火攻盜艘、巨憝捕逃、訓練水師、虎門懾酋、香山納款、擄眾慶生、闖寇輸誠、追捕重洋、擒縛群兇、雙溪獻馘、絕島燔巢、奏凱還師、村市熙恬、梯航入貢……等等。

這個巨幅海戰長卷中有許多海上戰鬥場景，其中最為精彩的是《靖海全圖．大嶼困賊》一節（圖5.9），畫中掛土褐色帆的雙桅船是清廷水師戰船，掛白色帆的雙桅船是海盜船。史載，曾有多艘澳門的葡萄牙戰船參與圍剿，但畫中未見一艘西式戰船。圍剿戰役在大

圖5.10《靖海全圖．絕島燔巢》

表明清廷不僅在海上動用戰船圍剿海盜，而且還在島上毀了海盜的家。此圖描繪的即是清水師登上海盜盤據的小島，放火燒了海盜的整個村子。

嶼山海面展開，清廷水師船，近攻用弓箭，遠攻用飛火槍。這種槍是在竹筒內裝入火藥，作戰時點燃，噴火灼敵。畫中被包圍的海盜船，接連起火，海盜紛紛跳海逃生……圍剿大獲全勝。據傳，被圍困了九天的紅旗幫張保仔曾向黑旗幫郭婆帶求援，郭婆帶不救，兩幫反目。

清廷不僅在海上動用戰船圍剿海盜，而且還在島上毀了海盜的家。《靖海全圖．絕島燔巢》（圖5.10）一節，描繪的即是清水師登上海盜盤據的小島，放火燒了海盜的整個村子。

據說，先是黑旗幫的郭婆帶，即郭學顯，向清政府投誠；水米斷絕的張保仔，於一八一一年向清廷投誠。在這個長卷中有三、四個章節，表現了各路海盜投誠，但都沒有註明是那一夥海盜，也難考證那幾個跪在地上的海盜究竟是哪一位。所以，讀者只能將它理解為泛指平定海盜，可能更吻合創作者的原意。

史載，一八〇九年接任兩廣總督的張百

圖5.11《靖海全圖．梯航入貢》

靖海的結果，並不是「外國人牽著大象來進貢」那麼美好，而是，鴉片走私引來的鴉片戰爭。

齡，多次派廣東水師聯合澳門葡萄牙海軍，在香港赤鱲角大嶼山圍剿海盜。在這個巨幅靖海長卷中，張百齡的形象從戴夏日涼帽到著冬日棉衣，共出現了九次，說明「靖海」經歷了很長時間，才最終蕩平海盜。《靖海全圖．奏凱還師》一節，表現的是張百齡班師回朝的喜慶場景。

蕩平海盜是嘉慶朝最重要的事件之一，因而有了這宏大的紀實繪畫《靖海全圖》。不過，有史家研究，歷史上並沒有張保仔這個人。他是當時的老百姓與朝廷，根據各自的需要，集納了海盜的多種傳說，塑造出的一個傳奇人物。這種海盜傳奇成就了官方的靖海業績，也給藝術家留出了創作空間，最後是皆大歡喜。但接下來的事，並非巨幅長卷最後一節《靖海全圖．梯航入貢》（圖5.11）所描繪的「外國人牽著大象來進貢」那麼美好，而是，鴉片走私引來的鴉片戰爭……

英軍初犯

〰《一八一六年阿爾塞提號攻打虎門砲台》〰一八一六年繪

〰《一八三四年九月七日至九日伊莫金號及安德勞瑪琪號攻打虎門》〰一八三四年繪

長久以來，人們一直以為大清與英國的戰爭是在一八四〇年由於大清在虎門銷毀鴉片才打起來的。其實，早在十九世紀初，英國艦隊就因海上貿易受阻而在珠江口與大清海防部隊多次交火。這兩幅當年由英國艦隊隨軍畫家繪製的海戰圖畫，《一八一六年阿爾塞提號攻打虎門砲台》（圖5.12）和《一八三四年九月七日至九日伊莫金號及安德勞瑪琪號攻打虎門》（圖5.13），恰好提供了真實的例證。

一八一六年，英國派遣亞美士德使節團到北京，希望與嘉慶朝廷談通商事宜。但嘉慶皇帝拒見英國使節團，對他們提出的要求也一概不答應，並退還其呈送的禮品，派人將使團送到廣州，令其回國。廣州地方官員聽說這是朝廷逐出的使團，於是，禁止英國使節團的阿爾塞提號、赫威特號艦船進入廣州。英國人也不甘心就這樣離開清國，強行駕船逆珠江而上。但任何艦船想停泊廣州，必須經過虎門這一珠江口上的「鎖喉」關卡。

清康熙、嘉慶時，虎門曾幾度擴建砲台，砲台由虎門南山砲台與橫檔島上的永安砲台、橫檔砲台組成封鎖江口的火網。英國兩艘戰艦要進入廣州，將要面對的就是這樣的海防火網。

一八一六年十一月十六日，英國人想借著黑夜，偷偷溜進虎門江口，但砲台上的大清守軍，早已是

圖5.12《1816年阿爾塞提號攻打虎門砲台》

表現的是清英兩軍在黑夜中的交戰的場景，此畫繪於1816年，表明它是一幅當時繪製的海戰紀實作品。畫家為英國使節團的軍醫約翰·麥克勞德，他也是一位業餘畫家。此畫為飛塵蝕刻版畫，縱27公分，橫35公分，現由香港私人收藏。

嚴陣以待，對準英艦連續發砲。這《一八一六年阿爾塞提號攻擊虎門砲台》，畫的就是當時的夜戰場景。畫面上，兩軍在黑夜中的交戰，火光沖天，砲火映照江面。處在畫面正中的即是處在兩岸砲火中心的英艦阿爾塞提號。這幅畫上留有繪製時間「一八一六年」，也就是說這是一幅當時繪製的海戰紀實作品。畫家為英國使節團的軍醫約翰·麥克勞德，他也是一位業餘畫家。這幅飛塵蝕刻版畫，不僅是一幅畫作，也是一件重要的清英海戰的歷史文獻。

英國的亞美士德使節團，雖然沒與大清談成通商協議，但是清英貿易仍在進行。這種局面一直保持到一八三四年。這一年，英國東印度公司對華貿易專營權結束，英國委派律勞卑為首任駐華商務總監督，來華恰談清英貿易由民間轉入到政府層面的「通商」事宜。

兩廣總督盧坤得悉有英國官員抵達澳門後，便在一八三四年七月二十一日傳諭廣州行商，指示他們派員前往當地，查明該名官員的來華目的，要他務必遵守《大清律例》和貿易規則，不可擅進廣州。然而，諭令未到澳門，律勞卑即從澳門乘船於七月二十五日抵達廣州，並入住十三行的英商館。

代表英國政府統理對華貿易事宜的律勞卑到達廣州後，請行商伍敦元代為向兩廣總督轉達商談訴求，但外國政府官員未經許可，一概不准入城，而律勞卑的信件格式是「公函」而非「稟」，內文則用了「平行款式」，完全違反慣例。結果被盧坤又於七月三十日和七月三十一日連下兩道諭令，勒令律勞卑立即離開廣州。律勞卑與兩廣總督洽談通商事宜未果。

這年九月，兩廣總督中止了廣州的清英貿易活動。英國民間與政府層面的對華貿易都被終止，令剛剛上任的律勞卑十分惱火，遂即指派停泊在珠江口的兩艘軍艦，伊莫金號（Imogene）和安德勞瑪琪號（Andromache），駛往黃埔，向廣州的清廷官員示威。

九月五日，英國的兩艘軍艦到達虎門。九月七日，清廷水師向欲闖虎門關口的英國軍艦發空砲示警，但是英艦沒有理會。隨後，珠江兩岸的大角砲台和橫檔砲台先後向強行前進的英艦發實砲，英艦也開砲還擊。九月九日下午時分，英艦再闖虎門，並向砲台發砲，清英展開了激烈砲戰，交戰約三十五分鐘，結果英方三人戰死，五人輕傷，船身輕微損毀；大清有的砲台幾乎被摧毀；這是清英又一次軍事衝突。

畫家斯金納繪製的石版畫《一八三四年九月七日至九日伊莫金號及安德勞瑪琪號攻打虎門》形象地

圖5.13《1834年9月7日至9日伊莫金號及安德勞瑪琪號攻打虎門》

值得一提的是兩艘戰艦之間，躲著小型戰船露依莎號，船上有一個英軍官叫查理．義律，正是這個義律，後來成為英國駐華商務總監督，並於1841年率領英軍佔領了香港島。

記錄了這一戰事。這幅海戰畫並沒有具體指是哪一天的戰鬥，但對砲台與軍艦的描繪十分清楚。圖左側是橫檔砲台，大砲正向英艦伊莫金號「開火」；此圖右側是安德勞瑪琪號，正與威遠砲台交火。值得一提的是兩艘大戰艦伊莫金號（圖左）和安德勞瑪琪號（圖右）之間，躲著一艘英國小型戰船，它叫露依莎號（Louisa），此船上有一個英軍官叫查理．義律，他以大佐軍銜隨律勞卑來華，任秘書。第二年任第三商務監督，同年升第二商務監督，一八三六年升商務總監督。正是這個義律，於一八四一年率領英軍佔領了香港。

據《廣州府志．前事略》載：一八三四年九月的這場砲戰，實際上是英軍三艘戰船輕鬆越過虎門各砲台，「直抵黃埔，守台官不能禦，乃燃空砲以懼之」。抵達黃埔的律勞卑，先後與廣州的英商會談，後又派人與兩廣總督會談，隨後，律勞卑一行人於九月二十一日撤離廣州，並於九月二十六日返抵澳門。清英貿易於九月二十七日重開。

順便說一句，勞律卑從濕冷的英國來到潮熱的廣東，身體嚴重不適，染上瘧疾。十月十一日病逝在澳門，並安葬於澳門。據說，他臨終前指出：只有戰爭才可以解決中英間的貿易糾紛。律勞卑死後，副商務總監戴維斯（John Francis Davis）接任駐華商務總監一職。

虎門海防形同虛設，這令道光皇帝很是不滿，隨即下令將廣東水師提督李增階革職，由關天培接任。關天培接任廣東水師提督後，重新提升了虎門海防，加築了新的砲台。

九龍與穿鼻的所謂「七戰七捷」

〈〈《廣東海防匯覽．九龍海防圖》〈〈一八三八年刊刻

林則徐一八三九年下令銷煙，清廷沒想到會打仗；剛剛加冕一年的伊莉莎白女王，也不想打仗。銷煙從六月三日到二十五日，銷了二十三天。此間，被邀請來觀看銷煙的美國人曾告訴林則徐，應英國商人要求，英國正派戰船來中國保護英商。但林則徐一笑而過，沒當回事。

銷煙讓英國煙商一時沒了生意。英國商船沒事可做，聚在九龍海面，水手上岸喝酒。六月二十日，有水手酒後和尖沙咀村民鬥毆，村民林維喜被打死。不想將事鬧大的英國駐華商務總監督查理．義律，給死者家屬一千五百元，想私了此事。但林則徐要求義律交出兇手，可義律要求私自開審兇手。「開眼看世界」的林則徐，從他委託美國醫生伯駕和袁得輝合譯的《萬國公法》中查明，義律根本沒有治外法權。八月十二日，義律在英船上開庭，對五名兇手輕判罰金和監禁後，便送回英國監獄服刑，事後才通知清國官方。

林則徐一氣之下中斷了英國人的補給，於八月二十四日向駐澳門的葡萄牙官員下了一道命令，要他們驅逐滯留在澳門的英國人。於是澳門島上的五十七戶遭驅逐的英國商人只得拖兒帶女登上英國貨船漂在海上。衝突升級，義律被逼到一個尷尬的境地。

義律曾派德國傳教士郭士立與林則徐談判，郭士立是繼馬禮遜任英國貿易監督的首席翻譯，漢語非常好，但他傳達的英方要求大清解除禁令和恢復水糧、貿易的請求，還是遭到了林則徐的拒絕。九龍海

圖5.14局部放大圖

九龍灣畔繪有九龍礅台，有城牆，有砲位，有營房；一八三九年十一月的穿鼻洋之戰後，林則徐將這裡的砲台擴建為尖沙咀和官涌兩座砲台。

戰正是在這樣的背景下慢慢發酵的。

九龍港一直是軍事港，早在一八一〇年，張百齡任兩廣總督時，就在這裡建有砲台。在一八三八年刊刻的《廣東海防彙覽．九龍海防圖》（圖5.14）上，可以看到九龍灣畔繪有九龍官涌砲台，有城牆，有砲位，有營房；它的對岸是香港島的紅香爐汛，兩個要塞扼守鯉魚門內洋。它的對岸是香港島的紅香爐汛，兩個要塞扼守鯉魚門內洋（一八三九年十一月的穿鼻洋之戰後，林則徐將這裡的砲台擴建為尖沙咀和官涌兩座砲台。一八四一年清英真正開戰後，因此砲台孤懸海外，不足抗敵，被清軍放棄）。

九月四日，義律率露依莎號（裝備十四門砲）、珍珠號（Pearl，裝備六門六磅砲）等五艘艦船來到九龍山口岸，發出提供水糧的最後通牒，遭到拒絕後，於下午兩點開砲。正在巡洋的大鵬營守將賴恩爵指揮三艘各載十門砲的水師船和九龍砲台同時反擊，雙方對轟至下午六點，英船逃走。

有史家稱這次零星衝突「揭開了第一次鴉片戰爭的序幕」。其實，雖然清英海上開砲對轟，但雙方都不想讓它上升到戰爭級，通商的事，英國人還是想談下來。所以，此間義律不斷要求重開談判，聲稱英國煙商同意：不販鴉片，中方亦可搜檢，查出夾帶鴉片，即可沒收。已具結者，可自由貿易，不具結

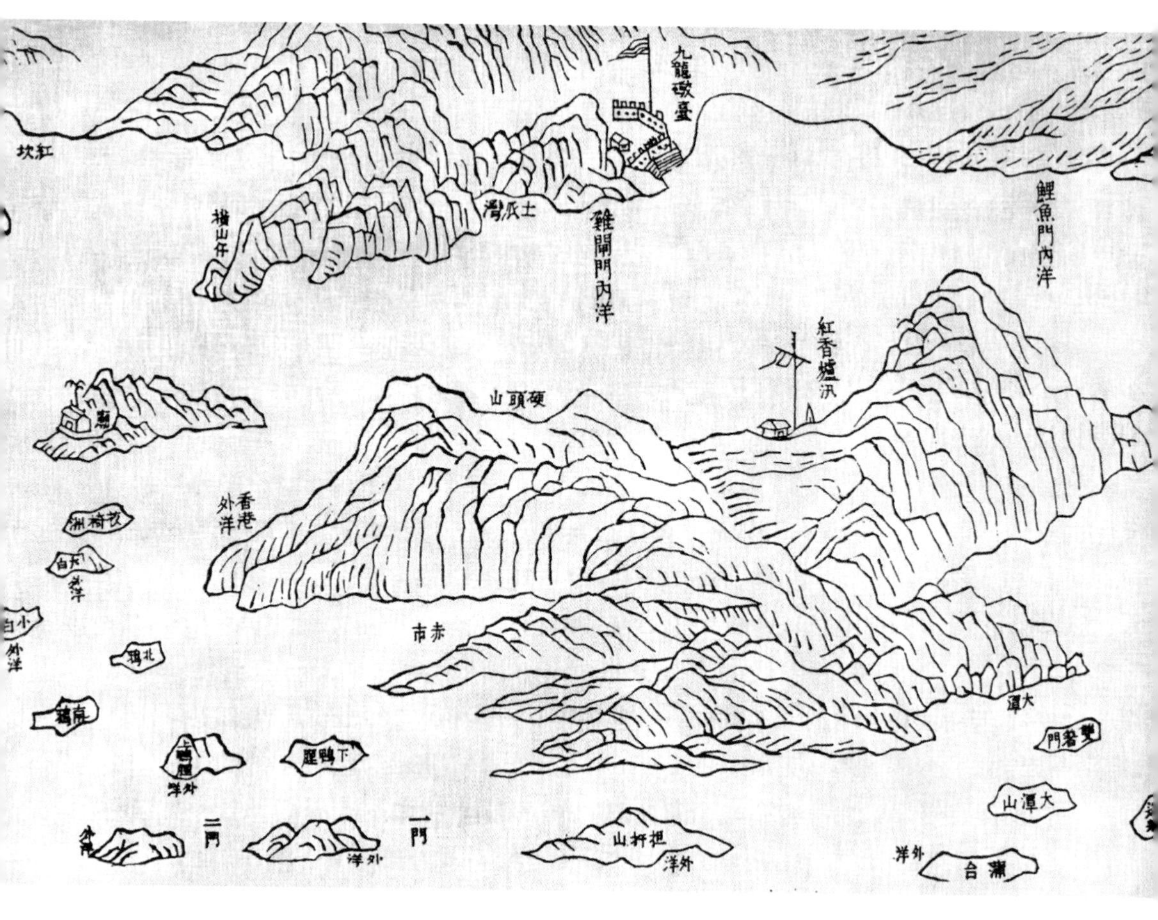

圖5.14《廣東海防匯覽‧九龍海防圖》

1838年刊刻。圖中可以看到九龍灣畔繪有九龍官涌砲台，有城牆，有砲位，有營房；它的對岸是香港島的紅香爐汛，兩個要塞扼守鯉魚門內洋。

者，則在沙角搜檢，而不合作的英國煙商限三日內驅逐回國。但林則徐認為，若果不具結者可貿易，禁煙之舉必前功盡廢，於是設定了以具結和交兇為必要前提，談判最終破裂。

政府間談判沒有判成，但有些英商漂在海面上再也耗不起了。十月十一日，英國貨船湯姆士葛號就背著義律，悄悄地在大清的「具結書」上簽字，保證遵守中國法律。於是，這艘船就此結束了短暫漂泊在海上的生活，得以進入黃埔港，進行正常貿易。義律為了阻止英商私下與清廷簽「具結書」，趕緊調來海阿新號軍艦和窩拉疑號一起在海口警戒。

十一月三日，一艘滿載大米的英國貨船羅伊亞．撒克遜號躲過義律的警戒線，在中方的「具結書」上簽了字，隨後，駛向虎門。

但此船剛開動不久，就被義律發覺了，他立刻登上窩拉疑號，並指揮海阿新號追趕，最後在穿鼻洋面上追上了羅伊亞．撒克遜號，令其返航。恰好，廣東水師提督關天培率二十九艘水師巡邏船出現在這片洋面上。當時關天培的船上掛著標誌旗艦的紅旗，然而，英國海軍無事皆掛白旗，出戰則掛紅旗。所以，搶先向關天培水師發射砲彈，穿鼻海戰就這樣不明不白地打了起來。

廣州水師事前沒有接到任何作戰命令，一些船還擊幾砲之後，逃出戰場。只有旗艦上的關天培鎮靜地指揮砲火回擊英國戰艦。但大清兵船沒有榴彈砲，皆為不開花的實心砲彈，即使落點非常準確，也只是在艦身上打出個洞，並不會爆炸傷人。最終，英國軍艦僅橫桅和帆桁受傷，無人員傷亡；而廣州水師二十九艘戰船均遭重創，有三艘當場沉沒。

要特別說明的是國內許多紙本文章和網絡文章在談到這一戰役時，經常會附一幅所謂的《一八三九年穿鼻洋海戰圖》。其實這幅西洋海戰畫原本叫「復仇女神號與大清水師砲戰」，它經常被誤認是呈現：一八三九年十一月三日的「清英穿鼻之戰關天培擊退英國艦隊」的場景。但畫中英國鐵殼明輪戰船「復仇女神號」（Nemesis）卻是一八三九年十一月二十三日才下水服役，一八四〇年六月它才隨英國東方艦隊進入中國，所以它不可能參加這場戰役，它真正參加的是一八四一年的穿鼻大戰，並重創了廣州水師。

一八三九年十一月三日的穿鼻海戰，英軍雖然退出了穿鼻洋，但沒走遠，轉而攻打九龍官涌砲台。四日、八日、九日、十一日、十三日，英軍在九龍官涌海面連續砲擊清軍砲台。九日，林則徐再次調派大鵬灣賴恩爵等人，就近帶兵往官涌夾攻來犯英軍，英軍後來撤回尖沙咀，林則徐又命令部隊從尖沙咀以北的官涌山上打擊英軍，最終將英軍驅逐出尖沙咀。

英軍退至珠江口外，林則徐向朝廷匯報抗英成果。他將這些衝突連同九月四日那一次衝突在內，在奏報中概括為「七戰七捷」。且不說，這算不算「七戰」，或算不算「七捷」，但這種過高估清軍海防能力的奏摺，實實在在地誤導和鼓動了道光皇帝及朝臣們虛幻的勝利感，朝廷上下沒人能認識到什麼是海上戰爭，真正開戰時，大清除了加築砲台，還將怎樣應對？

道光皇帝接到捷報後大喜，於一八三九年十二月下令禁止廣東口岸的全部對外貿易，斷絕了中外之間全部貿易往來，它再度激化了清英衝突。在一八四〇年初的英國議會上，國會以二百七十一票對二百六十二票，通過對清國宣戰的議案。

這一次，戰爭真的從海上來了。

6 清英海戰——第一次鴉片戰爭第一、二階段

引言：開砲看中國與開眼看世界

〰〰《九龍砲台》〰〰一八四一年繪

雖然，一七九三年馬戛爾尼使團和一八一六年阿美士德使團，在乾、嘉兩朝，兩次進京都沒談成通商之事，但卻完成了「開眼看中國」的任務，做好了「開砲看中國」的準備。英國不僅不再迷信中國，而且找到了對付大清的辦法。嚴重入超的英國為轉變白銀大量流入清國的被動局面，開始從孟加拉大量走私鴉片，通過珠江口輸入清國各地。鴉片源源不絕的輸入，白銀大量流出，令大清貿易出現龐大逆差，到一八三八年時，鴉片輸入量已高達一千四百噸。

一八三九年，道光皇帝不得不派出欽差大臣林則徐赴廣東監督禁煙。來到廣東才「開眼看世界」的林則徐，雖然以虎門銷煙一舉打擊了英國的傾銷政策，但他和道光皇帝都沒料到英國維多利亞女王會在一八四〇年初的議會上，呼籲「為了大英帝國的利益」向清國發動戰爭。

這一年，道光皇帝五十八歲，執政二十年。

這一年，維多利亞二十一歲，才登基兩年。

圖6.0《九龍砲台》

1841年3月，英軍打下沙角、大角和虎門砲台之後，佔據了九龍，遂將九龍官涌砲台炸毀，留下尖沙咀砲台，改稱「維多利亞砲台」。《九龍砲台》描繪的是英軍佔領下的九龍砲台，砲台西門有英國士兵站崗，遠處冒煙的明輪戰船是復仇女神號，海邊居民生活如常進行。此畫繪於1841年，水彩紙本。

一八四〇年六月，英軍艦船四十七艘、陸軍四千人，在海軍少將喬治．義律（George Elliot）和駐華商務總監督查理．義律（喬治．義律的堂弟）率領下，陸續抵達廣東珠江口，封鎖海口以截斷清國海外貿易；七月，攻擊定海，八月，抵達天津大沽口外；搞不清「英吉利至中國回疆各部有無旱路可通」的道光皇帝，以為罷免林則徐，就可平息英國的銷煙「冤屈」，遂派直隸總督琦善為欽差大臣，南下廣東與英國人談判。琦善哪裡知道，英國要談的還是，既然能給葡萄牙一個澳門，就應給英國一塊地經商。經過穿鼻洋一戰，義律逼迫琦善簽訂了《穿鼻草約》，義律隨後佔領了香港，這是清廷斷然不能認可的。

一八四一年一月二十七日，清廷對英國宣戰，鴉片戰爭第二階段就此開打。

從關天培的《籌海初集．虎門十台圖》中，可以看到清軍「守」為出發點，精心構築了三道防線：第一道防線設在沙角、大角砲台之間。第二道防線設在武山與橫檔山之間，第三道防線，設於橫檔北五里的大虎砲台。但開戰後的戰事證明，這個層層堵截方案，只是防止敵艦闖過虎門，直逼廣州，沒能料到並不急於闖過虎門的英國砲艦，先進攻砲台；三重互不相連、無法相互支援且沒有頂蓋的砲台，被英軍砲艦以「個個擊破」的戰術所攻陷。

一八四一年三月，英軍打下沙角、大角和虎門砲台之後，佔據了九龍，將九龍官涌砲台炸毀，留下尖沙咀砲台，改稱「維多利亞砲台」（圖6.0）。一八四一年五月二十七日，英軍攻陷廣州城北諸砲台，奕山只好保城求和，與英軍簽下《廣州和約》，向英軍交「贖城費」六百萬元，英軍撤回香港。

從鴉片戰爭第一階段的《穿鼻草約》到第二階段的《廣州和約》，這一路攻打珠江諸砲台的英軍靠的只是幾艘低等級的戰船和四百餘人的兵力；士兵的數量、槍砲數量與質量都不比清軍多，也不高級；但兩萬名清軍，幾十個砲台，幾百門大砲，就一敗再敗地敗下來了。今天回頭看當年的《籌海初集》，更像是一個反面教材，可供反思大清落後的「籌」海策略。

初戰定海

〰《一八四〇年七月五日攻擊定海圖》〰一八四〇年繪

〰《葛雲飛增輯兩浙海防圖》〰約一八四一年繪

林則徐一八三九年六月在虎門銷煙，七月拆除了廣州外國商館，眼看做不成清國生意的英國政府於一八四〇年四月通過了戰爭議案，決定派兵攻打大清。英國政府任命喬治．義律和義律為正、副全權代表，喬治．義律為統帥，於六月率領英國艦船四十餘艘及士兵四千人，抵達虎門海面，第一次鴉片戰爭即將拉開戰幕。

人們通常是把虎門之戰說成是鴉片戰爭第一戰，其實，英國艦隊封鎖珠江口之後，並沒在珠江口立即開戰，而是調集主力艦隊北上舟山。一八四〇年七月五日，英國艦隊入侵定海，清英艦隊海上展開對轟——鴉片戰爭第一戰由此開始。

定海之戰不僅比虎門之戰早了半年多，而且，被鴉片戰爭研究忽視了多年的舟山，亦是鴉片戰爭的主戰場。其實，早在十七世紀初，英國向清廷提出設立商館、開放舟山等地為通商口岸的要求，表現出對舟山群島的覬覦之心。康熙皇帝似乎覺得名叫「舟山」的這個島嶼有漂浮不定之感，遂下詔改「舟山」為「定海山」，賜名：定海縣。但定名容易，定海難，英國向大清宣戰之際，佔領舟山早已是題中之議了。

舟山本島很大，定海位於它的南部，是面向大陸的一座古城。筆者考察定海的第一站是港務碼頭。

圖6.1《1840年7月5日攻擊定海圖》

原載於《愛德華・柯立航海圖畫日記1837年至1856年》一書，是英國隨軍醫生愛德華・柯立當時畫的海戰紀實畫，它記錄了鴉片戰爭第一戰，戰鬥在浙江定海打響，僅一天定海就被攻陷。

這裡現在是著名的濱海景區，坐在海鮮餐廳的窗前，可以看到平靜的港灣，清英定海之戰，即在這裡開打的。對照英國隨軍醫生愛德華・柯立原的《愛德華・柯立航海圖畫日記一八三七年至一八五六年》一書所載，他當年繪製的海戰紀實畫《一八四〇年七月五日攻擊定海圖》（圖6.1），結合史料，我們可以簡單復現清英艦隊海上對決的場面。

據史料記載，七月五日下午二時，英艦首先向定海「舟山渡」（今天的舟山港務碼頭至道頭公園一線）海防陣地發動砲擊。定海總兵張朝發率戰船及水師兩千餘人出海迎戰，雙方在港口外的海面上擺開戰陣。此圖的左側，插長條龍旗的為清艦，圖右側插長方米字旗的為英艦。雙方皆用戰艦側面的大砲對轟，戰鬥僅持續了九分鐘。英艦隊中彈三發，損失很小，但大清水師則擋不住英艦砲火攻擊，總兵張朝發戰死，清軍潰退到陸上防線。在圖的右下角，可以看到英艦上下來

的海軍陸戰隊，上了登陸艇，準備登陸。

定海總兵張朝發海上陣亡後，定海縣令姚懷祥在城內率領軍民繼續抵抗登陸的英軍。

七月六日晨，這座宋代構築的石頭城，被英軍從東門攻陷，姚懷祥退至北門，眼看無力回天，轉身投梵宮池殉國，定海淪陷。

攻下定海後的英軍，留下一批人佔領定海，另一支隊伍繼續北上天津。八月十一日，英軍抵達天津將《致中國宰相書》進呈大清皇帝。道光皇帝誤以為英國人只是對銷煙不滿意，於是罷免了林則徐；但拒絕賠償鴉片損失；更拒絕割讓島嶼；並令其「反棹南還，聽候辦理」。英軍同意返航，但要求到廣東繼續與大清談判。九月二十八日，英艦隊回到定海，但在這裡疫病流行，半年時間英軍病死四百四十八人。

一八四一年二月二十三日，定海鎮總兵葛雲飛、壽春鎮總兵王錫朋、處州鎮總兵鄭國鴻，從浙江率水師三千人，殺回定海，收復失地。英軍見三總兵聲勢浩大，自己卻戰線過長，又有疫病困擾，只得於二月二十五日，撤出定海城。

葛雲飛收回失地後，料定英國人一定會再奪定海。於是，葛雲飛深入海島，踏勘地形，提出對英軍入侵必須早作準備，加強海防。從這幅葛雲飛編繪的《葛雲飛增輯兩浙海防圖》局部圖（圖6.2）看，葛雲飛是做好了全線抗敵的準備。圖中繪製得最仔細的部分就是舟山群島，通往這裡的幾條航線。島上繪出了定海城和入城的港灣，扼守港灣的竹山門……這年九月下旬，英軍果然捲土重來，三總兵打響了第二次定海保衛戰。

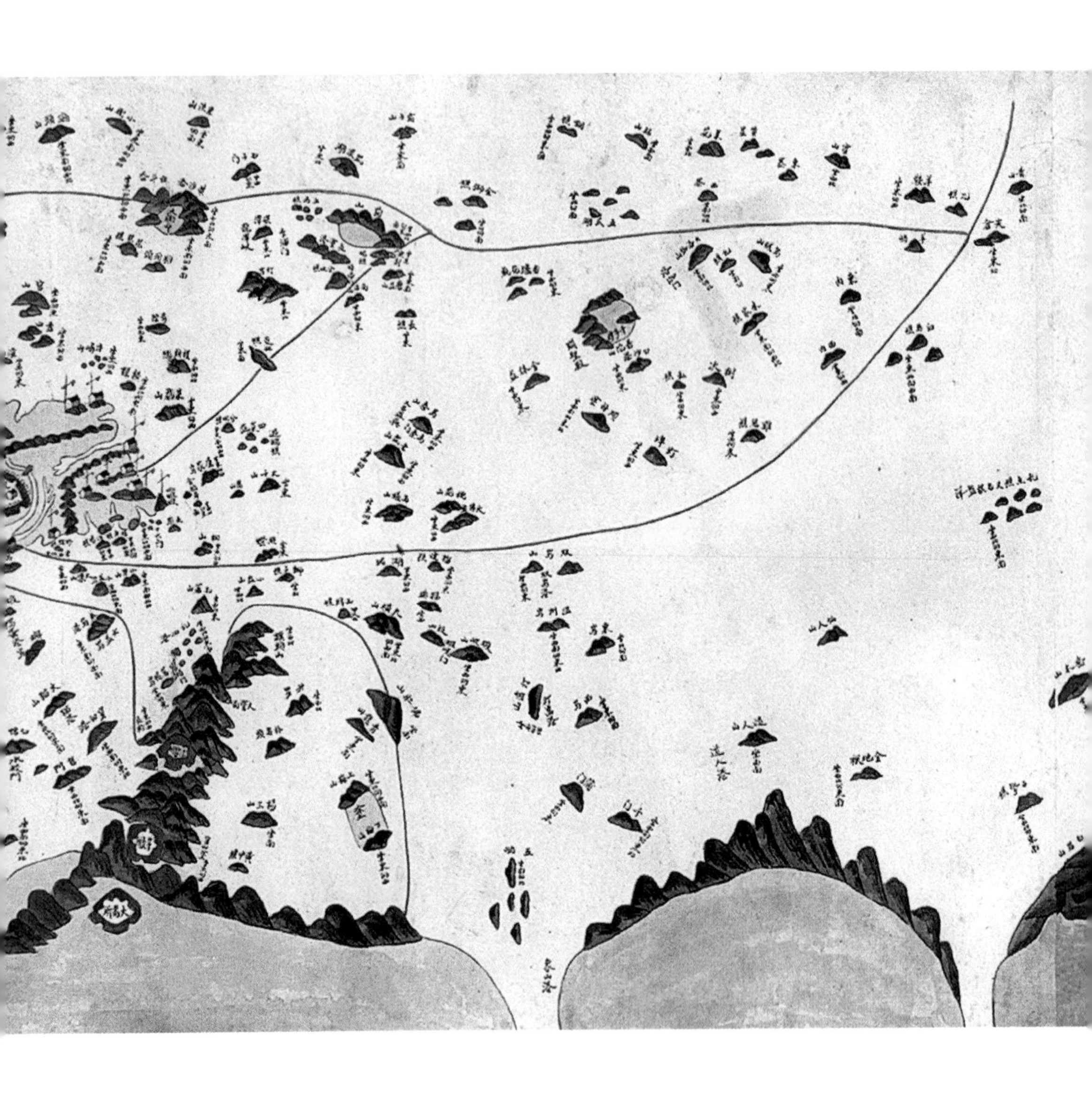

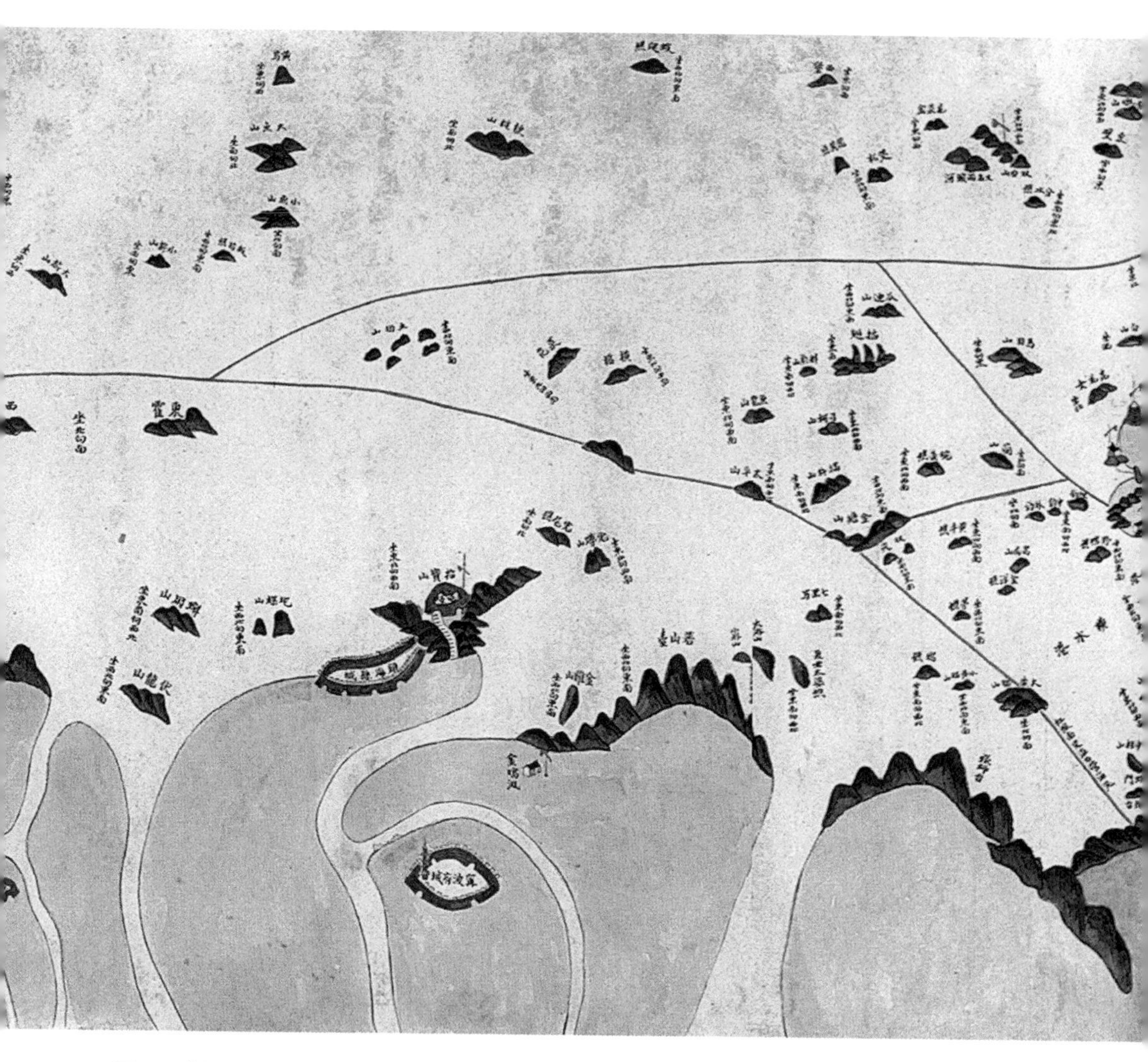

圖6.2《葛雲飛增輯兩浙海防圖》

圖中繪製得最仔細的部分就是舟山群島，島上繪出了定海城和入城的港灣，扼守港灣的竹山門……1840年9月下旬，英軍捲土重來，三總兵打響了第二次定海保衛戰。

穿鼻海戰

〰《一八四一年一月、二月英軍攻打穿鼻大角威遠砲台》〰約一八四一年繪

〰《復仇女神號與大清水師砲戰》〰約一八四一年繪

〰《一八四一年一月七日英軍攻擊大角圖》〰約一八四一年繪

道光皇帝一八四〇年秋將林則徐革職，年底，新任兩廣總督兼海關監督琦善到達廣州。此時，喬治・義律已因病辭職，他的堂弟查理・義律接任在華全權代表一職。義律與琦善開始談判。一八四一年一月六日，道光皇帝收到琦善第三期奏摺後，下令：「逆夷要求過身……非情理可諭，即當大軍撻伐……逆夷再或投字帖，亦不准收受」，但早於龍顏不悅的前一天，義律已先不悅了，他不滿談判進程與條件，於一月七日上午，悍然派出七艘軍艦、四艘輪船和十餘隻舢板，載英軍一千五百餘人，突襲虎門外第一重門戶——穿鼻洋，拉開了攻打虎門的序幕。

珠江海口，東岸有香港，西岸有澳門；再向內是兩個海角守護的穿鼻洋，東岸為東莞縣的沙角，西岸順德縣的大角；兩角相距三十里左右，為虎門外的第一道鎖。琦善怕與英軍生是非，在海口處撤下守軍，大角、沙角兩砲台僅有數十兵力駐防。虎門形勢緊張後，才由副將陳連升率兵六百餘名，臨時加強兩個砲台的防禦。

從《一八四一年一月、二月英軍攻打穿鼻大角威遠砲台》（圖6.3）標註的艦名來看，參加一月七日穿鼻洋海戰的都是載砲二十至四十門的護衛艦、巡航艦級別的小型戰艦。英國伯拉特少校擔任了

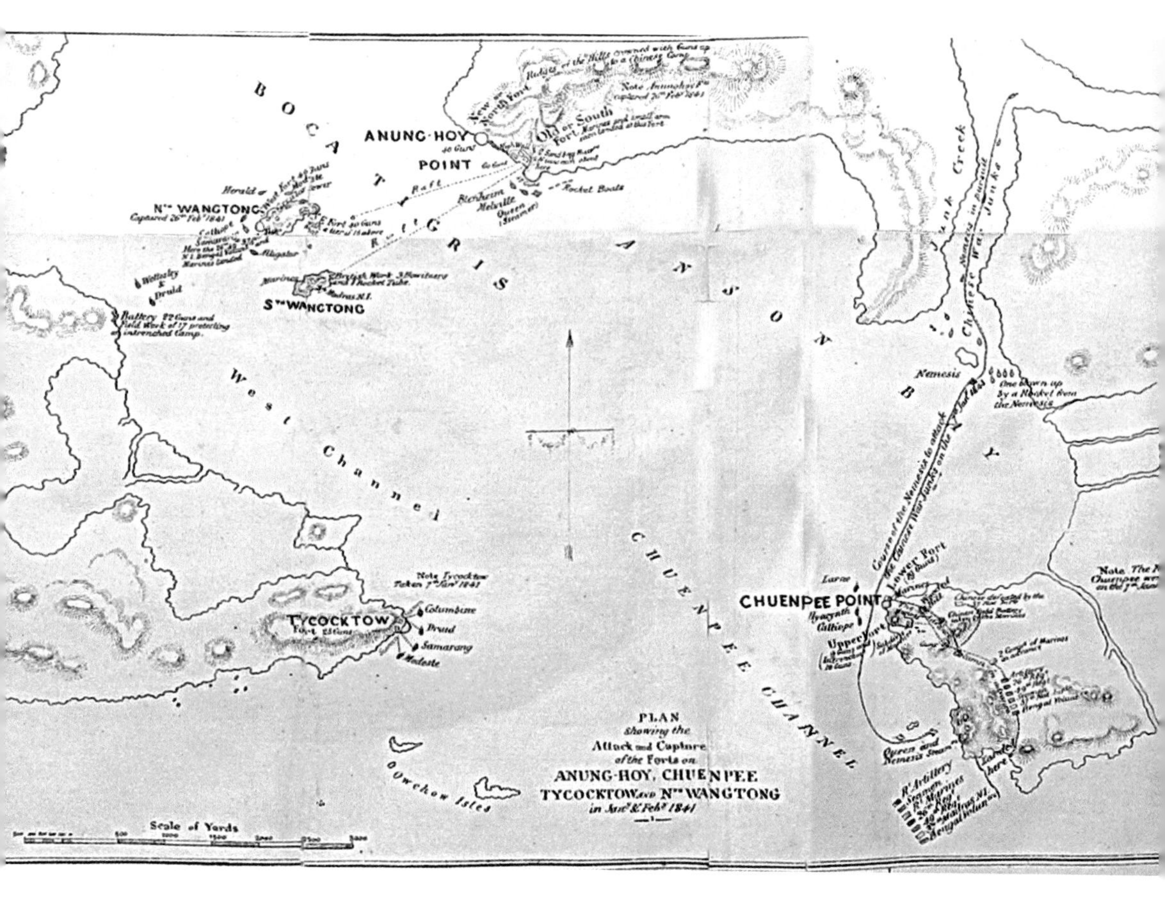

圖6.3《1841年1月、2月英軍攻打穿鼻大角威遠砲台》

記錄了兩個月來英軍的進攻路線與戰況，既有1月7日的穿鼻洋海戰，也有2月26日虎門海戰。圖為英國海軍部1481年繪製，現藏大英圖書館。

這次戰役的總指揮，他將艦隊分為兩個支隊：圖右的東路支隊，由英國海軍的「Hyacyntn」（風信子號）、「Calliope」（加略普號）、「Larne」（拉尼號）三艦組成。此支隊擔任主攻，攻打此圖右邊的「CHUENPEE POINT」（沙角砲台，亦稱穿鼻砲台）。這裡要特別說一下「拉尼號」。一八三九年六月三日，林則徐在虎門銷毀之時，當時英國在珠江口有二十餘艘商船，僅有這艘四百噸的小型護衛艦「拉尼號」保護，此艦共有大小砲三十四門。

圖6.4《復仇女神號與大清水師砲戰》

表現的是1841年1月7日復仇女神號在穿鼻洋與大清水師的海上激戰，記錄了復仇女神號以強大火力擊毀大清水師船的一幕。在描繪第一次鴉片戰爭的許多西洋海戰畫中，都有這個「明輪」船的獨特身影。

同時，還有東印度公司的「復仇女神號」、「皇后號」（Queen）武裝蒸汽船參戰。這幅《復仇女神號與大清水師砲戰》（圖6.4）西洋海戰畫，經常被誤認是表現一八三九年十一月三日的清英「穿鼻之戰」關天培擊退英國艦隊。不過，畫右側英國鐵殼明輪戰船「復仇女神號」是一八三九年十一月二十三日才下水服役，一八四〇年六月才隨英國東方艦隊進入中國，它不可能參加一八三九年的穿鼻大戰。所以，畫面顯示的是一八四一年一月七日的清英穿鼻海戰，裝砲七門的「復仇女神號」戰船，發砲擊毀清軍戰船。在描繪第一次鴉片戰爭的許多西洋海戰畫中，都有這個「明輪」船的獨特身影。

「復仇女神號」、「皇后號」武

裝蒸汽船，載著海軍陸戰隊，由漢奸引領從穿鼻登陸（《一八四一年一月、二月英軍攻打穿鼻大角威遠砲台》圖的右下方），用竹梯爬上後山，向駐沙角清軍陣地進攻；並焚燬山下三江口守軍和水師船十餘艘。佔領了各制高點的英軍安好野戰砲，俯擊沙角砲台。大清陸軍三江口協防副將年逾花甲的陳連升，指揮兵勇抵抗，終因兵力單薄，戰術呆板，經不起英軍正面砲擊和側後登陸包圍而陷入被動。陳連升和兒子陳舉鵬戰死在陣地上，沙角砲台陷落。

圖左的西路支隊由英國海軍「Columbine」（科隆比納號）、「Druid」（都魯壹號）、「Samsrang」（薩馬蘭號）、「Modeste」（摩底士底號）等四艘軍艦組成。此支艦隊的攻擊目標是圖左的「Tycock tow」（大角砲台）。

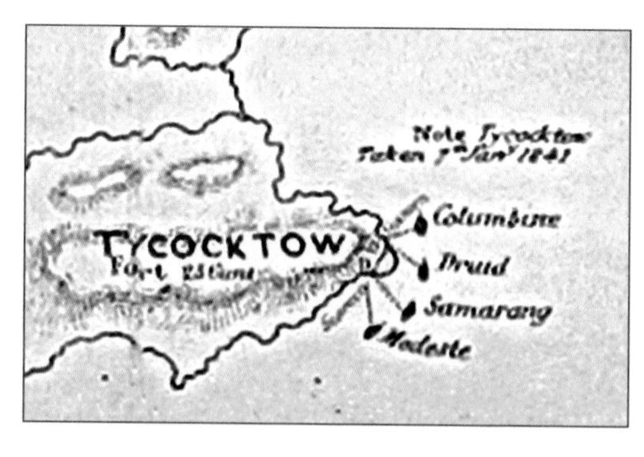

圖6.3局部放大圖

西路支隊由英國海軍「Columbine」（科隆比納號）、「Druid」（都魯壹號）、「Samsrang」（薩馬蘭號）、「Modeste」（摩底士底號）等四艘軍艦組成。此支艦隊的攻擊目標是圖左的「Tycock tow」（大角砲台）。

這幅西洋畫家所繪《一八四一年一月七日英軍攻擊大角圖》（圖6.5）版畫，表現了英軍登陸大角後，從大角後山南北兩側包抄砲台。畫面顯示，英軍按照歐洲作戰的戰法，一是架好砲對堡壘進行轟擊，二是列方陣一邊用排槍輪番射擊，一邊向前推進。這樣的攻擊令使用鳥槍的守軍，幾乎無法對抗。大角砲台千總黎志安率兩百多名官兵英勇抗擊，但終因寡不敵眾，突圍撤退。大角砲台淪入英軍之手（第二次鴉片戰爭後，大角山砲台增設為：振陽、振威、振定、安平、安定、安威、安勝、安盛等八處砲台，分佈在南北兩道山樑上）。英軍放火燒燬營房，拆毀砲台，然後全部撤回艦上。沙角、大角二砲台失守，英軍佔領穿鼻洋。

圖6.5《1841年1月7日英軍攻擊大角圖》

表現的是**1841**年**1**月**7**日英軍登陸大角後，按照歐洲作戰的戰法，一是架好砲對堡壘進行轟擊，二是列方陣一邊用排槍輪番射擊，一邊向前推進。這樣的攻擊令使用鳥槍的大清守軍幾乎無法對抗，大角砲台很快被摧毀。

一八四一年一月二十日，義律逼迫琦善簽訂了《穿鼻草約》，主要內容是：香港本島及其港口割讓與英國；賠償英國政府六百萬銀元；開放廣州為通商口岸……琦善同意賠款，但割地則要上報皇上，所以，雙方未正式簽約。雖然如此，一月二十一日，義律還是單方面公佈了《穿鼻草約》，並在一月二十六日私自派英艦「硫磺號」（Sulphur）在香港水坑口登陸，強行佔領了香港，義律出任香港行政官（不是總督）。人們通常以這一天為香港淪陷日，香港從此成為英國殖民地。

但是，義律與琦善簽訂的《穿鼻草約》，清英政府都不承認。道光皇帝因琦善擅自割讓香港，令鎖拿解京問罪，一八四一年一月二十七日，清廷對英國宣戰，第一次鴉片戰爭的第二階段戰事由此展開。

〰《英軍進攻珠江全圖》〰一八四二年繪

〰《虎門海戰》〰約一八四一年繪

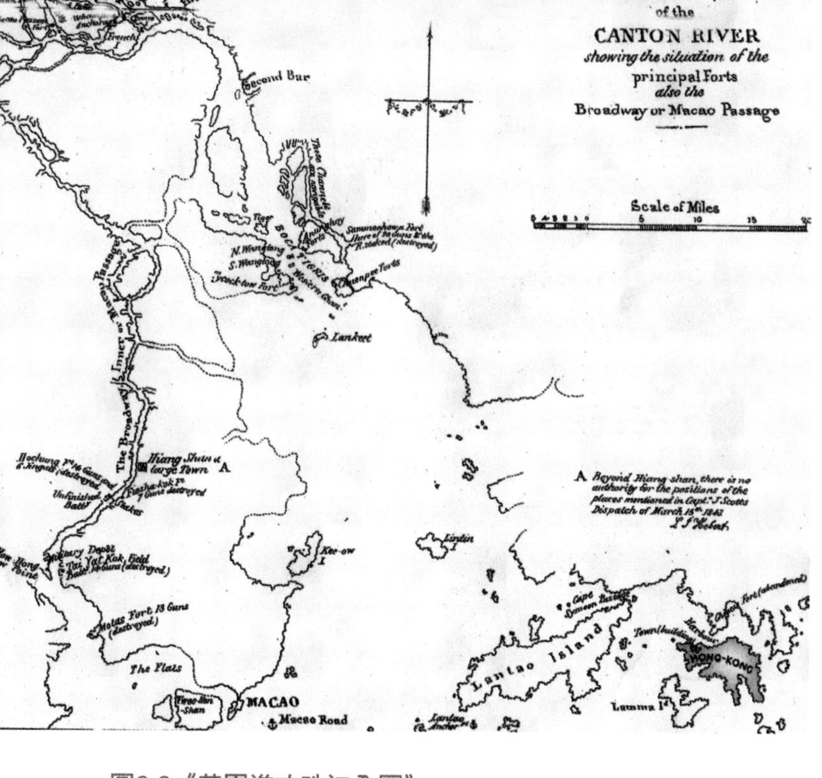

圖6.6《英軍進攻珠江全圖》

圖中可以看到珠江口東側海口的香港島，已被塗成紅色，表明英軍已經佔領此地。圖左側海口西部，標註了澳門。珠江中部標註了虎門及兩岸要塞。圖的頂部是英軍攻擊的最終目標廣州城。圖為英國海軍部1842年繪製，現藏大英圖書館。

查理・義律一八四一年一月二十六日私自派出巡航艦「硫磺號」在香港水坑口登陸，強行佔領了香港，並出任香港行政官。從這幅英國海軍部繪製的《英軍進攻珠江全圖》（圖6.6）上，可以看到珠江口東側海口的香港島，已被塗成紅色。當年凡英國佔領的殖民地，英國繪製地圖時，皆塗為紅色，表明英軍已經佔領。圖的左側海口西部，標註了澳門。珠江中部標註了虎門及兩岸要塞。圖的頂部是英軍攻擊的最終目標廣州城。

一八四一年一月二十七日，道光皇帝聽說大角、沙角被英軍攻陷，龍顏大怒，下令對英國宣戰，並派侍衛內大臣奕山為靖逆將軍，從各地調兵萬餘人赴粵。史家將此記為「鴉片戰爭第二階段」。但就在大清宣戰的前一天，即二月二十六日，義律又一次搶先「大怒」了，清晨開始向虎門陣地發起進攻。英國海軍部繪製的《一八四一年一月、二月英軍攻打穿鼻大角威遠砲台》記錄了兩個月來，英軍珠江口的進攻路線與戰況。有一月七日穿鼻洋海戰，也有二月二十六日虎門海戰。此圖左上角標註的「WANGTONG 26FEP 1842」，即一八四一年二月二十六日的虎門海戰。

虎門是珠江口通往廣州的第三道關口。一八三九年關天培曾在鞏固東北角山根與江心橫檔島間，構攔江鎖鏈兩道，以攔截入侵之敵；但一心避戰的琦善為向英國人表明「友好」態度，把攔江鎖主動撤了。所以，英軍艦隊輕易就過了橫檔砲台這第一關。

從《一八四一年一月、二月英軍攻打穿鼻大角威遠砲台》（圖6.3）圖左可見英軍派出配有七十四門砲的「Wellesley」（威厘士厘號）大型戰艦，緊隨它的是配有四十四門砲的中型戰艦「Druid」（都魯壹號），兩英艦先克橫檔砲台，然後強攻威遠砲台。在威遠、鎮遠砲台前，有兩艘皆配有七十四門砲的「Melville」（麥爾威厘號）和「Blenheim」（伯蘭漢號）大型戰艦。由於英國三等級戰艦所配的大砲射程皆在清軍砲台大砲射程之外，所以英艦幾乎不受損失，就將青衣山下由南向北排列的威遠、靖遠、鎮遠砲台，一一擊毀。

此時，總兵李廷鈺與提督關天培分守威遠、靖遠兩砲台。大角、沙角兩砲台失守後，道光皇帝以督率無方為名，革去關天培的頂戴，令其戴罪立功。戰前關天培曾用西洋重砲重新武裝各海岸砲台，並配有西洋原廠火藥和砲彈，工事相當堅固。但一八四一年二月二十六日清晨，英艦向虎門各砲台大舉砲擊

圖6.7《虎門海戰》

表現的是1841年2月26日英國砲艦在向虎門砲台發砲，海上的大清漁民划船逃命的場景。

後，近萬名大清守軍，在一千人的英軍的圍攻下，竟一哄而散；只有戴罪立功的關天培等四百多大小軍官守在靖海、威遠砲台。

「麥爾威厘號」和「伯蘭漢號」大型戰艦用大砲，狂轟靖遠砲台，關天培率孤軍奮戰，一直等不到救兵，砲台最終陷落，關天培部眾全部犧牲。打下靖遠砲台後，英軍調轉砲位，全力攻打威遠砲台。總兵李廷鈺終因彈盡糧絕，率隊部撤退。以威遠、靖遠、鎮遠、鞏固、永安、橫檔砲台為珠江上的第三道防線，終於被英軍突破。

這幅《虎門海戰》西洋水彩畫（圖6.7），描繪了一八四一年二月二十六日英國砲艦在向虎門砲台發砲，海上的大清漁民划船逃命的場景。英軍打下虎門後，繼續北上，廣州告急。

大黃滘之戰

〰《一八四一年三月至五月英軍沿珠江進攻廣州圖》〰一八四一年繪

〰《大黃滘砲台》〰一八四一年繪

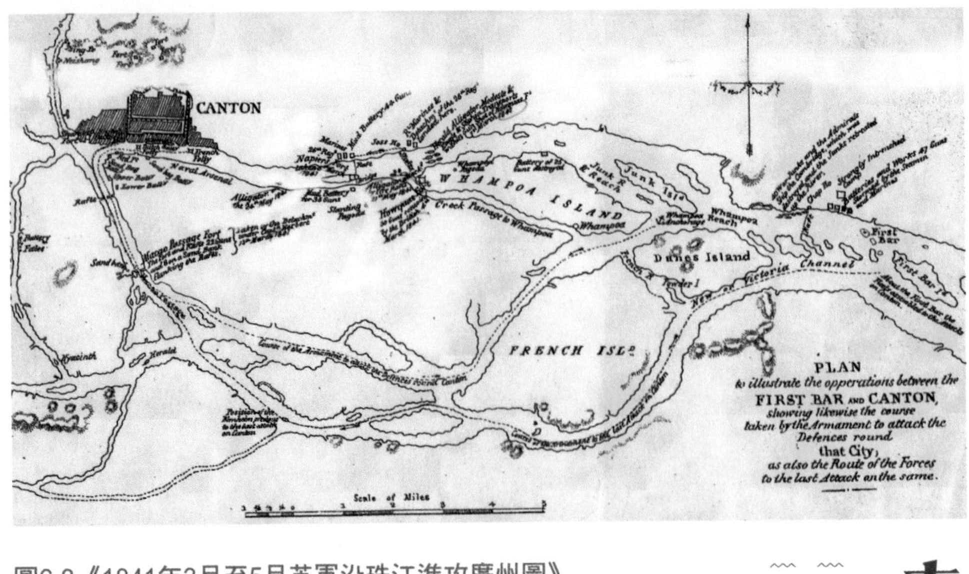

圖6.8《1841年3月至5月英軍沿珠江進攻廣州圖》

左邊註記有攻打大黃滘砲台的日期：「13 MARCH 1841」，即1841年3月13日。表明此時英國艦隊已經到達廣州城東江面。英軍一邊發起廣州戰役前的又一輪通商「談判」，一邊向廣州城下靠近，準備新一輪進攻。圖為英國海軍部繪製，現藏大英圖書館。

攻克虎門的英國艦隊，幾乎是一刻不停地溯流北上，直逼廣州城。從這幅英國海軍部繪製的《一八四一年三月至五月英軍沿珠江進攻廣州圖》（圖6.8）上，可以看到「一八四一年三月一日」的字樣，表明此時英國艦隊已經到達廣州城東江面。英軍一邊發起廣州戰役前的又一輪通商「談判」，一邊向廣州城下靠近，準備新一輪進攻。

一八四一年三月七日，英艦「Modeste」（摩底士底號）侵入大黃滘江面。經歷了大角、沙角與虎門兩次敗仗後，清軍水師和砲台營兵已全無鬥志。當英國砲艦開至廣州城外的江面時，大清守軍甚至放棄抵抗。據英國人記載，曾有大黃滘守軍與英軍私通，「請求英軍不要放砲，守軍只放六次空砲，給朝廷留點面子，而後撤出陣地」，但英軍覺得有失英國軍人風度，沒有答應，還是於三月十三日，進攻大黃滘砲台，並且不費吹灰之力就攻佔了大黃滘砲台。在《一八四一年三月至五月英軍沿珠江進攻廣州圖》的左邊，註記有攻打大黃滘砲台日「13 MARCH 1841」即一八四一年三月十三日。

大黃滘（滘，水流交匯之地）砲台坐落於廣州東塱村大黃滘口只有一畝地大小的龜崗島上，過黃埔之後，這裡是廣州的最後關口，距廣州老城只有兩里水路。因船隻從虎門到龜崗島前，必須轉舵航行，所以，大黃滘砲台俗稱「車歪砲台」。這幅《大黃滘砲台》（圖6.9）出自《中國：那個古代帝國的風景、建築和社會風俗》一書，作者為英國版畫家托瑪斯．阿羅母。它看似一幅風景畫，卻記錄了第一次鴉片戰爭時的大黃滘砲台。大黃滘砲台是一八一七年最先興建的主砲台。夕陽中的大黃滘，一派漁舟唱晚的情景，不久它將被英軍攻佔。英國人這樣評價畫中的那座被石砌堡壘圍在中央的四層小寶塔：「中國寶塔都是五層、七層或九層，此四層塔，有些異樣和不祥」，這不祥恰是英國人帶來的打破和平與安寧的侵略戰爭。英軍不費吹灰之力就攻佔了大黃滘砲台，從這裡北望，隱約可見廣州城牆。駐紮在此地的英軍，一邊等待清廷妥協，答應通商等要求；一邊觀察地形，準備攻打廣州城。五月十七日，談判無望，英國人下令攻擊廣州城。

圖6.9《大黃滘砲台》

此畫出自《中國：那個古代帝國的風景、建築和社會風俗》一書，作者為英國版畫家托瑪斯．阿羅母。夕陽中的大黃滘砲台，一派漁舟唱晚的情景，不久將被英軍攻佔。

攻打廣州

《一八四一年三月十八日和五月二十五日英軍進攻廣州圖》〰一八四一年繪

《登陸廣州圖》〰一八四一年繪

《一八四一年五月二十五日廣州附近堡壘與高地攻佔圖》〰一八四一年繪

談判無望的英國人，一八四一年三月十八日，下令攻擊廣州城。當時守衛廣州的是清廷從湖南提督任上調來的已是古稀之年的楊芳，這位新任廣州參贊大臣，令一位副將以馬桶裝婦女尿液放在木筏上迎擊敵艦，此邪術轉眼被英軍擊破。這幅《一八四一年三月十八日和五月二十五日英軍進攻廣州圖》（圖6.10）詳細記錄了英軍兩次攻打廣州的作戰路線：

第一次攻擊是三月十八日。這次進攻從此圖下方大黃滘砲台開始，英國海軍的「Modeste」（摩底士底號）艦，和英國東印度公司的「Madagascar」（馬達加斯加號）、「Nemesis」（復仇女神號）等小型戰船，沿河道行至花地，並進一步攻至廣州城外西南部西關「沙面」（Shamcer，地圖上廣州城外暗影部分），在十三行的英國商館停留片刻撤離。

第一次攻擊是在五月二十五日。從五月初開始，清廷調集的各地援軍相繼抵粵，二十一日新到任的兩廣總督奕山下令火攻英軍艦船，英軍略受損

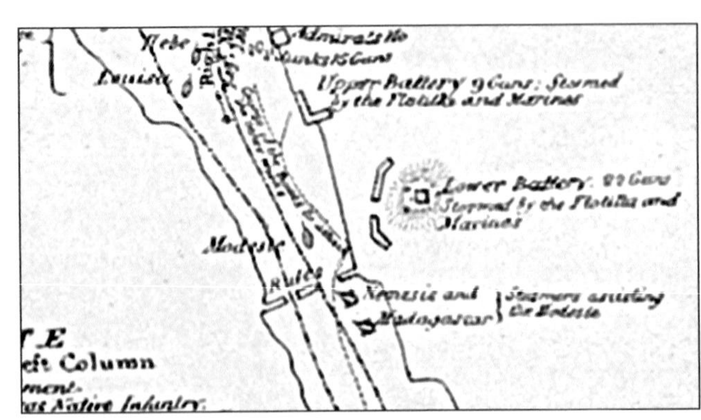

圖6.10局部放大圖

三月十八日，英國海軍的「Modeste」（摩底士底號）艦，和英國東印度公司的「Madagascar」（馬達加斯加號）、「Nemesis」（復仇女神號）等小型戰船，沿河道行至花地。

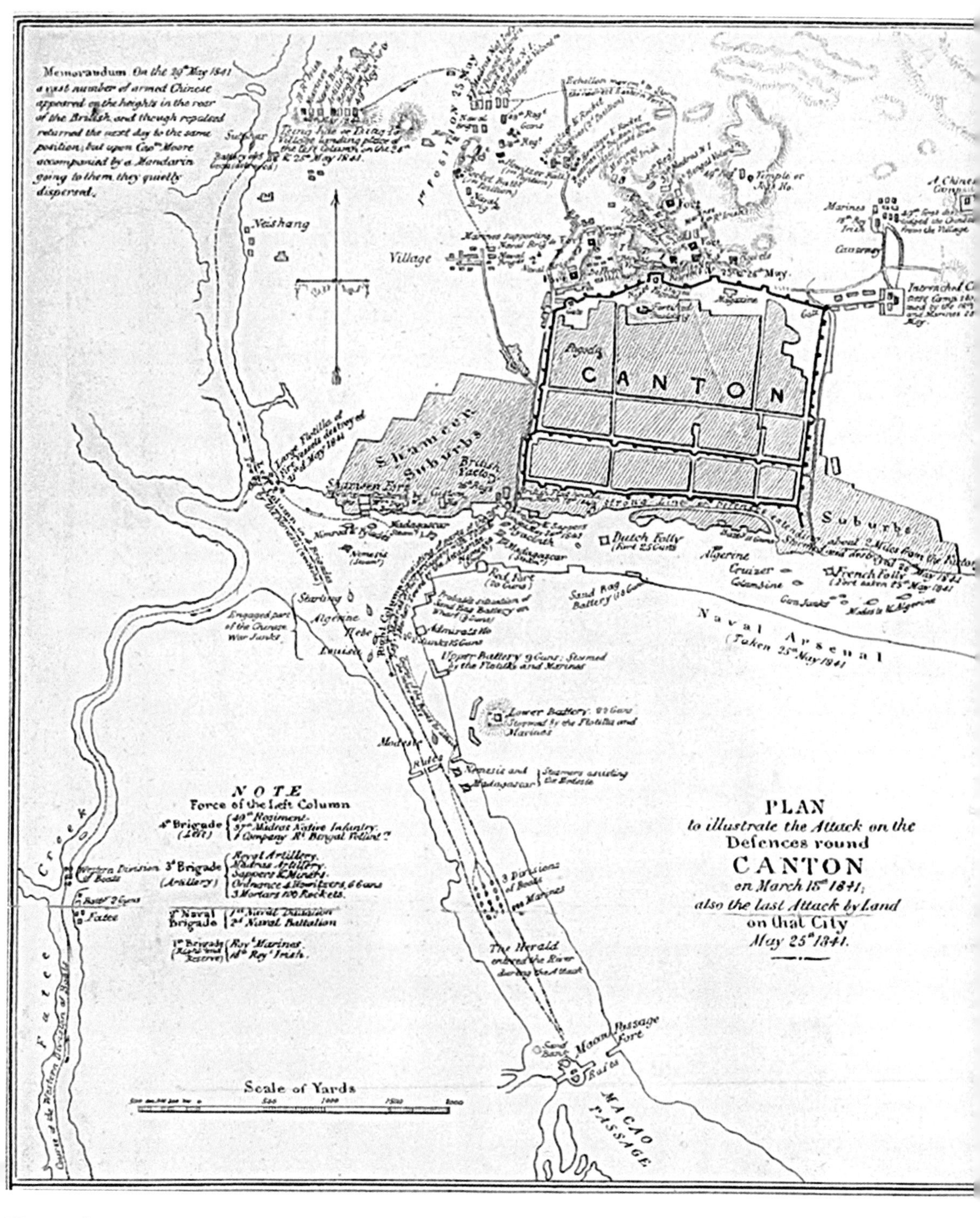

圖6.10《1841年3月18日和5月25日英軍進攻廣州圖》

詳細記錄了英軍兩次攻打廣州的作戰路線。此圖為英國海軍部1841年繪製，現藏大英圖書館。

圖6.11《登陸廣州圖》

原載於《愛德華·柯立航海圖畫日記1837年至1856年》一書，是英國隨軍醫生愛德華·柯立當時畫的海戰紀實畫，它表現了5月25日英國海軍陸戰隊用滑輪放下艦載登陸艇，和士兵划船登陸的戰鬥場景，遠處有寶塔的地方即是英軍要攻佔的目標——廣州城。

失。五月二十一日，英國艦船已達廣州城西邊的花地，英國海軍陸戰隊隨後從西北和東南兩方向靠到廣州城牆下。於五月二十五日，從此圖的上方和右邊攻打廣州城北的「大北門」和「小北門」。

《登陸廣州》（圖6.11）原載於《愛德華·柯立航海圖畫日記一八三七年至一八五六年》一書，是英國隨軍醫生愛德華·柯立當時畫的海戰紀實畫，表現了五月二十五日英國海軍陸戰隊用滑輪放下艦載登陸艇，和戰士們划船登陸的戰鬥場景，遠處有寶塔的地方即是英軍要攻佔的目標——廣州城。

五月二十五日，英軍從廣州城東面和北面登陸後，從城東和城北分頭攻城。這幅《一八四一年五月二十五日廣州附近堡壘與高地攻佔圖》（圖6.12）記錄了英軍進攻廣州城的最後戰鬥，圖中顯示了英國海軍陸戰隊廣州城西的登陸點和所攻擊的大、小北門和西門，戰鬥由海軍少將臥烏古（Viscount Hugh Gough或譯郭富）指揮。

圖左的圖例顯示：

綠色，19團；

橙色，37團；

藍色，海軍旅；

黃色，海軍陸戰隊；

藍紅色，砲兵等等。

Aa為第一火箭隊；bb為12榴彈砲連；f為火箭砲位置；xxx為城門；A為被海軍摧毀的砲台；E為被49軍團攻擊佔領的廟；I為中國人保衛被海軍佔領的村莊；K為塔城和塔；M為五層塔；N為砲台建

Green ---- H.M. 49th Regt
Red ---- Do 18th Do
Yellow ---- Bengal Volrs
Orange ---- Madras No 1. 37th Regt
Blue ---- Naval Brigade
Yellow & Blue ---- Marines
Blue & Red ---- Artillery

a a ---- First Rocket Battery
b b ---- 9 Pr & 12 Pr Howitzer Battery
c c c c ---- Do ---- Do ---- Do ---- & Rockets 2d position
d ---- Do ---- Do ---- Do 2d position (here the Howitzer axle broke)
e e ---- Do ---- Do ---- Do 3d position - Mortar & Rockets in the square Fort
f ---- Rocket Position
g ---- Lieut Spencer's 6 Pounder
x-x-x ---- Gates of the City

圖6.12局部放大圖

築和有圍牆的高地；Z為登陸點。

此圖由工程師、海軍中尉「BIRDWOOD」在一八四一年繪製，由倫敦軍事平版印刷局印製。在一八四二年一月八日送到「HYDROG」辦公室保存，那裡還保存了其他廣州地區的測量圖和詳細的海灣圖。此圖現藏英國海軍部圖書館手稿收藏室。

這天，英軍攻陷廣州城北諸砲台，設司令部於地勢最高的永康台，大砲可直轟城內。

一八四一年五月二十七日，奕山保城求和，簽訂《廣州和約》，大清向英軍交「贖城費」六百萬元，英軍撤回香港，廣州戰役至此結束。

廣州之戰，英軍就幾艘小船一共四百餘人，十幾門砲，兩萬清軍就丟棄了六百多門砲和好幾座砲台，大量船隻逃跑了，還有砲台與英軍聯繫，英船過來打砲台，砲台與英船互射三輪空砲交差，然後逃走，英船不得發砲追擊。

英國對清國的海上進攻，持續了一年，雖然取得了一些軍事上的勝利，但與大清簽訂通商條約的事，一直沒有辦成。英國政府決定換個指揮官，也換一種打法，以求一場實實在在的勝利，得到一個實實在在的成果。

一八四一年五月三十一日，英國外相以查理·義律對清國的攻略過於保守為由，改派璞鼎查（Henry Pottinger）接替義律全權辦理清國事務。八月二十一日，璞鼎查帶著海軍少將巴加（Sir William Parker）、陸軍中將臥烏古（Sir Hugh Gough）率領十艘軍艦、四艘輪船、二十艘運輸船以及陸軍二千五百人離香港北上，進入廈門海域。

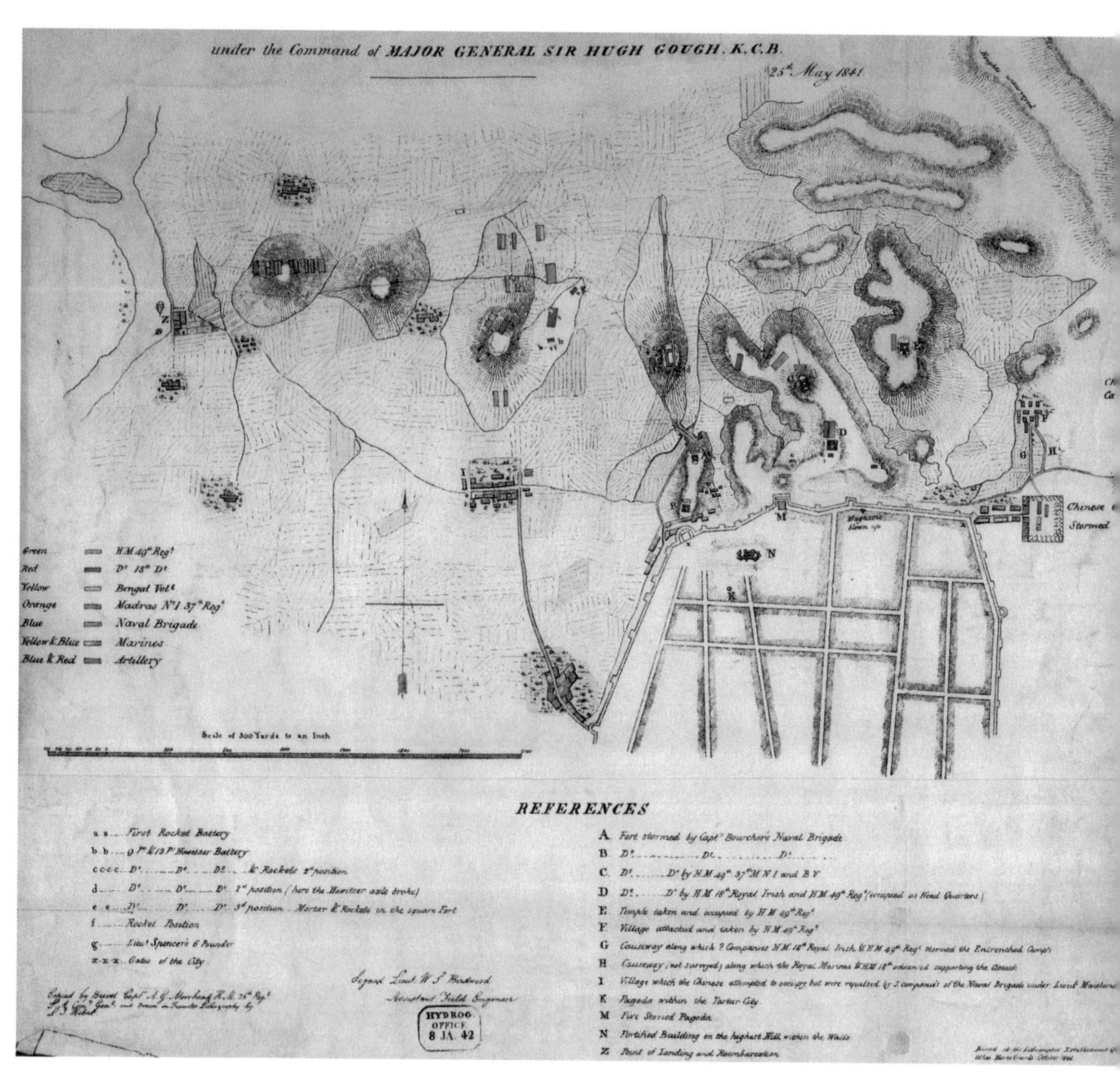

圖6.12《1841年5月25日廣州附近堡壘與高地攻佔圖》

記錄了英軍進攻廣州城的最後戰鬥，圖中顯示了英國海軍陸戰隊在廣州城西的登陸點和所攻擊的大、小北門和西門。此圖由工程師、海軍中尉「BIRDWOOD」在1841年繪製，由倫敦軍事平版印刷局印製，現藏英國海軍部圖書館手稿收藏室。

清英海戰——第一次鴉片戰爭第三階段

引言：英國海軍為何要進入長江打南京

《廈門全圖》一八三九年繪

英軍在璞鼎查的指揮下，八月二十六日攻破廈門，佔據鼓浪嶼。十月一日攻陷定海，十日陷鎮海，隨後佔了寧波。面對過長的戰線，過多的佔領地，英國政府感到「把這些佔有地，永久保留在英國領域之內，會使龐大而固定的開支隨之而來」，所以要找一個「決定性戰役」迫使大清簽訂通商條約，來結束這場拖得太久的戰爭。

經過分析，璞鼎查決定放棄攻打沿海港口，將「決定性戰役」目標選在南京。因為清廷物資銀財主要由運河輸送，只要沿著長江攻佔南京，扼住大運河的主要航道，斬斷清廷經濟命脈，清廷就無法拒絕英國的要求。從一八四一年十月起，半年多時間裡，英軍靜待援兵。此間，英國政府令駐印度的英國殖民當局，集中一切可能調動的海陸軍來華，使侵華英軍擁有大小戰船七十六艘、火砲七百二十四門、海陸軍隊一萬兩千餘人。

一八四二年五月，英軍決定放棄寧波，沿海戰事由此轉入長江戰役。

英軍將長江戰役的時間選在春夏之交，此時正是大清南糧北運時節。

一八四二年五月十八日，攻陷浙江平湖乍浦鎮。六月十六日，打下吳淞口。此後，英援軍相繼到達長江口外，璞鼎查不理耆英等人的乞和照會，以艦船七十三艘、陸軍一萬兩千人，溯長江上犯。七月二十一日，攻陷鎮江，二十七日，英艦隊駛抵南京江面。無力再戰的清廷，只好接受英國的要求。

圖7.0《廈門全圖》

明洪武二十年（1387年）在廈門設「中左千戶所」，納入海防體系，歸同安縣管轄。在清道光十九年（1839年）繪製的《廈門全圖》右側圈出的「白石頭」位置可見「同安縣前營地方」的註記，表明這個廈門「鎖鑰」已有海防駐軍。在它西側的海岬位置繪有兵房旁邊標註「砲台」，這裡即是胡里山砲台。在廈門古城東側長達4公里的海岸線上斷續築有海岸砲台。

一八四二年八月二十九日，耆英與璞鼎查簽訂清英《南京條約》（隨後的一八四四年美國在澳門與清廷簽下《望廈條約》，法國在廣州與清廷簽下《黃埔條約》），第一次鴉片戰爭宣告結束。

但依約「五口通商」口岸應允許外國商人居住，可是寧波、廈門、福州、上海都准外國人建起領事館之後，唯廣州把外國人擋在城外。英國艦隊一直在珠江口尋找「入城」的機會，大大小小的清英戰事，就沒有停止過，如英國畫家記錄的《一八四七年四月珠江戰役》就是其一。因此，也就有了第一次鴉片戰爭的繼續——第二次鴉片戰爭。

攻佔廈門

《一八四一年八月二十六、二十七日英軍進攻廈門圖》一八四一年繪

《一八四一年八月二十六日英國艦隊進入廈門海面》一八四一年繪

《英軍攻克石壁砲台》一八四一年繪

廈門是英國早就看中的海上要衝與貿易集合點。早在一八四〇年六月，英軍就曾以遞交清宰相書副本為由，欲進入廈門，但被閩浙總督鄧廷楨拒絕。清英雙方在胡里山及其海面發砲對射，激戰三個時辰，最終，英軍離開了此地，北上定海。

一年過後，英國外相以查理・義律對清國過於保守為由，於一八四一年五月三十一日改派璞鼎查接替清國事務。八月二十一日，璞鼎查帶著海軍少將威廉・巴加、陸軍中將臥烏古率領十艘軍艦、四艘輪船、二十艘運輸船以及陸軍二千五百人進入廈門海域，第一次鴉片戰爭由此進入第三階段。

這幅《一八四一年八月二十六、二十七日英軍進攻廈門圖》（圖7.1）全面記錄了英軍進攻廈門的時間、路線與參戰艦船。圖上可見，英軍五等戰艦「Blonde」（布朗底號）等兩艘戰艦分佈於廈門「INNER HARBOUR」（內港）；在「OUTER TOWN」

圖7.1局部放大圖

英軍於廈門停泊了九艘戰艦。

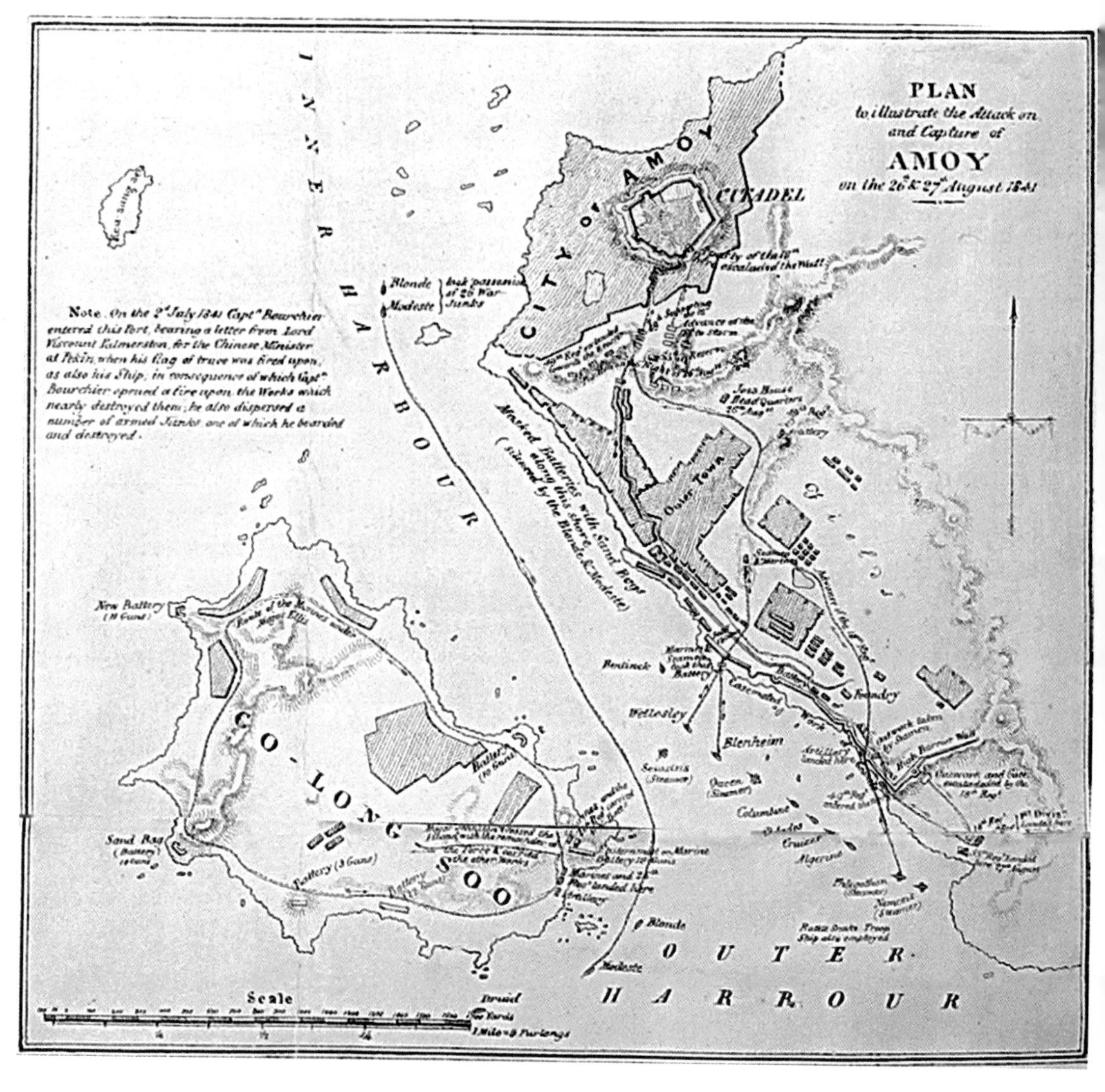

圖7.1《1841年8月26、27日英軍進攻廈門圖》

全面記錄了英軍進攻廈門的時間、路線與參戰艦船。此圖為英國海軍部1841年繪製，現藏大英圖書館。

圖7.2《1841年8月26日英國艦隊進入廈門海面》

是英國隨軍畫家格勞弗所繪製的海戰紀實水彩畫，表現了英國艦隊在廈門海面的戰鬥佈局。圖縱18公分，橫25公分，現藏英國國家海事博物館。

（外城）與「OUTER HARBOUR」（外港）間停泊了九艘戰艦；艦隊前的兩艘戰艦為「Wellesley」（威厘士厘號）和「Blenheim」（伯蘭漢號）。圖右側黃色工事為胡里山防線，英國戰艦在胡里山砲台至沙坡尾外的深水區時，恰處在石壁砲台射程外，而石壁砲台卻在英艦射程內。圖右下標註有英第18團登陸點。圖左側的「CO-LONG-SOO」為英軍用閩南話拼寫的鼓浪嶼，八月二十六日下午三時左右，英軍先後在鼓浪嶼和石壁砲台登陸。

英軍攻打廈門的戰鬥，於八月二十六日下午一點四十五分打響。英國隨軍畫家格勞弗的這幅題為《一八四一年八月二十六日英國艦隊進入廈門海面》（圖7.2）的水彩畫，為人們提供了當時攻打胡里山防線的戰鬥細節。據英國賓漢所著《英軍在華作戰記》載，隨軍畫家格勞弗，當時就在運送英國海軍陸戰隊的武裝輪船「弗萊吉森號」上，他曾自告奮勇隨陸戰隊的小艇登岸，並第一個「在攻克的砲台上掛起英國國旗」。

這幅海戰紀實畫特別可貴的地方是畫家在圖的下方標註出了參戰英國戰艦與方位：左起第一艘為五等軍艦「Pylades」（卑拉底士號）；第二艘、第三艘為運載海軍陸戰隊的「Queen」（皇后號）和「Sesortris」（西索斯梯斯號）；畫面正央的三艘大船，中間為載砲七十四門的旗艦三等戰艦「Wellesley」（威厘士厘號）；右邊為載砲七十四門的三等戰艦「Blenheim」（伯蘭漢號）；左邊為測量領航船，載砲十門的輕巡艦「Bentinch」（班廷克號）；最右邊的二桅軍艦為運送海軍陸戰隊的武裝輪船「Phlegethon」（弗萊吉森號）。

戰鬥中，火力較弱的測量領航船和戰艦班廷克號，負責圍繞錨泊的二艘戰艦進行警戒，防止清軍水師戰船從背後偷襲，畫上一艘折成兩截的小船即是為班廷克號擊沉的清軍戰船。更值得注意的是戰艦伯蘭漢號，它是英國第一次鴉片戰爭中參戰艦中最高級別的主力戰艦，以風帆為動力，船身為木製，有三層砲位艙板，配備七十二門火砲，屬於三等戰艦。早期的英國海軍軍艦分為六等，一級為最高級，也就是說英國沒派最高級的戰艦參戰。作為主力戰艦，伯蘭漢號受到高度重視，曾有英國人繪海戰畫《英國戰艦伯蘭漢號》描繪它的英姿；英國人佔領香港後，尖沙咀東部的「白蘭軒道」（Blenheim Avenue）即以此艦命名。

從圖上對英軍各艦的位置、關係和攻擊形態來看，此時英艦威厘士厘號、伯蘭漢這兩艘噸位較大的戰艦，已行進至沙坡尾外的深水區，並在此收帆下錨，一起利用重型舷列砲對石壁砲台進行猛烈砲擊。兩艘戰艦在攻擊時，先是逆潮向，利用舵效控制艦體姿態，使用右舷砲火分層間隔齊射五至八輪後，再利用潮動和錨定換舷，使用左舷砲繼續攻擊，既保證火力持續，又可冷卻使用過熱的火砲。就這樣，英艦向石壁砲台砲擊兩小時後，於下午三點多，開始發起側翼衝鋒。畫上的船形小黑點，即是英國海軍陸戰隊和砲隊搭乘的小舢板，在編隊艦砲火力的掩護下，靠向石壁砲台東側。

廈門的海防主要是胡里山海邊構築的石壁砲台，英軍稱其為「長列砲台」。此砲台號稱鴉片戰爭初期大清國的三大砲台（虎門、石壁、鎮江）之一，是閩浙總督顏伯燾歷時八個月、耗銀二百萬兩，精心打造的海防壁壘。砲台建在廈門白石頭至沙坡尾一帶的海岸線上，防線長約一千六百公尺，高三．三公尺，石壁厚二．六公尺，全用花崗岩建成，每隔十六公尺留一砲洞，共安設大砲一百門。

筆者到廈門東海岸實地考察感到英國人稱石壁砲台為「長列砲台」也有道理。這個砲台確實是長長一列，東起白石頭海角，西至胡里山海岬，共有四公里長。白石砲台在清道光十九年（一八三九年）繪製的《廈門全圖》上，即可看到這裡已是「同安縣前營地方」。

雖然，現在這裡已找不到當年砲台遺跡了，但二〇〇八年在白石砲台西側的曾厝垵沙灘出土了多門清代大砲，其中有五門一〇〇公分長，口徑三〇公釐的短粗砲，在《英軍攻佔石壁砲台》（圖7.3）海戰畫的右下角，即有清楚的描繪。這種短粗砲上面皆鑄有「清嘉慶十一年夏鑄」字樣，再次證明當年這裡確是一條綿延四公里的海岸砲台。今天人們看到的胡里山砲台是一八九六年重新構築的砲台，砲台擺著一八九三年購自德國克虜伯兵工廠的一門二八〇公釐克虜伯大砲，有效射程可達一萬六千公尺，此砲台再沒參與過任何晚清海戰了。

英軍對付大清所有的砲台都用一個戰法，先是發起正面佯攻，隨後派艦船迂迴至砲台側面，側面攻擊。石壁砲台在此種對抗中，顯露出「先天不足」，砲台的砲洞皆為方型孔，火砲只能朝前射擊，

圖7.3《英軍攻克石壁砲台》

是英國隨軍畫家格勞弗所繪製的海戰紀實水彩畫，表現了英軍第18團在石壁砲台東側沙灘登陸的場景，清軍「籐牌兵」身穿虎衣、頭戴虎帽，手持籐牌、片刀正與手持火槍的英軍對抗，砲台轉眼失守。圖縱18公分，橫25公分，現藏英國國家海事博物館。

不能左右轉動，大大限制了兩側的射擊範圍。英國隨軍畫家格勞弗繪製的《英軍攻佔石壁砲台》讓人們看清了石壁砲台的歷史面目和英軍在石壁砲台登陸的戰鬥場面。下午三時四十五分，英軍第18團在石壁砲台東側沙灘登陸。畫面上的清軍「籐牌兵」，身穿虎衣，頭戴虎帽，手持籐牌、片刀與手持火槍的英軍搏殺，下午四時左右砲台即失守。當晚，總兵江繼芸投海自殺。次日，英軍攻下廈門城。據說，道光皇帝經過此役才得知：侵華英軍中還有海軍陸戰隊。

英軍攻克廈門休整二十天後，留下五艘軍艦駐泊鼓浪嶼，其餘二十艘戰艦，在海軍司令巴克爾和陸軍司令卧烏古兩位將軍的率領下，編隊北上，攻打定海。

二 打定海

《一八四〇年至一八四一年進攻定海與舟山圖》一八四一年繪

《定海海防圖》一八四一年繪

《一八四一年十月一日定海之戰》一八四一年繪

第一次鴉片戰爭期間，英軍曾兩次攻佔定海。這幅英國海軍部繪製的《一八四〇年至一八四一年進攻定海與舟山圖》（圖7.4）是對這兩次戰役的一次總結，為後世留下了寶貴的戰事記錄。

一八四〇年七月五日，英軍第一次攻擊定海。清英雙方在海上用艦砲對轟不足十分鐘，清軍潰退到陸上防線。七月六日晨，英軍從東門攻城，定海淪陷。

一八四一年二月，英軍從定海撤軍，開赴廣州與清廷談判。廣州談判失敗後，英軍於八月末，再度北上，攻下了廈門。九月下旬，英軍重返舟山海域，準備再奪定海。

清軍收復定海之後，料定英軍還會再奪此城。於是，沿海一線自西向東，在曉峰嶺、竹山、東嶽山、青壘山等處建起砲台和土城，架設大砲二十二門，在城垣周圍架砲四十門，撥給水師船載鐵砲十門；派壽春鎮總兵王錫朋守曉峰嶺、派處州鎮總兵鄭國鴻守竹山、派水師定海鎮總兵葛雲飛守土城；並將鎮守定海的兵力增至五千六百人。

從英國隨軍醫生愛德華．柯立畫的海戰紀實畫《定海海防圖》（圖7.5），可以看到英軍已靠近東港浦海岸，陣地後是定海縣城，也就是今天的舟山老城。前景應是竹山，如今這時已建成「鴉片戰爭遺蹟

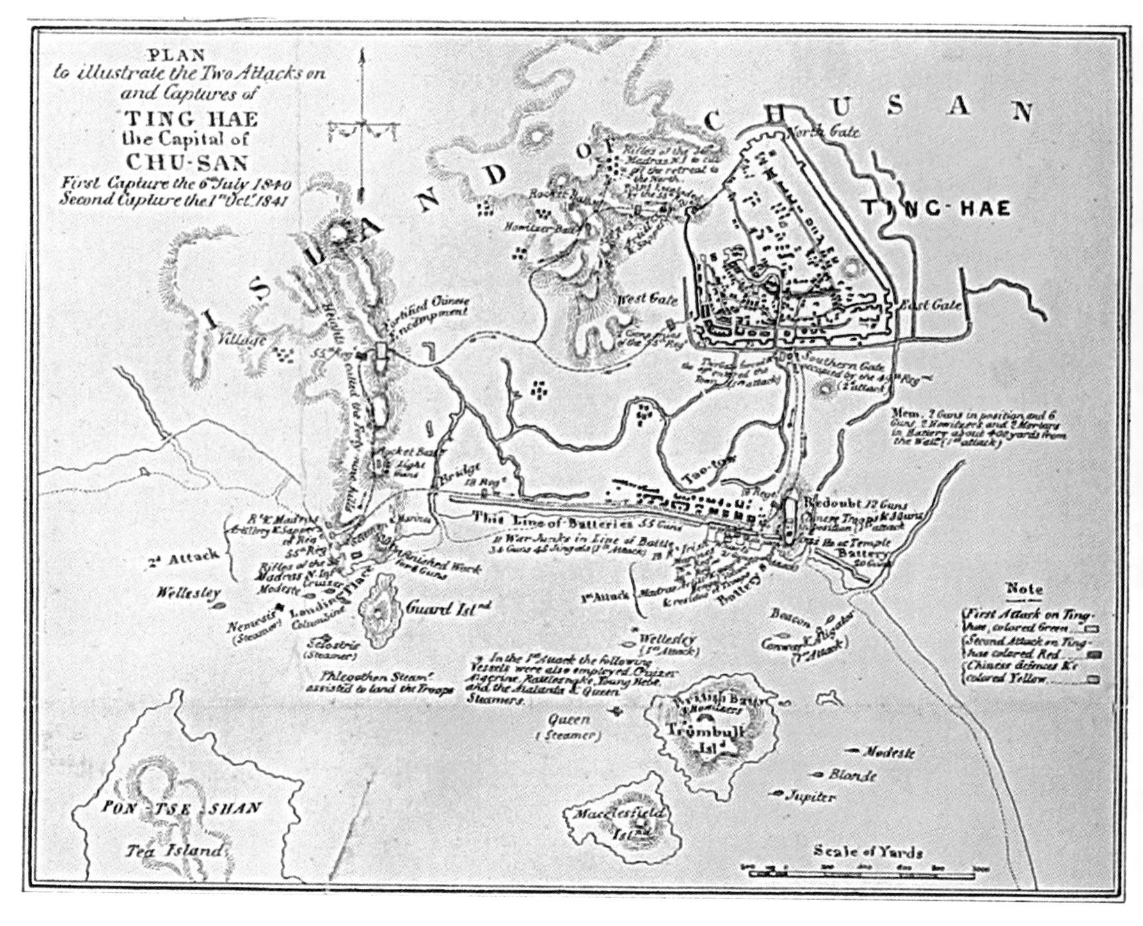

圖7.4《1840年至1841年進攻定海與舟山圖》

是對英軍兩次攻打定海的總結。此圖為英國海軍部1841年繪製，現藏大英圖書館。

公園」，登臨山頂，可以領略當年的防線與砲位佈局。葛雲飛的陣地是山下沿海臨時築起的灘頭陣地，當時稱之為「土城」。這裡是英軍最初正面進攻的要衝。據說，首戰葛雲飛的大砲，曾擊斷一艘敵艦主桅，英艦從這一線退出。

英軍於九月二十三日，進入定海水域，測量航道，偵察軍情，並選擇登陸地域。兩天以後，英軍佔領了距定海城南約一海浬的大五奎山島和小五奎山島，英軍一邊用架在島上的大砲攻擊海防線，一邊用海上艦砲從左中右三個方向砲擊竹山、曉峰嶺、東港浦等陣地。雙方砲擊五天後，英軍於十月一日開始強行

圖7.5《定海海防圖》

原載於英國海軍醫生愛德華．柯立的《愛德華．柯立航海圖畫日記1837年至1856年》，從中可以領略當年定海的防線與砲位佈局。

登陸。

這一天，英軍採取的是正面砲擊牽制清軍，兩翼包抄登陸的進攻戰術。上午，先是在城南水域，重砲猛轟定海正面守軍。同時，左路英軍開始從後山攻擊曉峰嶺，嶺上的壽春鎮總兵王錫朋，並無大砲設防，官兵只有鳥槍、火銃、大刀和長矛應戰。在英軍密集砲火下，王錫朋陣前戰死，士兵也大多犧牲，曉峰嶺首先失陷。英軍趁勢向曉峰嶺下的竹山門進攻，處州鎮總兵鄭國鴻率領將士浴血奮戰，不幸陣亡，竹山門也落敵手。守在南部沿海土城的定海鎮總兵葛雲飛，率部從東嶽宮沿土城向西抵抗已突破曉峰嶺、竹山門的英軍，不幸殉國，士兵也大多戰死。此時，在五奎山島砲火和英軍海上砲火的轟擊下，右翼的東嶽山、東港浦等處陣地先後失陷，英軍從東線登岸。沿海防線，全線潰敗。

這幅英國隨軍醫生愛德華．柯立畫的《一八四一年十月一日定海之戰》（圖7.6），真實地記錄了十月一日英軍的登陸戰：圖右英艦正對著的東港浦，為英軍輔攻方向；圖中央白色土城由葛雲飛鎮守，這一線為英軍

圖7.6《1841年10月1日定海之戰》

原載於英國海軍醫生愛德華·柯立的《愛德華·柯立航海圖畫日記1837年至1856年》，此畫記錄了10月1日英軍在定海登陸的作戰路線與戰鬥場景。

牽制方向；圖中央山坡上的砲台應為竹山砲台，這裡是英軍的主攻方向。圖左描繪英軍從西面登陸，攻打曉峰嶺和竹山的場面。圖左的曉峰嶺上，冒著白煙；竹山上的砲台，已不再發砲；圖右的英國海軍陸戰隊正在登陸。

這天下午，丟失了沿海防線的清軍退至定海城，英軍圍城不久，守軍即潰散，定海第二次被英軍佔領（此後，英軍在島上守了四年，最終放棄了舟山，再度南下廣東）。此役為鴉片戰爭中，清英雙方參戰人數最多、規模最大、交火時間最長的一場戰役。清軍損失最慘重，葛雲飛、王錫朋、鄭國鴻三總兵同日殉國；但英軍損失微小，僅死二人，傷二十七人。

英軍打下定海後，十月十日，又向鎮海發起攻擊。

鎮海抗英

〰《一八四一年十月十日進攻鎮海圖》〰一八四一年繪

鴉片戰爭在一八四〇年舟山打響第一戰後，道光皇帝已感到浙江海防吃緊，一八四一年二月急派裕謙為欽差大臣馳赴浙江，會同浙江提督余步雲專辦鎮海海防事宜。鎮海，宋代叫定海縣，清康熙二十六年，別置定海縣於舟山，原定海縣被改為鎮海縣。鎮海地處寧波甬江的入海口，南岸有金雞山，北岸有招寶山，兩山夾江對峙，扼守險要；此外，甬江口外十餘里處，有笠山、虎蹲、蛟門等島嶼，共同構成了鎮海的天然屏障。

裕謙抵浙江後，一方面加強鎮海各要地砲台，一方面以巨石、木樁填塞甬江海口，防止英艦溯江而上，攻打寧波。此時，鎮海有守軍五千人，提督余步雲領一千餘人駐守北岸招寶山、東嶽宮，總兵謝朝恩帶一千五百人防守南岸金雞山，總兵李廷揚率數百人守東嶽宮以西的攔江埠砲台，三處互為犄角。甬江兩岸還配置了許多火攻船，凡可登陸之處均挖掘暗溝，埋上蒺藜，由兵勇守衛。裕謙在鎮海城內，擔任總指揮。

英軍於一八四一年十月一日打下定海，十月十日清晨，即向鎮海發起攻擊。英國海軍部繪製的《一八四一年十月十日進攻鎮海圖》（圖7.7）描繪了英國艦隊進攻鎮海的路線：英國艦隊甬江口外黃牛礁海面集結點，兵分三路，進入甬江口。

圖左邊的西南路軍：由「Phlegethon」（弗萊吉森號）載兵一千餘人，繞至金雞山側後突襲；中路英

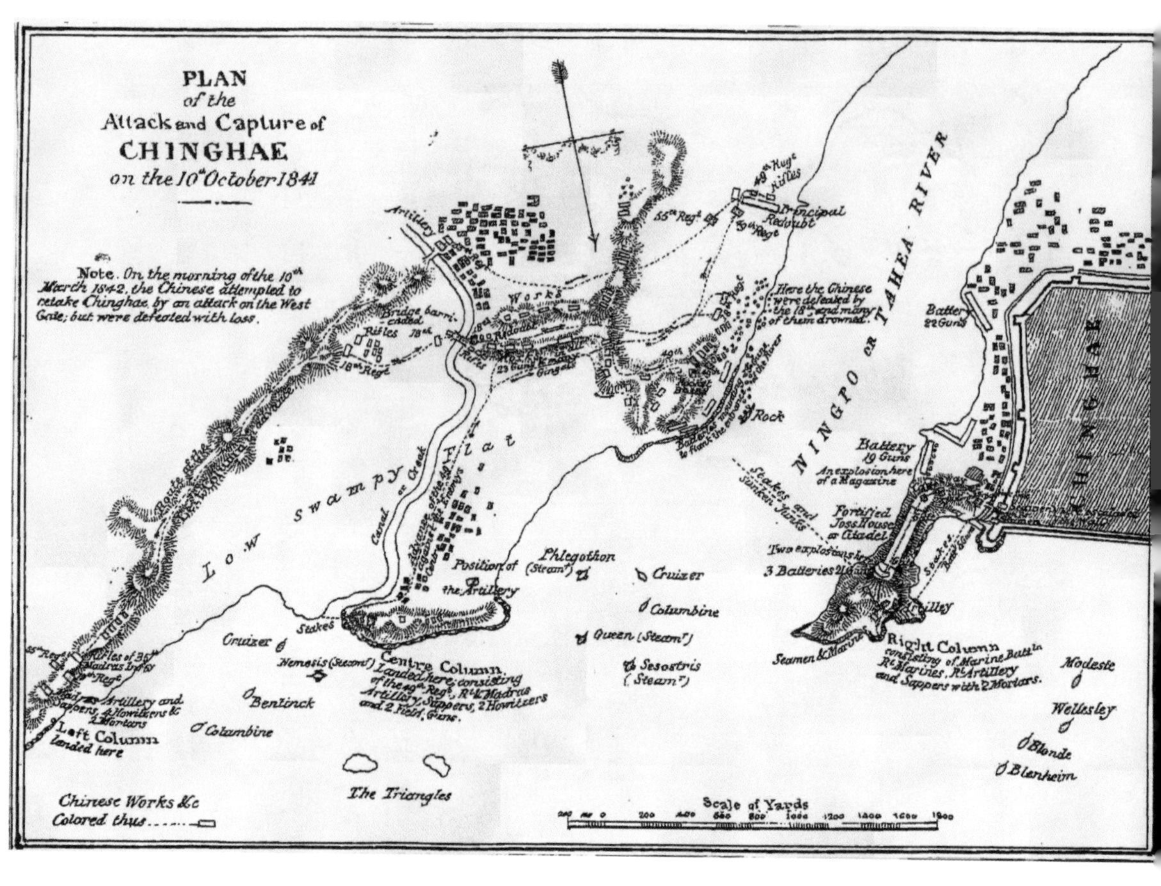

圖7.7《1841年10月10日進攻鎮海圖》

描繪了英軍在這一天展開的戰鬥。圖為英國海軍部1841年繪製，現藏大英圖書館

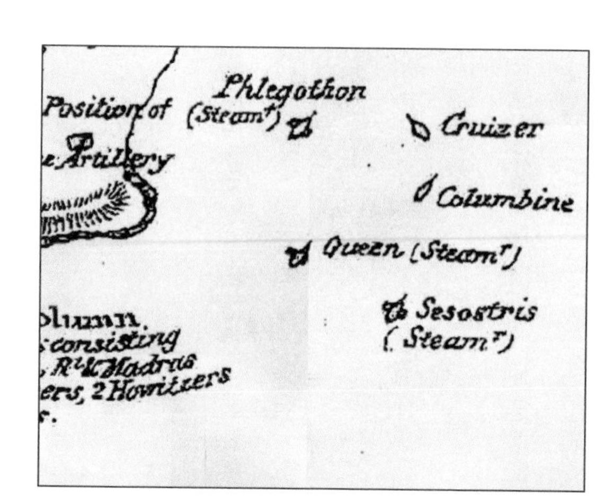

圖7.7局部放大圖1

英西南路軍：由「Phlegethon」（弗萊吉森號）載兵一千餘人，繞至金雞山側後突襲。

軍由英艦「Nemesis」（復仇女神號）鐵殼明輪戰船載兵四百餘人，在金雞山東北部登岸，隨後向金雞山頂突進。金雞山南岸的守軍正面遭到英軍登岸部隊所帶的大砲轟擊，身後又被英軍堵死，腹背受敵，總兵謝朝恩被炸死，金雞山很快失守。

圖右下角的東北路軍：由兩艘戰艦「Wellesley」（威厘士厘號）、「Blenheim」（伯蘭漢號）和巡航艦「Blonde」（布朗底號）、輕巡艦「Modeste」（摩底士底號）等組成的艦隊，猛轟招寶山砲台。英軍登陸部隊一路從招寶山正面登山，另一路繞至招寶山後，攀援而上。戰鬥進行到上午十一時左右，招寶山砲台被毀，防禦工事被夷為平地。守在招寶山的提督余步雲看形勢不妙，繞山撤往寧波。

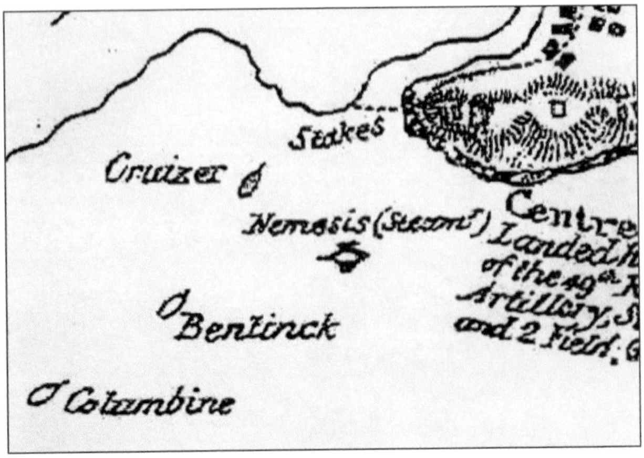

英國海軍陸戰隊佔領招寶山後，用山上大砲居高臨下轟擊圖右側所繪的四方城「CHING HAE」即鎮海縣城，掩護英軍從東門破城，大清兵民由西門逃出，勢如山傾。城中的總指揮欽差大臣裕謙見大勢已去，毅然投水殉節，鎮海失陷。

筆者赴鎮海考察，登招寶山觀古戰場，山上有幾尊鐵砲，威遠城仍在，山下建有一座海防歷史紀念館，設有抗倭、抗英、抗法、抗日四展廳，但對岸的金雞山已無遺跡可尋。

圖7.7局部放大圖2

中路英軍由「Nemesis」（復仇女神號）鐵殼明輪戰船載兵四百餘人，在金雞山東北部登岸，隨後向金雞山頂突進。

寧波、慈溪之戰

﹏《一八四一年、一八四二年英軍進攻寧波、慈溪圖》﹏一八四二年繪

﹏《一八四二年三月十五日英軍進攻慈溪草圖》﹏一八四二年繪

在這幅英國海軍部一八四二年繪製的《一八四一年、一八四二年英軍進攻寧波、慈溪圖》（圖7.8）描繪了跨度兩年的英軍在甬江一線的戰鬥。圖的右側標註為「CHINGHAE」即鎮海，英國艦隊一八四一年十月十日攻克鎮海，

休整三天後，由艦隊司令巴加率摩底士底號等四艘軍艦，及西索斯梯斯號等四艘汽船，載兵七百餘人，溯甬江直進圖中央標註的「NING-PO」即寧波，此處註記了英軍進攻寧波的時間：「一八四一年十月十三日」。此時，剛從鎮海逃到寧波的提督余步雲和知府鄧廷彩等人，聽說鎮江失守，英國艦隊正溯流而上，未作任何抵抗，又向上虞逃去。英軍不費一槍一彈，又得寧波城，在此掠奪了夠吃兩年的糧食和銀元十二萬兩，安安穩穩地駐紮下來。

寧波失陷令道光皇帝萬分驚慌，急封其侄奕經為揚威將軍，調八省援軍入援浙江。一八四二年二月，經過幾個月的準備，奕經終於抵達杭州。三月十日，奕經下令，同時攻打英軍佔領的寧波和鎮海，決心收回失地。

寧波之戰，由川北調來的藏軍為破城先鋒，百餘名藏族士兵在城裡內應的配合下，攻入寧波西門，清軍大部隊隨後攻入城中，並直奔英軍指揮部。但英軍爬上臨街的屋頂，射擊擁擠在街心的清軍，百餘

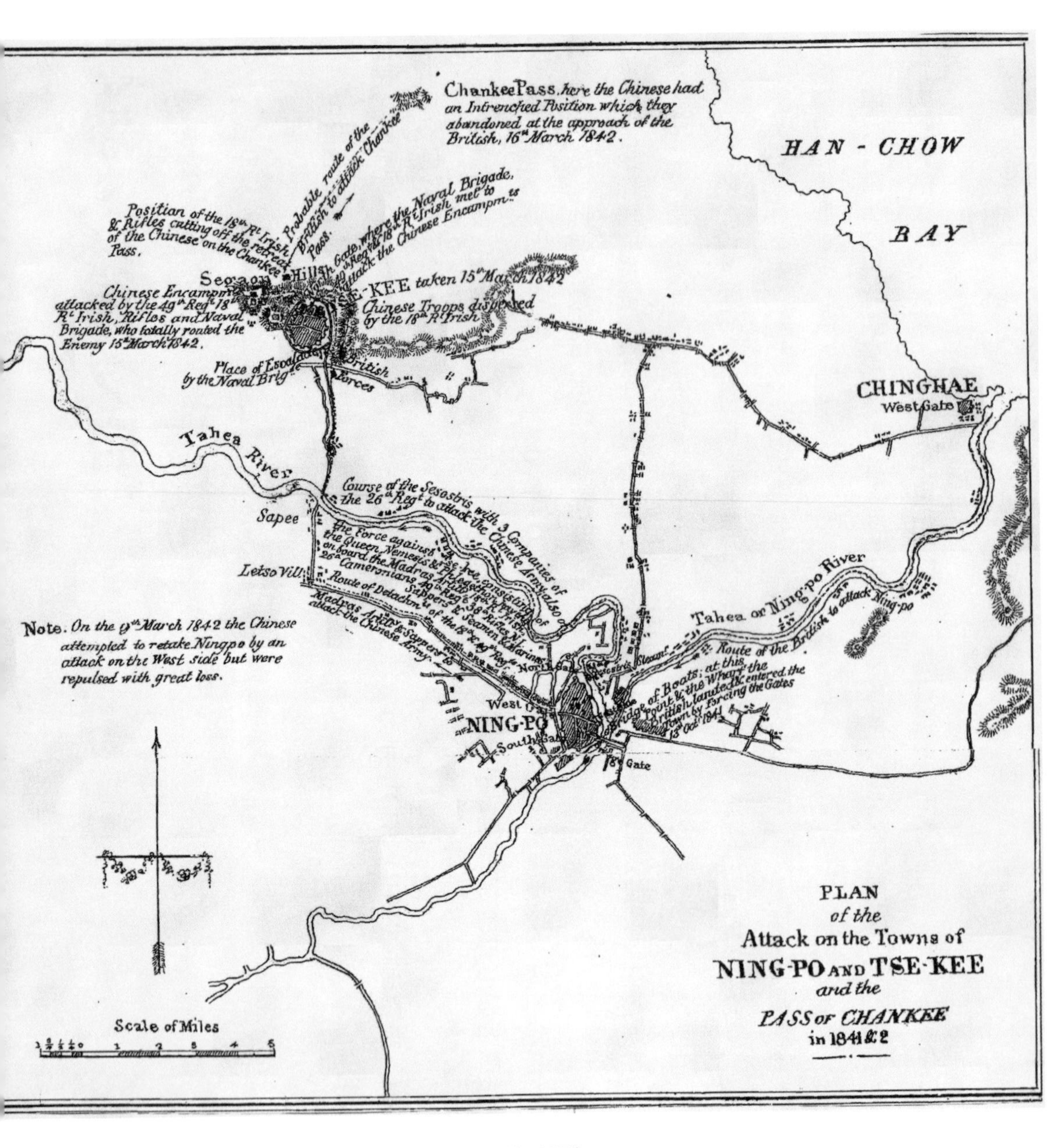

圖7.8《1841年、1842年英軍進攻寧波、慈溪圖》

在圖中央「NING-PO」（寧波）處註記了攻克寧波的時間：「1841年10月13日」；在圖左上「TSE-KEE」（慈溪）處註記了英軍攻打慈溪的時間：「1842年3月15日」。圖為英國海軍部1842年繪製，現藏大英圖書館。

藏軍全部犧牲，奪城失敗。

鎮海之戰，由清軍將領朱貴的部隊為先鋒，首先攻打招寶山威遠城。戰鬥中，向山上進攻的清兵，不僅遇到了山上守軍的抵抗，還受到停泊於海口的英艦從背後的砲擊，腹背受敵的清軍，沒攻多久，就敗退下來。

從寧波與鎮海兩個戰場敗退下來的清軍，撤到慈溪城西的大寶山，由收復失地，轉入防禦戰。在《一八四一年、一八四二年英軍進攻寧波、慈溪圖》的左上方「TSE-KEE」即慈溪（今慈城）旁，標註有英軍攻打慈溪的時間：「一八四二年三月十五日」。

接下來，我們看這幅一八四二年英軍攻克慈溪時留下的《一八四二年三月十五日英軍進攻慈溪草圖》（圖7.9），它比上一幅作戰圖表現得更為細緻。從寧波追來的近千英軍，只是從慈溪城穿過，說明此役，英軍並非為攻城而來，打的是一場圍殲戰。戰鬥地點即城外的清軍駐地大寶山。此圖左下方的圖例顯示：長方格為英軍駐紮地、中方格為英國陸軍、短方格為英國海軍陸戰旅。

一個月前，英國新任全權代表璞鼎查曾遣兵兩百餘人，從寧波駕火輪船溯姚江而上，在大西壩上岸，經裘市、夾田橋直犯慈溪。清軍守將朱貴指揮部隊奮力迎戰，打得英軍退回到夾田橋邊。駐紮寧波的英軍再派近千名英兵前來增援。朱貴這才率次子、三子及陝甘軍九百人退至城外的大寶山上。

三月十五日清晨，圍殲大寶山的戰役開打，戰鬥一直持續到下午。此役英軍出動了一千二百多人的兵力，清軍有萬餘將士守衛。但兩軍交戰不久，清軍紛紛落荒而逃。只有朱貴將軍所率領的五百勇士誓死抵抗，血戰大寶山。經過十多個小時的激烈戰鬥，守軍彈盡糧絕，朱將軍與兒子先後戰死，大寶山失守。

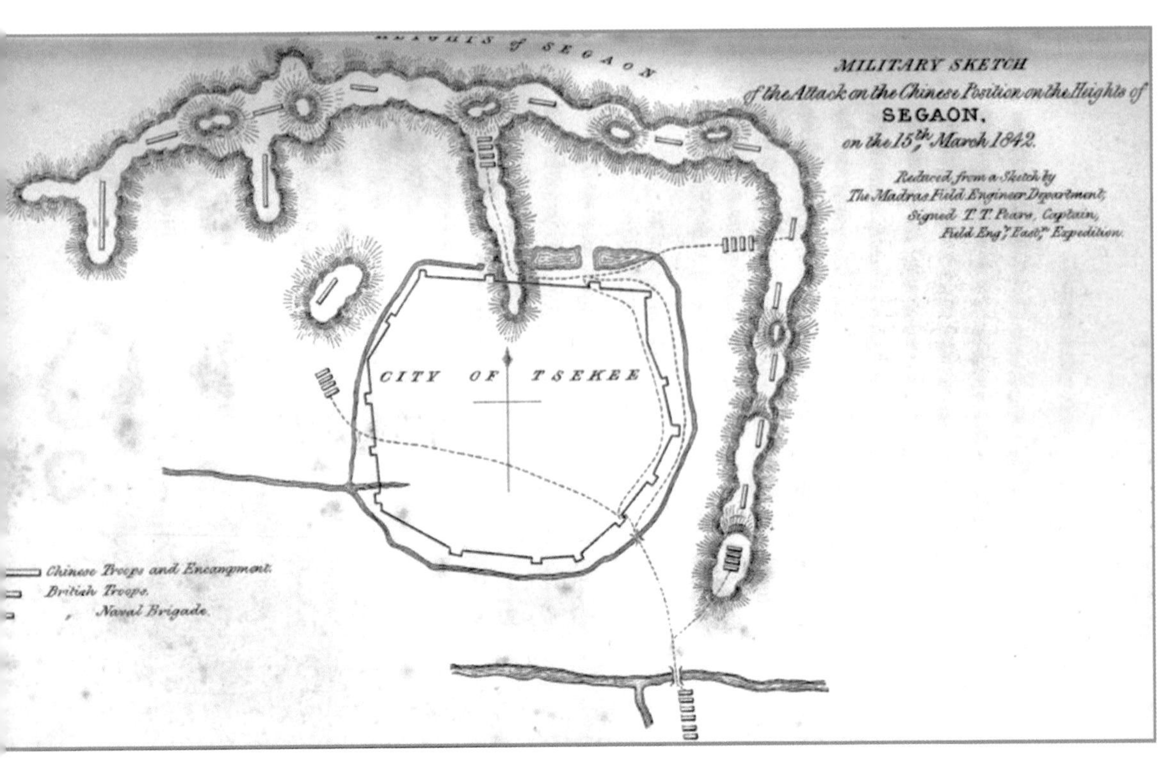

圖7.9《1842年3月15日英軍進攻慈溪草圖》

表現了從寧波追來的近千英軍，並非為攻城而來，軍隊只是從慈溪城穿過，而後圍攻城外清軍駐地大寶山。圖為英國海軍部1842年繪製，現藏大英圖書館。

筆者二〇一二年冬到慈城小西門古戰場考察時，看到了著名的大寶山，它僅有幾十公尺高，山下的小村裡，尚存一座一八四六年慈溪民眾捐款建的朱貴祠。祠前馬路灣是朱將軍陣亡處。祠後大寶山是當年的古戰場，山上尚存塹壕、殘垣。山腳下有安葬陣亡將士的「百丈墳」。雖然，小村流水潺潺，群峰相映，景色秀麗，但這裡還不是所謂的A級「景區」，朱貴祠難免有些「正在維修，暫不開放」的破敗之相。

當年英軍攻打大寶山，並不想佔領慈溪城，所以，「圍剿」結束後，就撤軍回了寧波。五月七日，英軍又全部撤出寧波，集結兵力，準備新一輪能迫使清廷投降談判的有效進攻——攻打南京。

錢塘江口戰役

〰《一八四二年五月十八日英軍攻打乍浦圖》〰一八四二年繪
〰《一八四二年五月十八日英軍進攻乍浦天尊廟圖》〰一八四二年繪
〰《一八四二年五月十八日英軍攻克乍浦圖》〰一八四二年繪

雖然，英國艦隊在舟山、珠江口、廈門都取得了軍事上的勝利，但與大清簽訂通商條約的事，一直沒有辦成。英國政府考慮到「把這些佔有地，永久保留在英國領域之內，會使龐大而固定的開支隨之而來」，並且會「在政治上與中國人發生更多不必要的接觸」。於是，從英國、印度增派陸、海軍來華，準備以「決定性戰役」迫使大清簽訂通商條約，盡早結束戰爭。

經過分析，英國新任在華權全代表璞鼎查決定改變策略，放棄攻打沿海港口，將「決定性戰役」目標選在南京。因為清廷物資銀財主要由運河輸送，只要沿著長江攻佔南京，扼住大運河的主要航道，斬斷清廷經濟命脈，大清就無法拒絕英國的要求。所以，從一八四一年十月打下寧波後，半年多時間裡，英軍沒有大的行動，靜待援兵，將長江戰役的時間選在次年春夏之交，南糧北運時節。

筆者從上海乘汽車赴乍浦考察，僅一個多小時就到了位於錢塘江口東岸的乍浦城。乍浦，唐代置鎮，明初築城，清雍正時，設滿洲大營。千年過去，今天筆者見到的乍浦，仍是一座小城。這裡南臨大海，東南有綿延的小山為屏障。

一八四二年五月十三日，英國艦隊離開甬江口外的黃牛礁海域，開始向長江口進犯，北上途中，準

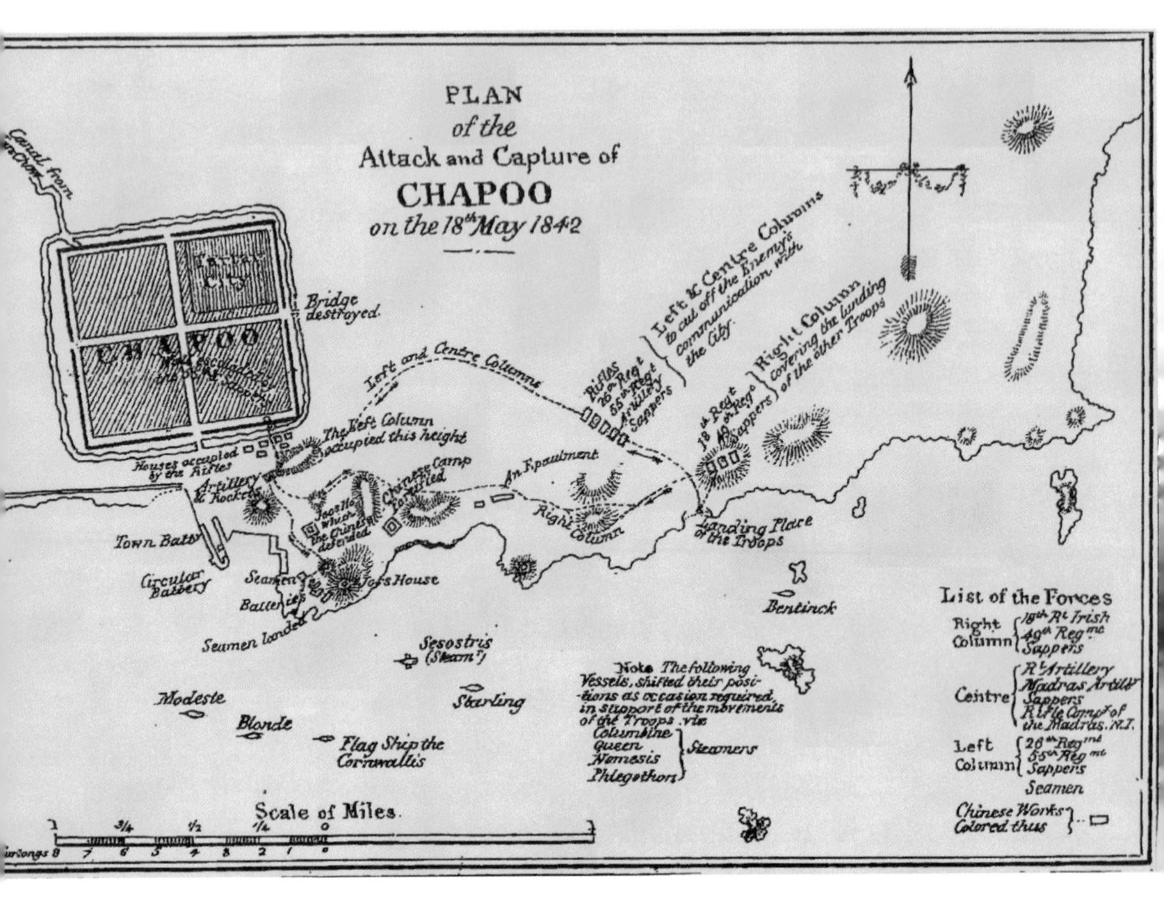

圖7.10《1842年5月18日英軍攻打乍浦圖》

圖的左下方，以三級戰艦「Cornwallis」（康華麗號）為首的英國艦隊，在乍浦海面擺開戰陣。右側有輕巡艦「Bentinch」（班廷克號），在東部海岸進攻。英軍登陸部隊在軍艦的掩護下，分三路登陸，攻克乍浦城。圖為英國海軍部1842年繪製，現藏大英圖書館。

備順路摧毀乍浦港。五月十八日，英軍司令臥烏古率領先期停泊於海上的七艘英國戰艦和四艘武裝戰船及運輸船、小舢板，駛入萊莽門，打響乍浦之戰。

這幅《一八四二年五月十八日英軍攻打乍浦圖》（圖7.10）記錄了當時的戰況。此圖左下可見，以三級戰艦「Cornwallis」（康華麗號）、巡航艦「Blonde」（布朗底號）、輕巡艦「Modeste」（摩底士底號）組成的英國艦隊，在乍浦城前的天后砲台正對的海面擺開戰陣。此圖右下可見，有載砲十門的輕巡艦「Bentinch」（班廷克號），在東部海岸展開攻勢。

這天上午八時左右，英艦以復仇女神號、椋鳥號（Starling）、皇后號、哥倫拜恩號（Cambrian）、伯勞弗號（Pluto）和弗萊吉森號作掩護，向乍浦沿海各山寨陣地發起猛烈砲擊。隨後，英軍乘運輸船舢板船分三路強行登陸，由臥烏古司令、叔得上校、蒙哥馬利中校、馬利斯中校等分頭指揮，向乍浦城進攻。此圖右下角註記顯示，登陸部隊有皇家愛爾蘭聯隊49團、蘇格蘭來福槍聯隊26團、55團和馬德利斯本地步兵36團，及砲兵、工兵等。

西路軍，由中校馬利斯率領，有愛爾蘭聯隊第18團、49團以及工兵等千餘人，猛攻燈光山、葫蘆城、天妃宮。清軍奮力抵抗，駐軍協領英登布在燈光山與敵搏鬥時捐軀；海防同知韋逢甲在天妃宮海塘邊，中彈身亡。英軍攻陷前沿陣地後，衝過群山竄向乍浦。清軍退路已被敵第26團切斷，佐領隆福率眾突圍，退至燈光山與小觀山之間的天尊廟內。這幅《一八四二年五月十八日英軍進攻乍浦天尊廟圖》（圖7.11）是隨軍畫家司達特當時的記錄，

記錄了著名的清英天尊廟之戰。

英軍發現部分清軍退至天尊廟後，越嶺來攻。畫面顯示，英軍使用歐洲傳統的列隊進攻陣法，前後排輪番射擊和裝彈，交替前進。這種暴露式的戰陣受到了守軍火銃與弓弩的打擊，第49團，第18團都有傷亡，中校湯林森當場被擊斃。畫面上由士兵抬著的軍官應是中校湯林森。雙方苦戰三小時，英軍用火藥炸開廟牆，攻入廟內，三百人的滿族兵除四十幾人突圍外，全部戰死。這是乍浦之戰最為慘烈的戰事，所以被隨軍畫家司達特記錄下來。

圖7.11《1842年5月18日英軍進攻乍浦天尊廟圖》

描繪英軍西路縱隊攻陷前沿陣地後，在燈光山與小觀山之間的天尊廟，與清軍遭遇。畫面上由士兵抬著的軍官是被清軍打死的中校湯林森。這是乍浦之戰最為慘烈的戰事，被隨軍畫家司達特記錄下來。

東路軍，由叔得上校率蘇格蘭來福槍聯隊第26團、55團官兵近千人，從陳山嘴、唐家灣登陸。守軍山東軍稍戰即退，陝甘軍在唐家灣山北與英軍交戰，因後援不至，全營三百六十七人全部陣亡。

中路軍，由蒙哥馬利中校率皇家砲兵第36團及工兵約四百人，在觀山南坡牛角尖、檀樹泉登陸，沿山腳進攻。後協同東路英軍，攻至乍浦城下。三路縱隊在東門會合後，緣梯而入，佔領了乍浦城。

英軍入城後，將乍浦砲台、彈藥庫、修理廠等軍事設施徹底破壞，七十多門銅砲被作為戰利品擄走。英軍撤走時，縱火焚鎮，天妃宮、關帝廟、潮陽廟、軍功廟、葫蘆城及普照禪院，皆化為灰燼，古城乍浦

圖7.12《1842年5月18日英軍攻克乍浦圖》

畫面表現了英軍攻克乍浦後，派水手在海面搭救落水的士兵的場景。

的精華全被毀滅，百年未能恢復。所以，筆者在乍浦海邊古戰場考察時，僅見到兩座古砲台：一座是《一八四二年五月十八日英軍攻克乍浦圖》中，在縣城南端標註的砲台——天妃宮砲台。此砲台始建於一七二九年，而今尚存石頭壘砌的弧形長廊和一組四間的砲台，呈扇形排列。另一座是南灣砲台，在鎮東南燈光山上，此圖上沒有標註，因是第一次鴉片戰爭後構建的。

司達特還畫了一幅《一八四二年五月十八日英軍攻克乍浦圖》（圖7.12）畫面表現了英軍攻克乍浦後，派水手在海面搭救落水的士兵的場景。

英軍隨後燒燬乍浦，於五月二十八日，移至洋山停泊，準備攻打吳淞。

長江口戰役

〰《一八四二年六月英軍進攻吳淞、寶山和上海圖》〰一八四二年繪

英軍在乍浦休整十天後，一八四二年於五月二十八日北上，六月八日抵達長江口外的雞骨礁一帶集結，十三、十四兩日，英軍陸海軍司令率艦船六艘、運輸船十二艘至吳淞口外探測航道，偵察寶山縣境的吳淞口設防情況。

吳淞口位於黃浦江與長江匯合處，是長江的第一道門戶，戰前已做充分準備。在吳淞鎮至寶山縣城的六、七里長的黃浦江西岸上，「築有土塘，高約兩丈，頂寬一丈七八尺……缺口處安設大小砲位，自外視之，儼如長城一道」，土塘上共安砲一百五十四門，稱西砲台。在吳淞口黃浦江的東岸，築有一略呈圓形的砲台，

安砲二十七門，稱東砲台。另在吳淞與上海間的東溝兩岸添設了數十尊大砲，駐兵五百人，防止英軍進窺上海。

吳淞口是江蘇海防重點，新任兩江總督牛鑒親自坐鎮於此。整個吳淞口，由江南提督陳化成和徐州鎮總兵王志元等率兵二千四百人駐守。其中五百名由總兵周世榮率領駐守東砲台，其餘則防守吳淞鎮至寶山一線。

一八四二年六月十六日凌晨，英軍全部出動進攻吳淞。這幅英軍繪製的《一八四二年六月英軍進攻吳淞、寶山和上海圖》（圖7.13），清晰地描繪出英軍的進攻路線與目標；圖上方長江邊的縣城為

「PAONSHAW」（寶山），長江與黃浦江匯合處的城池為長江第一道門戶「WOOSUNG」（吳淞），圖下方的城市為「SHANGHAE」（上海）。針對清軍設防情況，英軍確定以「Cornwallis」（康華麗號）等兩艘重型軍艦，進攻西砲台；以輕巡艦「Modeste」（摩底士底號）等四艘輕型軍艦，攻擊對岸上東砲台；而後，駛入黃浦江，逼近吳淞鎮南面的蘊藻浜，以猛烈砲火壓制吳淞鎮砲台火力，威脅清軍的側後，掩護登陸兵佔領該砲台。

當「康華麗號」等兩艘重型英艦進入西砲台附近作戰水域時，清軍以猛烈砲火阻擊英艦，砲戰進行

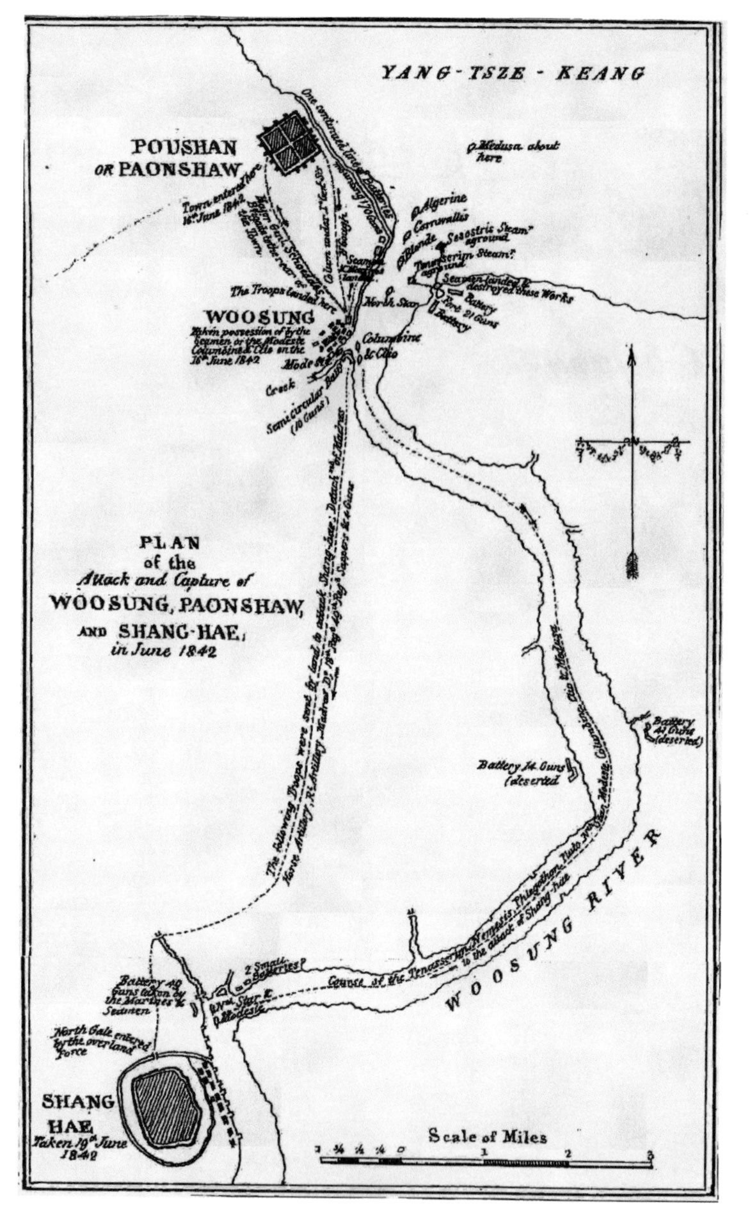

圖7.13《1842年6月英軍進攻吳淞、寶山和上海圖》

表現了英軍的海上戰鬥序列：以「Cornwallis」（康華麗號）等兩艘重型軍艦進攻西砲台，以輕巡艦「Modeste」（摩底士底號）等四艘輕型軍艦攻擊對岸上東砲台；攻下東西砲台，佔領吳淞後，部隊北上攻佔了寶山縣城；6月19日，英軍南進，順利佔領上海。

了兩個半小時，西砲台正面被英軍突破，江南提督陳化成等官兵全部陣亡。此間，兩江總督牛鑒曾從寶山率兵增援吳淞，一見形勢不妙，返身後退，率兵西逃嘉定。總兵王志元也跟著棄陣而逃。

英軍佔領西砲台後，隨即北上攻佔了寶山縣城。中午十二點，吳淞東岸的東砲台也被英軍兩艘輪船上的海員和陸戰隊佔領。戰鬥至中午十二點，清軍全部逃散。吳淞口的大小火砲，一部分被毀，大部分為英軍繳獲。

圖7.13局部放大圖

六月十六日英軍佔領西砲台後，隨即北上攻佔了寶山縣城。中午十二點，吳淞東岸的東砲台也被英軍兩艘輪船上的海員和陸戰隊佔領。戰鬥至中午十二點，清軍全部逃散。

六月十六日晚，英艦狄多號（Dido）護送運輸船隊載著從印度來援的英軍二千五百人到達吳淞口外。六月十九日，英軍派出第18團和第49團以及砲兵、工兵分隊共約千人，由吳淞口兵分成兩路，一路從陸上南下，一路溯黃浦江南進，直逼「上海」。

上海守軍聽說吳淞失陷，望風而逃，英軍未遇任何抵抗，輕鬆佔領上海。英軍在上海大肆搶掠之後，於六月二十三日退至吳淞口外，揚言北上京津，實則準備溯長江西進南京。筆者來到今天的吳淞口，昔日的古戰場現已建成上海的一個濕地公園，當年的砲台故址僅存一尊古砲，砲身鑄有銘文：「大清道光二十一年（一八四一年）五月□平夷靖寇將軍」。

鎮江戰役

〈〈《一八四二年薩勒頓勳爵艦隊停泊在金山島對面》〈〈一八四二年繪

〈〈《一八四二年七月二十一日攻擊鎮江府圖》〈〈一八四二年繪

〈〈《炸開鎮江西門》〈〈一八四二年繪

英軍一八四二年七月五日在吳淞口等援兵全部到齊後，隨即由上年四月接替查理・義律擔任在華全權代表的璞鼎查，指揮英國艦隊展開深入長江的戰鬥。璞鼎查、巴加和臥烏古率領十一艘軍艦、九艘輪船、四艘運兵船和四十八艘運輸船，裝載陸軍一萬餘人，駛離黃浦江吳淞口，溯長江而上。

璞鼎查命英國艦船編成一個先鋒艦隊和五個縱隊，每個縱隊有八至十三艘運輸船，由一艘戰艦率領；每縱隊之間保持三至五公里距離，沿途以測量船為先導，邊測量，邊前進；另外，在吳淞口留下兩艘戰艦，用以封鎖長江口，確保英軍後路安全。

英國艦隊溯江西進的過程中，曾在福山、鵝鼻咀和圌山等長江險隘處，受到砲台守軍的輕微抵抗，稍後，守軍棄陣而走。七月十五日，英國海軍陸戰隊在艦隊砲火支持下，登陸「焦山」（CAOU SHAN）。駐守砲台的蒙旗兵百餘人，在雲騎衛巴扎爾帶領下，與英軍展開激戰，最後全部犧牲。筆者到鎮江考察最先看的就是焦山，當年的八個江防砲壘，現已成焦山風景區著名景點之一。與焦山隔江相望的是象山，當年也曾建有江防砲台，但山頂現存的兩個砲台遺址都是第一次鴉片戰爭以後建的，當年的已找不到遺址了。

圖7.14《1842年薩勒頓勳爵艦隊停泊在金山島對面》

表現的是1842年7月15日下午，英艦駛進鎮江江面，不損一兵一卒佔領金山，鎮江江防盡失。畫為英國隨軍醫生兼畫家愛德華．柯立所畫，繪製時間約為1482年7月。

焦山失守後，英艦駛進鎮江江面，不損一兵一卒佔領了金山。這幅隨軍醫生畫家柯立繪製的紀實畫《一八四二年薩勒頓勳爵艦隊停泊在金山島對面》（圖7.14）。它記錄了，鎮江盡失江防後，英軍隨後封鎖瓜洲運河河口，阻斷漕運。筆者在鎮江考察，很想找到這個重要的河口，最終只找到近年開發的仿古的西津街，街口是清代的碼頭，據說是六朝老碼頭舊址，附近有英國人後來建的英國領事館。

七月十九日，英軍全部軍艦在鎮江江面集結完畢。次日，巴爾克和郭富登上金山察看地形，決定二十一日攻打鎮江府。鎮江城位於長江和運河的交會處，是運河的咽喉，是南京的屏障。古城雄峙長江南岸，西北有金山，東北有北固山、焦山、象山。戰前由副都統海齡率旗兵一千六百名、綠營兵（漢兵）四百名駐守。城內大砲因已大多調運吳淞，僅留下數門。英軍佔領吳淞口後，四川提督齊慎帶江西兵千餘名、湖北提督劉允孝帶湖北兵千餘名倉猝趕到，駐紮城外，協助防守。但在英軍兵臨城下的危急時刻，幾支部隊沒有統一的指揮，將領間互不協同，各自為戰，沒有集中統一的指揮。負有防守鎮江主要責任的海齡未派大部隊控制金山與北固山等制高點，而將全部旗兵收縮城內，緊閉四門，不准百姓出城。

一八四二年七月二十一日，英軍開始攻城。此時鎮江城內駐軍僅有一千六百人，城外有二千七百人，火砲很少。英軍參加攻城的兵力達六千九百零五人，佔絕對優勢。戰鬥開始後，英軍組織火力猛轟城外清軍，城外清軍缺少掩護也沒有任何反擊手段，很快便潰散。佔盡火力優勢的英軍從北、西、南三個方向突入城內。

《一八四二年七月二十一日攻擊鎮江府》（圖7.15）是英國海軍戰後整理出版的進攻圖（此圖在整理出版時將一八四二誤寫為一八四一，但圖上進攻路線與軍團的標註都與史實相符）。此圖詳細地記錄了英軍在七月二十一日早晨展開的攻打鎮江府的戰鬥。此圖顯示，進攻吳淞，主要由海軍擔任；而進攻鎮江，則主要由陸軍負責。此圖左下角圖例顯示：此次參戰的陸軍編為1、2、3旅和砲兵旅，分成兩路對鎮江城發起攻擊：東路，進攻鎮江東北的北固山和北門：

此圖右邊，註明了2BRIGADE（2旅）在北固山一帶登岸。以牽制和分散清軍兵力。上午十時許，北門被打開，大隊英軍衝入城內，向西門方向進攻。

西路，攻打鎮江西南高地和鎮江西門：此左邊註明了1BRIGADE、3BRIGADE（1旅、3旅）和砲兵旅，擔任主攻。「KIN SHAN」（金山）江面上有「Modeste」（摩底士底號）、「Calliope」（加略普號）、「Blonde」（布朗底號）艦隊護衛，英軍在鎮江西北附近順利登陸。1旅上岸後，為分割城內外清軍，先攻打西南山坡上的清軍兵營，經過數小時激戰，清軍不支，齊慎、劉允孝率部退往新豐鎮（今

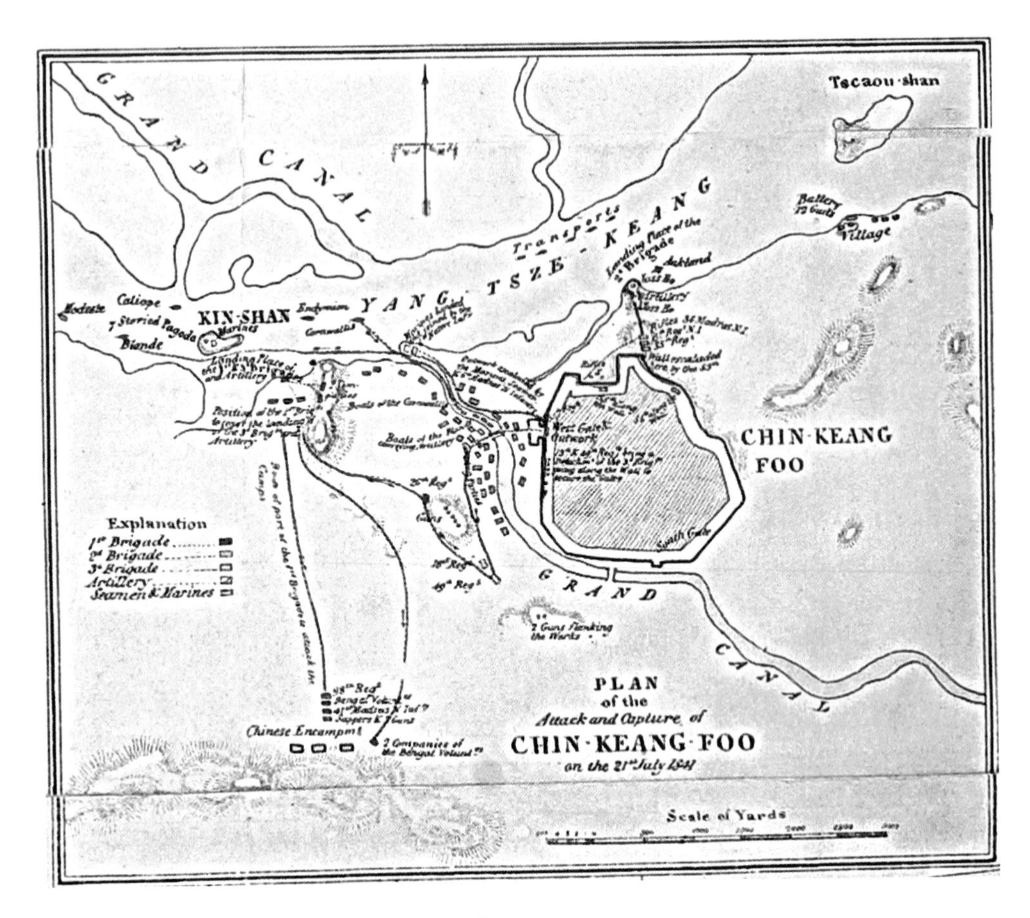

圖7.15《1842年7月21日攻擊鎮江府圖》

位於長江在「YANG TSZE KIANG」（揚子江）和運河的交會處的「CHIN KEANG F00」（鎮江府）雄峙長江南岸，是運河的咽喉。它西北有金山，東北有北固山、焦山、象山……是南京的屏障。圖中從鎮江府南門流過，在西門匯入長江的即是大運河。英軍先封鎖了瓜洲運河北口，阻斷漕運，7月21日晨，開始攻城。

江蘇丹陽北）。3旅登岸後，則沿著西城根，直指西門。「康華麗號」守在運河與長江交匯處，英軍海軍一部由此溯運河而上，直抵鎮江府西門。

英軍第3旅，在西門遭遇清軍的頑強抵抗，久攻不下，最後，用三個火藥包才將甕城門炸開。英軍隨軍醫生兼畫家愛德華．柯立畫下了《炸開鎮江西門》（圖7.16）這一幕：甕城門被炸開，濃煙滾滾，大隊英軍擁向西門，攻下了這個由滿

圖7.16《炸開鎮江西門》

記錄了英軍進攻西門的英軍第3旅，在西門遭到清軍頑強抗擊，城門久攻不下。後來，爆破小隊用三個火藥包將甕城門炸開。鎮江之戰是鴉片戰爭中英軍投入兵力最多的一次，畫上滿是登陸小艇和陸戰隊。此畫為英國隨軍醫生兼畫家愛德華．柯立所畫，約為1482年7月繪製。

人把守的要塞。鎮江之戰是鴉片戰爭中英軍投入兵力最多的一次，所以，畫面上滿是登陸小艇和登陸英軍。此時，由北門衝向西門的英軍已將內城門打開。從兩個城門湧入的英軍與守軍進行激烈巷戰。下午四時，英軍包圍了都統署，海齡自殺。第一次鴉片戰爭中的最後一戰——鎮江戰役結束，英軍下一個目標是南京城。

當年的西門已無蹤影，據當地人講，原址附近僅留有西門橋，位於大西路東端。二〇〇二年，為紀念鎮江保衛戰一百六十週年，當地政府在北門原址修建了忠烈亭，亭內豎有石碑。

圍困南京

〈〈《站在眼鏡蛇號上眺望南京城》〈〈一八四二年繪

〈〈《一八四二年八月三十一日圍困南京圖》〈〈一八四二年繪

英軍一八四二年八月三日攻下鎮江，一部分留守，另一部分，逼近南京。

早在七月十六日英軍圍攻鎮江時，道光皇帝就已密諭耆英，只要英國息戰退兵，便同意割讓香港，並增開通商口岸。鎮江失守後，清廷決心「議撫」，授權耆英、伊里布「便宜行事，務須妥速辦理，不可稍涉游移」，並令奕經所率援軍，暫緩由浙江赴江蘇，「以免該逆疑慮」。然而，英軍並不理睬清政府「議撫」這一套，決心打到南京，簽城下之盟。

八月九日，英艦抵達南京江面，擺開了圍城的架勢。英國隨軍醫生兼畫家愛德華・柯立繪下了《站在眼鏡蛇號上眺望南京城》的紀實畫（圖7.17），畫面反映了英軍兵臨城下的場景：遠處長長的城牆是下關城，城背後是獅子山，江面落帆停泊的是英國戰艦，冒黑煙的是英國蒸汽運兵船，往來穿梭的是英國登陸小艇，圖右側的小房子是清英

圖7.17《站在眼鏡蛇號上眺望南京城》

表現了當時英軍兵臨城下的場景，遠處的城牆即是下關城，圖右側的小房子應是清英四次議約（即《南京條約》）的靜海寺。

四次議約（即《南京條約》）的靜海寺。

這幅英國海軍部繪製的《一八四二年八月英軍圍困南京圖》（圖7.18），比之紀實畫更能看出緊迫的時局，圖中的「YANG-TSZE-KIANG RIVER」（英軍按漢語音譯出：揚子江，又在後邊綴上了「河」）與秦淮河交匯的下關城外，標註了停泊在此地的幾艘戰艦中的兩艘名艦：五等木殼蒸汽戰艦「布朗底號」和後來簽「和約」的三等木殼蒸汽戰艦「康華麗號」。英國人對南京城，可以說是瞭如指掌。圖上繪出了，北邊的幕府山、西面的獅子山、東邊的紫金山；圖中的南京城諸門，自東面起順時針方向十一座城門分別是：朝陽門、正陽門、通濟門、聚寶門、三山門、石城門、清涼門、儀鳳門、神策門、佛寧門、太平門。

其中地處長江西岸下關的儀鳳門是進入南京城的要道，軍事位置十分重要。圖的右側標註了參加圍城的部分英國部隊，蘇格蘭來福槍聯隊26團、55團，和馬德利斯本地步兵36團等。

清國的全權代表耆英在英軍堅船利砲的威脅下，派人與英方開始「和談」。此間，道光帝先後發出了「不得不勉允

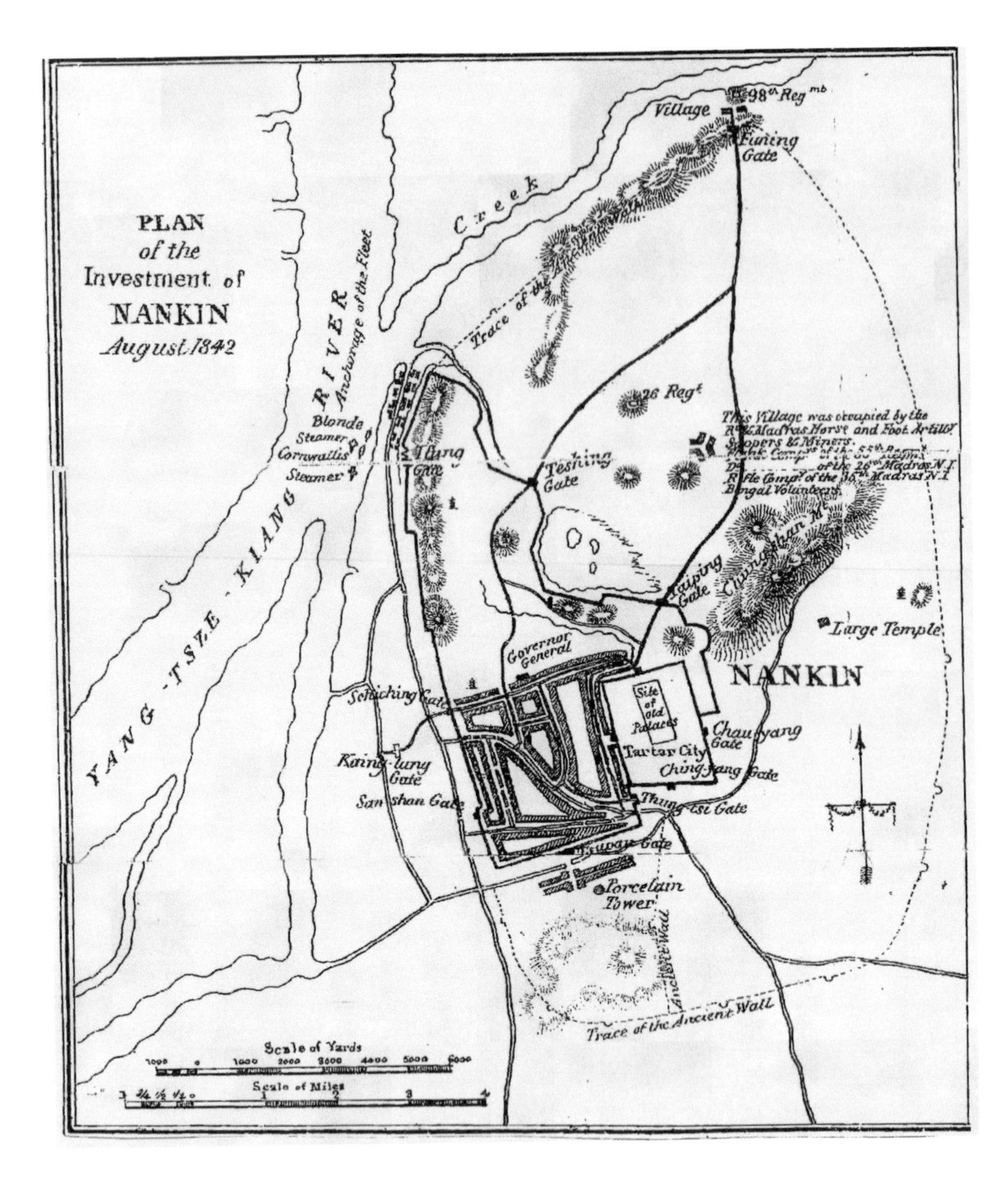

圖7.18《1842年8月31日圍困南京圖》

可以看到揚子江河與秦淮河交匯處的下關城外，停泊著三等蒸汽戰艦「Cornwallis」（康華麗號），8月29日，清英經過下關靜海寺的多次議約後，在這艘戰艦上簽下了近代中國第一個不平等條約──《南京條約》。

所請，借作一勞永逸之計」和「各條均准照議辦理」的諭旨。

八月十四日，耆英全部接受了英方提出的苛刻條件。八月二十九日，經過在靜海寺的多次議約後，耆英、伊里布、牛鑒等人，與英國代表在英軍旗艦「康華麗號」簽訂了近代中國第一個不平等條約——《南京條約》。條約規定：清政府割讓香港；開放廣州、廈門、福州、寧波、上海等五處為通商口岸；賠款二千一百萬元；廣州實行了百年的十三行商制度廢除，十三行獨攬外國貿易的制度終結，歷時兩年三個月的第一次鴉片戰爭遂告結束，璞鼎查作為有功之臣，一八四三年六月二十六日就任香港第一任總督。

筆者在《南京條約》簽訂一百七十週年時，訪問了原址復建的靜海寺，館內唯一的文物是從天妃宮舊址遷移過來的明朱棣《御制弘仁普濟天妃宮之碑》。從鄭和下西洋的風光四海，到鴉片戰爭被海上列強欺侮，這個小寺院，可謂一院收藏五百年。

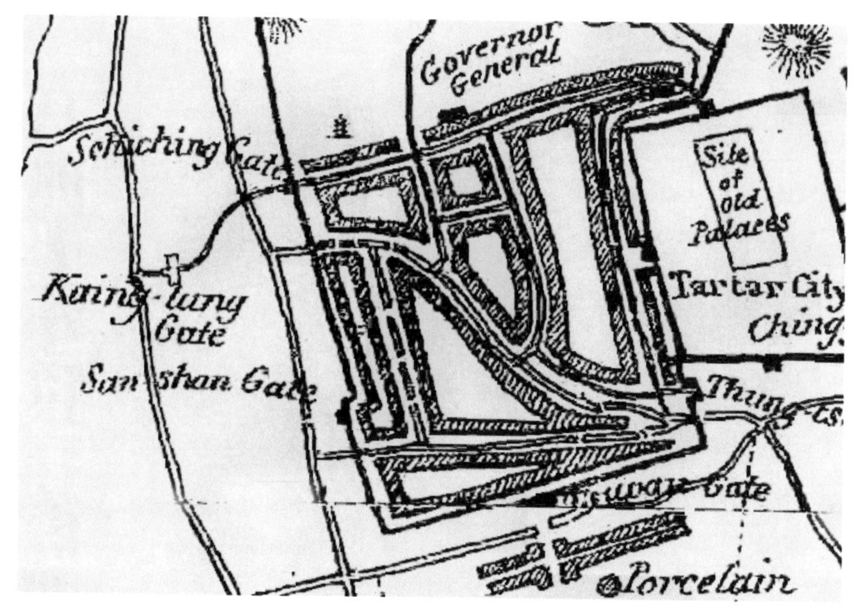

圖7.18局部放大圖

英國人對南京城，可以說是瞭如指掌。圖上繪出了南京城十一座城門。

一八四七年攻打虎門、廣州

《一八四七年四月珠江戰役之虎門砲台遠眺》一八四七年繪
《一八四七年四月珠江戰役之虎門威遠砲台陷落》一八四七年繪
《一八四七年四月珠江戰役之廣州東水砲樓被炸毀》一八四七年繪
《一八四七年四月珠江戰役之歸航香港》一八四七年繪

第一次鴉片戰爭表面上是在一八四二年簽訂《南京條約》後就結束了，其實，英國艦隊並沒有完全撤離，英國人的目的並沒有完全達到，局部戰爭仍在繼續……列強與清廷的「談判」也在繼續，一八四四年，美國在澳門與清廷簽下《望廈條約》，法國在廣州與清廷簽下《黃埔條約》。

在《南京條約》中，最重要的條約即「五口通商」，在通商之「五口」洋人有權進入定居。但「五口」之一的廣州城，由於市民開展「反入城抗爭」，英國人的貿易只能在城外進行。兩廣總督耆英，一方面跟英國人說要平息民亂，一方面又鼓動鄉勇反對英人入城，英人入城的事，一拖就是幾年。一八四六年，在英國公使戴維斯逼迫下，耆英與廣東巡撫聯合發佈准許英人入城的告示。但告示被百姓撕毀，數千民眾闖入廣州府衙，準備入城的戴維斯只好帶兵退回香港。

一八四七年四月三日，在珠江口外洋等了五年的英國人，決定不再等了，指揮戰艦強攻虎門，溯江北上進攻廣州。這組系列戰事圖畫《一八四七年四月珠江作戰圖》反映的即是這次戰鬥。這組石版畫共十一幅，由英國海軍上尉馬丁在珠江戰區繪製，由畫家皮肯按馬丁原稿刻印，於一八四八年在英國出

圖7.19《1847年4月珠江戰役之虎門砲台遠眺》
為組畫的第三幅，1847年繪，圖縱27公分，橫46公分。

版。這組畫記錄了一八四七年英國公使兼香港總督戴維斯率領英國海軍攻克虎門，強行攻入廣州城的一次軍事行動。

這幅《一八四七年四月珠江戰役之虎門砲台遠眺》（圖7.19）為組畫的第三幅。它描繪的是四月二日戰艦禿鷹號駛進虎門要塞所見兩岸砲台佈局。畫右邊珠江東岸山頭下兩個緊鄰的砲台是威遠砲台和鎮遠砲台；畫中央的是橫檔砲台；畫左邊珠江西岸的是大角砲台；畫中央冒著蒸汽的是英國戰艦禿鷹號。

這幅《一八四七年四月珠江戰役之虎門威遠砲台陷落》（圖7.20）為組畫的第四幅。四月二日，虎門失守，威遠砲台陷落的一幕。當時英軍分兩路進攻，圖左的戰艦攻擊南北橫檔砲台，圖右的兩艘戰艦由德己立將軍率領，進攻並佔領威遠砲台。這一路上，各砲台均無招架之力，轉眼都被攻佔。圖右側即是威遠砲台。戰艦側翼檔板打開放下梯子，登陸艇載著

圖7.20《1847年4月珠江戰役之虎門威遠砲台陷落》

為組畫的第四幅，1847年繪，圖縱30公分，橫46公分。

英軍順利登陸，列隊進入要塞的大門。

這幅《一八四七年四月珠江戰役之廣州東水砲樓被炸毀》（圖7.21）為組畫的第九幅。圖中英艦砲擊廣州東部的東水砲台。砲樓上濃煙滾滾，碎片四射，可見爆炸的威力強大。登陸艇載著小型火砲和海軍陸戰隊，正向岸邊靠攏。

虎門到廣州的四十里水路上，兩岸設有近十個砲台，但被英軍兩天即全部攻陷。四月三日英軍攻陷沿岸所有大清砲台。當天傍晚，艦隊抵達廣州英國商館。四月四日，戴維斯與耆英進行了談判。四月五日，英軍得到應允，整個珠江戰役，前後僅五天，英軍一路勢如破竹，沿岸砲台不堪一擊。

這幅《一八四七年四月珠江戰役之歸航香港》（圖7.22）為組畫的最後一幅，即第十一幅。設色石版畫，縱二十六公分，橫三十公分。它記錄了英國軍艦得勝後，歸航香港的情景。圖中禿鷹號正駛過虎門以北的大虎洲。蒸汽機動力的英艦落下帆，靠機械動力駛出虎門。右邊的砲台應是大虎山下的

圖7.21《1847年4月珠江戰役之廣州東水砲樓被炸毀》
為組畫的第九幅，1847年繪，圖縱30公分，橫46公分。

鞏固砲台。此時的砲台已不再發砲了，砲台上站著列隊致敬的英軍。

耆英知道打不過英國人，在對方動武後就怕了，急忙允諾英國人「目前條件還不具備，兩年後一定讓你們入城」。哄騙走洋人，廣州舉城歡騰。

英國人哪知道耆英馬上就要調走了，中了對方的計，還真等了兩年。一八四九年四月，英國公使文翰（Sir Samuel George Bonham）以兩年期滿，來廣州要求履約入城，結果迎接他們的是新任總督徐廣縉和巡撫葉名琛。新任總督和巡撫認為，這事既然前任能拖七年，再拖七十年也無妨，因此「遇中外交涉事，略書數字答之，或竟不答」。英國人再次使用武力威脅，把兵船駛入省河，廣州各鄉社學勇十萬多人齊集在珠江兩岸示威，迫使文翰放棄入城要求。徐葉二人由此成為民族英雄，還得到了道光封爵嘉獎。

但洋人也不那麼好哄，他們在等一個借題發揮的機會，又一場更大的戰爭，實際上已箭在弦上。

圖7.22《1847年4月珠江戰役之歸航香港》

為組畫的第十一幅，1847年繪，圖縱26公分，橫30公分。

清英海戰——第二次鴉片戰爭

引言：以旗立國，卻不知有旗

〰《廣州入口地圖》〰一七三五年繪

為什麼會有第二次鴉片戰爭？教科書說，第二次鴉片戰爭是第一次鴉片戰爭的延續。這個延續是什麼呢？有一部分是「歷史遺留問題」，有一部分是「現實衝突」。

第一次鴉片戰爭簽訂的《南京條約》中，規定五口通商口岸允許外國商人居住，但寧波、廈門、福州、上海都准許外國人居住建領館，唯廣州把外國人擋在城外。所以，佔居香港的英國艦隊每隔一段時間，就要到廣州來談一次，或打一仗，以此解決「入城」問題。

一八五四年，《南京條約》屆滿十二年，英、法、美依十二年後貿易及海面各款稍可變更的規定，要求改約，但交涉無果。一八五六年，《望廈條約》屆滿十二年，美、英、法再次要求改約，仍被咸豐朝廷拒絕。

尋機開戰的英國人選擇「亞羅船事件」為戰爭「導火線」，並稱此役為「亞羅船戰爭」、或「第二次清英戰爭」，中國人把它看作是第一次鴉片戰爭的延續，稱其為「第二次鴉片戰爭」。

看著海戰圖中，花花綠綠的西洋海軍軍旗，又想起「落後就要捱打」這句話。至少，大清在旗幟上落後了，至少，第二次鴉片戰爭捱打是因「旗」而起。看來有必要先說說大清的旗。

經歷第一次鴉片戰爭後，珠江口的外國船越來越多了，由於海上情況複雜，沒有旗幟的商船有可能被視作無國籍或海盜船，所以，許多清國商船向外國機構申請註冊，並升掛註冊國國旗，這種「掛靠」商船，也由此拒絕接受清國管轄。

一八五六年十月八日，一艘名為亞羅號的華人商船從廈門來到黃埔港，被廣東捕快以疑為參與海盜活動為由扣押。因亞羅號在港英政府註冊，並升掛英國國旗，英國領事巴夏禮藉口廣東水師侮辱英國國旗，要求兩廣總督葉名琛立即釋放被捕人犯，向英國政府道歉。當二十二日，葉名琛把十二人全部送還時，巴夏禮拒收。次日，英駐華海軍悍然向廣州發動進攻。

如此來看「亞羅船事件」也可以稱為「辱旗事件」。

大清可謂歷朝歷代中，最重視「旗」的一朝。滿人以「旗」打天下，謂之為「八旗」。滿人的「旗」，是一種兵民合一的社會組織制度，由太祖努爾哈赤在女真人牛錄制基礎上建立的。一六〇一年始建四旗，正黃旗、正藍旗、正白旗和正紅旗。一六一五年增設四旗，稱鑲黃旗、鑲藍旗、鑲紅旗和鑲白旗。但以「旗」立國的滿人，建立清國後就沒考慮，以什麼「旗」代表國家這個問題。所以到了咸豐朝，不僅大清商船、大清海軍無旗可掛，連大清國的國旗也沒個模樣。以至今天，大清國旗是何時確立，也說法不一。

一種說法是，一八五八年，咸豐朝，因廣東商人上書朝廷「請仿各國成例，制定一種國徽，俾便商民遵用」，於是定黃龍旗為代表清國之旗。這個說法與一八五六年發生的「亞羅船事件」時間相近，比較可信為「最早」。

另有一說是，一八六二年十月十七日，同治朝以總理衙門正式照會各國駐華公使：「希即行知貴國各路水師及各船隻。嗣後遇有前項黃龍旗幟，即係中國官船，應照外國之例，不准擅動」。這件事因海關總稅務司英國人李泰國建立清英聯合艦隊需要軍旗而起，所以更近於大清海軍軍旗的「誕生」。

這兩種關於大清國旗的說法，雖然時間不同，但都說明了一個問題，即清廷並未意識到需要一面國旗，而是在海上交往中，大清商船和海軍都需要一面代表國家的船旗，這才催生了不尷不尬三角黃龍旗。它不是正規的清國海軍的軍旗，也不是清國的正式國旗。但這總好過一個國家沒有代表性的旗幟，好過清國船掛外國旗。

第二次鴉片戰爭，清國的對手不只是英國，還有法國。如果說，「亞羅船事件」是給了英國「侮辱國旗」的藉口，那麼，「馬神甫事件」，也可以說是，給了法國「違反國際法」的藉口。

這就要說到國際上的「法」。

一八五六年二月二十九日，非法進入廣西西林縣活動的法國神甫馬賴被拿獲正法，史稱「西林教案」，又稱「馬神甫事件」。依《中法黃埔條約》允許法國在清國通商口岸設立天主教堂。馬賴潛入非通商口岸的廣西西林縣傳教，即為違法。但按照當時大清對外簽訂的合約，外國人具有領事裁判權，馬神甫這類事件按照程序應該將其帶到就近領事館，由雙方協商處理，不能上刑，更不能殺頭。所以，西林縣不懂國際法，不按《條約》辦事，隨意殺了馬神甫，給法國發動對清戰爭一個「合法」的藉口。

法國為了換取英國支持它在越南的「自由行動」，並取得天主教在清國傳教的「合法」保證，便接受了與英國聯手攻打清國的建議，以「馬神甫事件」為藉口，派葛羅（Baron Gros)為專使率遠征軍，出

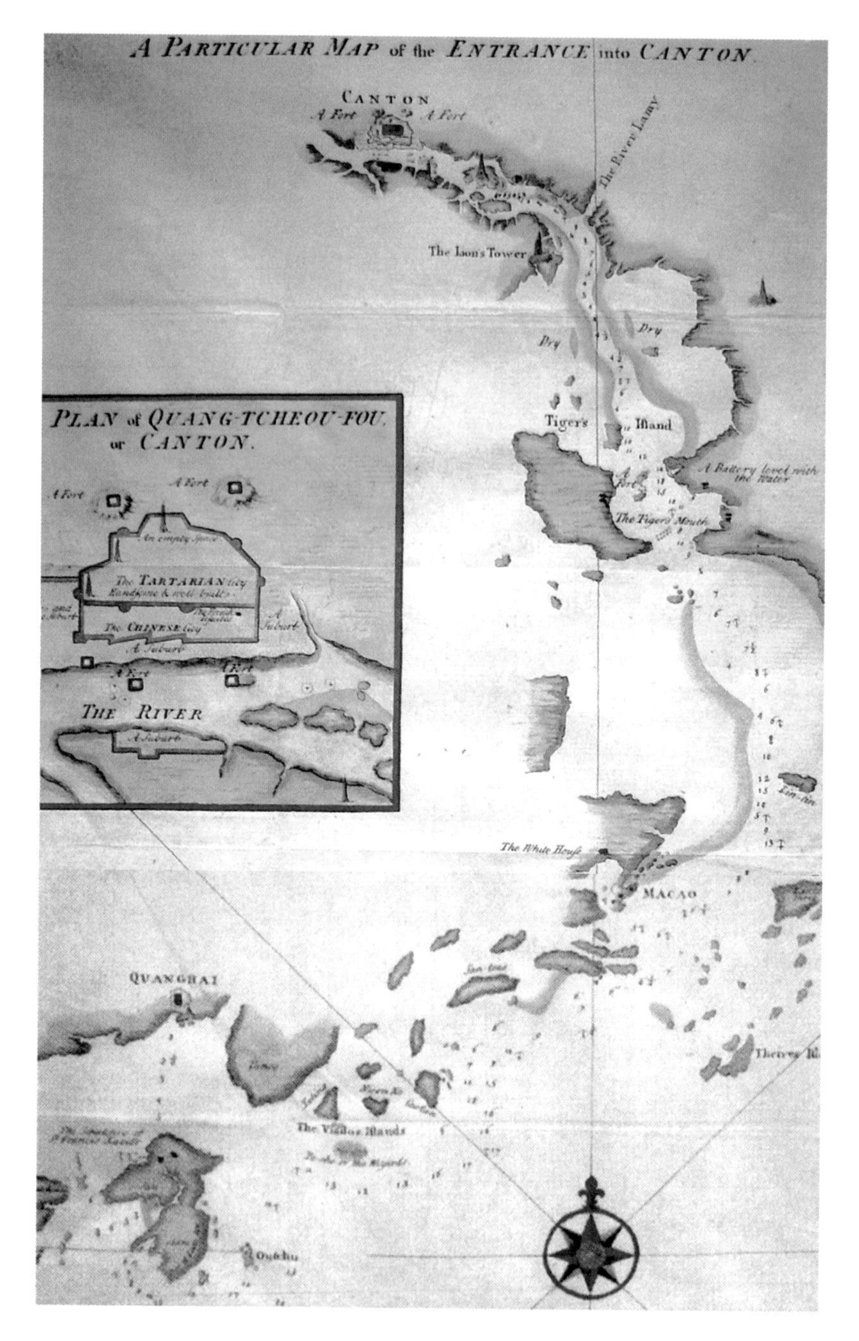

圖8.0《廣州入口地圖》

英法兩國的艦隊，雖然是在第二次鴉片戰爭，攻打珠江口沿岸砲台和省城廣州。但早在十八世紀，英法兩國已經多次藉商貿之機，進入珠江口，並早早繪出了珠江口與廣州城的地圖。這幅英國人1738翻印的《廣州入口地圖》，即是複製1735年法國人繪製的《廣州入口地圖》。圖中不僅描繪了通往廣州城的珠江航路，還專門繪出了廣州城圖，並標註了城外的砲台位置。可以說，英法攻打廣州是蓄謀已久，是有備而來。

兵大清。

此時清國正陷入內亂。一八五〇年太平軍在廣西金田起事，一八五三年太平軍攻下南京，至一八六四年，清廷絕大部分軍隊都用於鎮壓太平天國。在海上，清廷尚未建立起一支現代化的海軍，舊水師仍用木製帆船；岸砲射程最遠的不過千公尺……如此軍隊，怎樣面對英法聯軍。所以，開戰不久，南方就輸掉了廣州，北方談談打打，最終又輸掉了大沽口，稀里糊塗地輸掉了已經跟鴉片沒有任何關係的「第二次鴉片戰爭」，簽下了與《南京條約》一脈相承的《北京條約》。

《北京條約》簽訂後，沒有國旗，也不清楚國際法的大清國，這才意識到外交的重要性，一八六一年一月二十日，由咸豐帝批准成立總理各國事務衙門，簡稱「總理衙門」，也就是外交部。不久，咸豐撒手歸西，恭親王奕訢「鬼子六」提出「強國」口號，洋務運動由此展開。

廣州城防

《廣東水師營官兵駐防圖》一八六七年繪
《海珠砲台》一八三二年繪
《中流沙砲台圖》晚清繪製
《大黃滘砲台圖》一八四三年繪
《獵德砲台圖》一八四四年出版

廣州從唐代開始設市舶，一直到晚清，是中國唯一千年以來從未關閉的通商口岸。入清以來荷蘭、英國多次想在廣州設立通商口岸，但都沒能得到清廷的同意。為保障廣州的安全，清廷規定外國護貨兵船不准進入內洋，只能在虎門停泊，由粵海關丈量船隻，交納關稅，然後僱請小船運到廣州十三行進行貿易。在一八三八年刊刻的《廣東海防滙覽．虎門海防圖》中，繪在圖中央大橫檔山上的兩個大房子，即是清廷的「關稅館」。這個虎門口與上游一百三十里的黃埔口，同為粵海關負責外船稽查盤驗的「掛號口」。

從這幅清代的《廣東水師營官兵駐防圖》（圖8.1）來看，在通往廣州的河道上水師佈防層層疊疊：以沙角砲台為第一重門戶；鎮遠橫檔砲台為第二重門戶；大虎砲台為第三重門戶；值得注意的是廣州城的河防，西有西關砲台、新固西砲台鎮守，東有東砲台、獵德砲台，南有海珠砲台鎮守；航道上佈滿了汛所、營寨、砲台，共同抵禦外敵入侵的防線。廣州城外大小砲台星羅棋佈，有十餘處之多，這裡擇其要者選介一二。

圖8.1《廣東水師營官兵駐防圖》

表現了廣州河道上層層疊疊的水師佈防：以沙角砲台為第一重門戶；鎮遠橫檔砲台為第二重門戶；大虎砲台為第三重門戶；廣州城西有西關砲台、新固西砲台，東有東砲台、獵德砲台，南有海珠砲台。此圖繪於1867年，彩繪紙本，縱32公分、橫560公分，現藏中國第一歷史檔案館。

增城分界
五層樓
大北門
小北門
廣州城
西得勝台
東得勝台
五仙門
永清門
東砲臺
新西砲台
西固砲台
沙河汛
東涌汛
烏涌汛
白沙汛
南崗汛
石落汛
東安台
東清台
花地一帶
白鵝潭
河南一帶
沙田
黃浦口
北滘口
大王滘東台
大王滘正台
大王滘西台
長洲
順德縣
陳村墟
大洲台
鵝洲砲台
江門口
新會砲台
香山砲台
虎門
三虎
二虎
高湖山
南遙山
三角山
東芒山
芒洲仔
鐵爐
枇杷洲
鵝心洲
浪白滘
草鞋洲
黃梁都
東洲汛
橫岩基至高湖山四十里

圖8.2《海珠砲台》

描述了廣州老城南部珠江中海珠島上的海珠砲台，1832年繪。

實際上，清代以前，廣州不設砲台。廣州設河防砲台，始於清順治時期。

廣州最著名的砲台要數老城南面的海珠砲台。海珠島曾是老廣州城外珠江上一個小島。南宋番禺人李昴英，在島上慈度寺讀書，後中舉，為官清廉，後來人們為了紀念他，在島上修建了文溪祠和探花台，使這裡成為廣州一景。清順治時，為防範外敵，始在島上建砲台，安放大砲二十座。一六五五年，荷蘭訪華使團商船曾在這裡停泊，其後，西洋人便稱這裡為「荷蘭砲台」（Dutch Folly Fort）。它也成了晚清中西畫家經常描繪的珠江風物之一，這是一幅一八三二年的佚名西洋畫《海珠砲台》（圖8.2）。第一次和第二次鴉片戰爭時，英軍和英法聯軍都曾佔領此島。

清順治年間，還在廣州城西白鵝潭北岸建立了中流沙砲台。此砲台的砲口直指珠江江面，扼守著廣州城的西南面。一八四一年五月二十一日，守城清軍曾在此砲台向盤踞在白鵝潭上的英軍艦隊砲擊，後

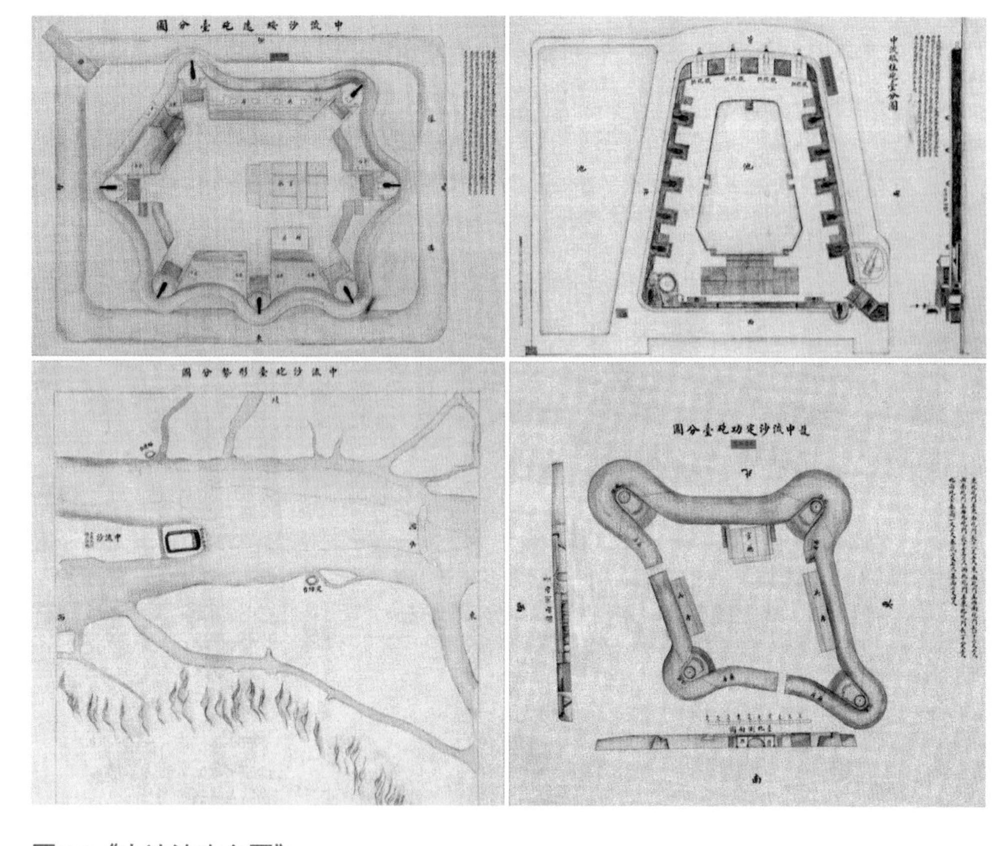

圖8.3《中流沙砲台圖》

此砲台1861年被英法兩國入侵者摧毀。圖晚清繪製，清宮舊藏。

退守到沙面西砲台，與英軍砲艦，奮戰三天。一八五九年，廣州失陷後，清廷批准英法在中流沙臨江一面建立租界，即「沙面」，意取「中流沙濱海一面」之意。

一八六一年英法兩入侵者將中流沙砲台的大砲投入江中，砲台被毀。此《中流沙砲台圖》（圖8.3）為清內宮所藏，晚清繪製，年代不詳。

清嘉慶年間，在中流沙砲台的西南面構建了大黃滘砲台，大黃滘是海上來船駛過黃埔進入廣州的最後的關口，距廣州老城僅有兩里水路。一八一七年，阮元到廣州接任兩廣總督後，奏請嘉慶皇帝，構建中流沙砲台。後來發展成由大黃滘砲台、南石頭砲台、東朗砲台、大黃腰沙砲台群。這幅《大黃滘砲台圖》（圖8.4）描繪的是一八四三年後擴建的大黃滘砲台，當時在主砲台附近增建了三座輔助砲台，東崖邊加建了鎮南砲台、保安砲台，西岸邊加建了永固砲台，共有砲位四十一個。

清嘉慶年間，還在廣州老城東邊建立了獵德砲台。始建於一八一八年的獵德砲台，又名「內河東路東安砲台」，是廣州城防東面的重要砲台。一八四〇年十二月，為防禦英艦入侵，獵德村民和清兵用沙石堵塞村前的珠江水道，並設置河道水閘。一八四一年初，英軍攻陷獵德砲台。一八四二年清廷修復獵德砲台，安裝大砲三十五門，駐兵六十名。這幅《獵德砲台圖》（圖8.5）選自一八四四年出版的《虎門內河砲台圖說》一書。此書載，獵德砲台坐北向南，西面是獵德涌，有大門一道；南面是珠江。砲台略呈橢圓形，全部為石砌牆腳。

一八五六年十月二十三日，三艘英艦溯珠江邊開砲邊前進，駐守在獵德、中流沙砲台的守軍奉命撤離。廣州府城的東西兩邊砲台火力點，遂被英軍摧毀。一八五七年，廣州城陷。

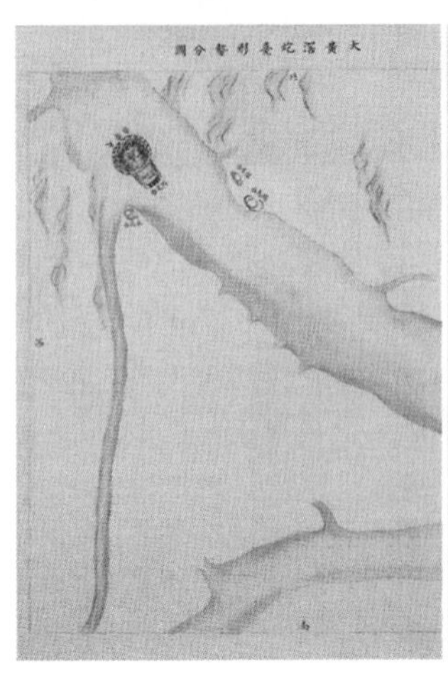
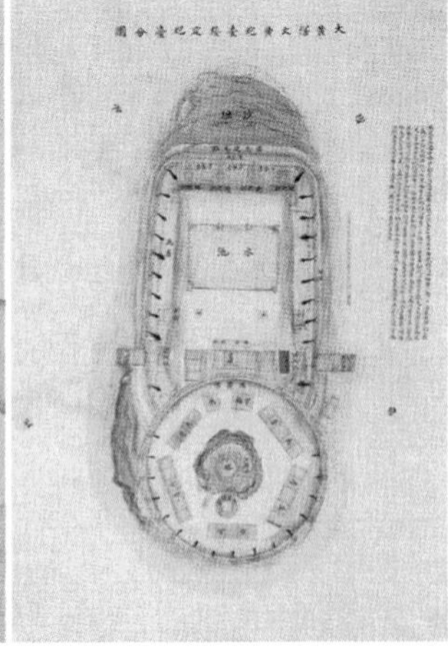

圖8.4《大黃滘砲台圖》

描繪的是1843年後擴建的大黃滘砲台，主砲台附近增建了三座輔助砲台，東崖邊加建了鎮南砲台、保安砲台，西岸邊加建了永固砲台，共有砲位41個。晚清繪製，清宮舊藏。

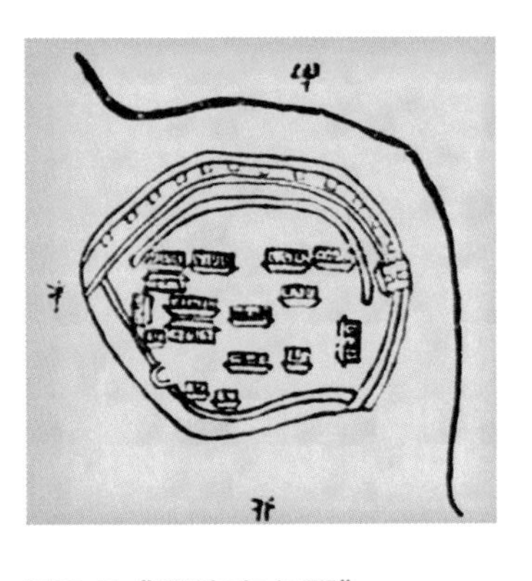

圖8.5《獵德砲台圖》

選自1844年出版的《虎門內河砲台圖說》一書。書載，獵德砲台坐北向南，西面是獵德涌，有大門一道；南面是珠江。砲台略呈橢圓形，全部石砌牆腳。

英軍圍攻廣州

〈《一八五六年十一月十二日至十三日攻打廣州諸要塞計劃圖》〉一八五七年出版

〈《一八五六年十一月在廣州近郊登陸砲擊廣州城》〉一八五七年出版

沒有國旗的大清國，沒能想到商船掛國旗的事，會釀成一場國與國的戰爭。

第一次鴉片戰爭後的珠江口，雖然是通商口岸，但海面上走私嚴重，魚龍混雜，大清海巡船只能根據商船掛沒掛國旗來區分誰是走私船或海盜船。由於大清沒有法定的國旗，許多中國商船只好向外國機構申請註冊，並升掛註冊國國旗，並由此拒絕接受大清海巡船管控。

一八五六年十月八日，一艘名為亞羅號的華人商船被疑參與海盜活動，遭到廣東水師的捕快扣押。由於該船已在港英政府註冊，升掛英國國旗，英國駐廣州代理領事巴夏禮在英國駐華公使、香港總督包令的指使下，致函兩廣總督葉名琛，要求送還被捕者。葉名琛將全部嫌犯送到英領事館後，巴夏禮又要求賠償英商損失，提供通商便利，遭到葉名琛拒絕。

十月十二日，英艦以「亞羅船事件」之由，突然闖過虎門海口。圍打廣州城的戰鬥是十月二十四日正式打響。英國海軍上將西馬糜各厘（Sir Michael Seymour）指揮戰艦與二千人的海軍陸戰隊攻打廣州，拉開了第二次鴉片戰爭的序幕。

英國艦隊在廣州城外，沿珠江水道一路砲擊獵德、中流沙、鳳凰崗、海珠等砲台，大清守軍按著朝廷的意圖「遵令走避」，放棄諸砲台，退守廣州城內。十月二十五日，英國艦隊在海珠砲台安營　寨，並用海珠砲台上的大砲和艦船上的大砲向廣州城轟擊。十月二十九日，英軍砲火擊破三公尺多厚的廣州城牆，兩百多英海軍陸戰隊士兵衝入外城，清軍退守內城。

從十一月開始，英軍沿珠江航道蕩平所有大清砲台：東定砲台、獵德砲台、橫檔砲台、威遠砲台、靖遠砲台、鎮遠諸砲台——廣州城孤立無援。這幅刊登在一八五七年一月二十四日出版的《倫敦畫報》上的《一八五六年十一月十二日至十三日攻打廣州諸要塞戰鬥計劃圖》（圖8.6）繪出英國艦隊從珠江口逆流而上，通過此圖左下方的「TYCOCK TOW」（大角砲台）進入虎門之後，艦隊的排列位置、攻擊目標和進攻日期。

圖左側的「BREMER CHANNEL」（海灣）處，繪出艦隊通過虎門口西岸水道的日期：「一八五六年十一月十二日」。圖右側的「BOCA TICRIS」（虎門）處，繪出艦隊圍攻虎門砲台的日期：「一八五六年十一月十三日」。攻擊目標是圖右側的虎門砲台，右側登陸地點上註明「MARINES SEAMEN」（海軍陸戰隊），陸地進攻的兩列橫隊的進攻陣形。從這幅戰鬥計劃圖看，十一月十二日和十三日是攻克虎門砲台的日期。此後，英國人多次照會兩廣總督葉名琛，要求葉名琛十天內出面談判。葉名琛毫無反應，時人譏之「六不總督」：「不戰、不和、不守、不死、不降、不走」，更加激怒的英軍，開始瘋狂砲轟廣州。

這幅英國隨軍畫家繪製的版畫《一八五六年十一月在廣州近郊登陸砲擊廣州城》（圖8.7）反映的即是英軍隨後在廣州郊外登陸，砲轟城裡的場景。此畫原載於一八五七年三月十四日出版的《倫敦新聞畫報》。原圖說為「廣州及近郊，繪於交戰期間」。畫的前景顯示，攻至廣州城近郊的英軍架起了大砲。圖中央顯示，砲擊導致十三行和附近的民房燃起大火。畫右側為珠江，江中小島，為海珠島。

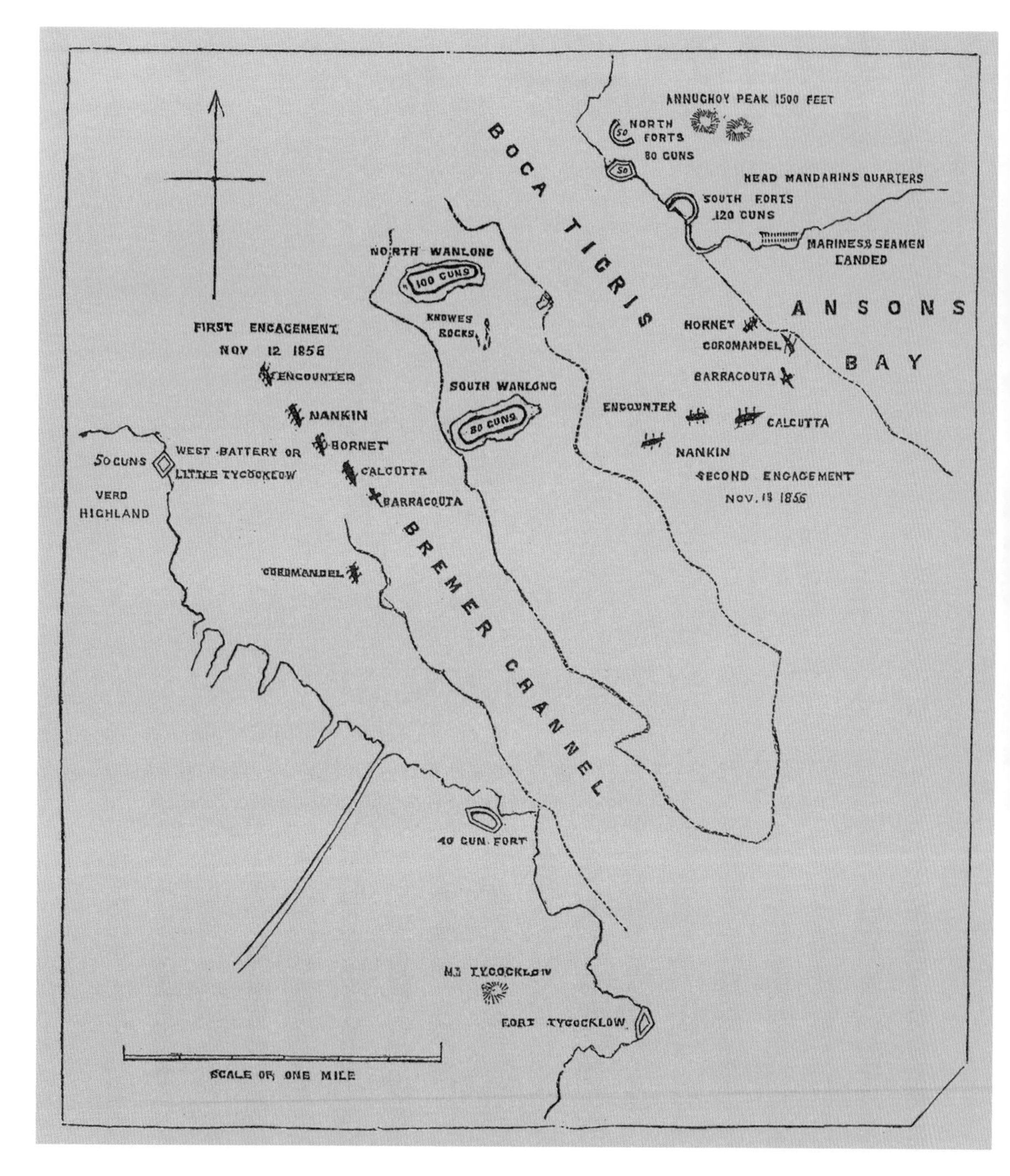

圖8.6《1856年11月12日至13日攻打廣州諸要塞計劃圖》

這是一幅細線木刻海戰計劃圖，圖上繪出了英國艦隊的從珠江口逆流而上的航線、艦隊排列位置，圖上記錄了攻克虎門砲台的日期「1856年11月12日、13日」。

圖8.7《1856年11月在廣州近郊登陸砲擊廣州城》

《1856年11月在廣州近郊登陸砲擊廣州城》原載於1857年3月14日出版的《倫敦新聞畫報》。原圖說為「廣州及近郊，繪於交戰期間」。畫的前景顯示，攻至廣州城近郊的英軍架起了大砲。圖中央顯示，砲擊導致十三行和附近的民房燃起大火。畫右側為珠江，江中小島，為海珠島。

十二月十四日，廣州民眾放火燒了英軍駐紮的十三行地區，大火燒了一天一夜，十三行從此消失。英軍被迫退到軍艦上，並於一八五七年一月退出珠江內河，戰事陷入僵持階段。英軍一邊在珠江口等待援軍，一邊做再打廣州城的準備。

英法聯軍進攻廣州

〰《一八五七年十二月十四日巴特勃號珠江西路段遇襲》〰一八五八年出版

〰《聯軍佔領海珠砲台》〰一八五八年出版

〰《一八五七年十二月二十八日聯軍圍攻廣州圖》〰一八五八年出版

英軍在珠江上等待援軍之時，一八五七年三月英國議院改選，主張對大清開戰的一方獲勝，於是議院任命前加拿大總督額爾金為全權代表，率領一支英軍增援中國戰場；同時，英國向法國提出聯合出兵的要求。此時，法國正以「馬神甫事件」向中國交涉。於是，法國以此為藉口，任命葛羅為全權代表，率一支法軍協同英軍攻打大清，聯合艦隊在香港完成集結。此時，美、俄兩國亦聲明支持英、法侵華。

一八五七年十月到十一月，英法兩軍都在珠江口積極備戰，部隊中除英法兩國的士兵外，還有大量印度兵和香港的中國苦力。十二月開始探路，準備攻城，這幅《一八五七年十二月十四日巴特勃號珠江西路段遇襲》（圖8.8），表現的即是英軍皮姆中尉率領十四個偵察兵，乘巴特勃號在廣州城西的珠江岸登陸，試圖搜集清軍的守備情報，正要返回時，被當地軍民發現，雙方發生激烈戰鬥。從畫面上看，英軍僅有幾人，且戰且退，岸上的大清軍民，乘勝追擊。第二天，也就是十二月十五日，英法聯軍對這一地區進行了報復性打擊，有二百五百人的部隊在此登陸，並佔領了廣州城外河南地區，建立營地。十二月二十四日，額爾金、葛羅向葉名琛發出最後通牒，限四十八小時內讓城。

這幅《聯軍佔領海珠砲台》（圖8.9）出自一八五八年出版的法國《世界畫報》，此銅版畫描繪了

圖8.8《1857年12月14日巴特勃號珠江西路段遇襲》

原刊於1858年3月6日出版的《倫敦新聞畫報》上，表現的即是英軍皮姆中尉率領14個偵察兵，在1857年12月14日這天，乘巴特勃號在廣州城西的珠江岸也登陸，試圖搜集清軍的守備情報，正要返回時被當地軍民發現，雙方發生激烈戰鬥。

一八五七年英法艦隊溯珠江而上圍攻廣州城的情景。畫面中央為廣州城外的海珠島，可以看到海珠砲台上，立有英國旗與法國旗，表明這裡已是英法聯軍佔領地。此時，清廷正全力鎮壓太平天國和捻亂，咸豐皇帝對外國侵略者採取「息兵為要」的方針，所以，葉名琛也沒有把英法攻城，當成重大戰事看待。大清守軍更是「遵令走避」，所以，廣州一萬三千名

圖8.9《聯軍佔領海珠砲台》

表現了英法艦隊溯珠江而上砲轟廣州城的情景，前景為海珠島上的海珠砲台。此銅版畫繪製於1857年，次年在法國《世界畫報》上刊載。

駐軍，城郊和珠江沿岸三十多座砲台，出現了打不還手和望風而逃的一幕。

這幅《一八五七年十二月二十八日聯軍圍攻廣州圖》（圖8.10）可以看作是上一幅圖向東部的接續，它表現的是英法聯軍登陸後在廣州城東部的進攻路線。此圖下邊自左向右的英文標註是：「東門」、「英法聯軍在砲擊」、「法軍」、「英軍用迫擊砲轟擊四方砲台（圖下方標註「臥烏古」砲台，即第一次鴉片戰爭時，英國陸軍司令臥烏古，曾佔領過四方砲台），攻打廣州城」、「東北門及高塔（即越秀山上的望海樓）」、「英軍」、「砲台」。此圖刊登在一八五八年三月十三日的《倫敦新聞畫報》上，它表現了一八五七年十二月二十八日英法聯軍進攻廣州的過程。

這天早晨六時，聯軍先是在廣州城外河南地區砲轟廣州城，隨後有五千多聯軍從獵德砲台和東固砲台之間地帶登陸，而後分三路

圖8.10《1857年12月28日聯軍圍攻廣州圖》

1858年出版，第二次鴉片戰爭時英國《時代畫報》（Illustrated Times）刊載。畫面顯示了廣州古城的方位與造型，圖中央為觀音山（今稱越秀山）古城牆及鎮海樓（今又稱五層樓）。

攻向廣州城東部。中路由斯特羅本澤少將（Sir Charles Thomas van Straubenzee）指揮英軍和一部分法國水兵，主攻東固砲台；左路由里戈・德熱努依里（Pierre-Louis-Charles Rigault de Genouilly）海軍少將指揮法軍，阻擊從東門和郊區增援的清軍（圖左）；右路由西馬糜各厘海軍上將指揮英國水兵，阻擊從城北各砲台支援的清軍（圖右）。二千人的守城清軍在東固砲台抵抗，至晚上失守，清軍督統來存死守四方砲台。十二月二十九日，英法聯軍由小北門入城，佔領了觀音山（即越秀山）。城外二十五艘英艦、七艘法艦的一百二十門大砲一齊向廣州城轟擊，城內燃起大火。

十二月三十日，不足兩天的攻城戰鬥結束，廣州知府柏貴、廣州將軍穆克德訥向英法聯軍投降，並在以巴夏禮為首的「聯軍委員會」的監督下，在淪陷的廣州繼續擔任原職。兩廣總督葉名琛在副督統雙喜的衙署內被擒獲，解往停泊在香港的軍艦「無畏號」，後被押往印度，一八五九年病死在當時的英屬印度首都加爾各達。

大沽口海防

〰〰《大沽口加築砲台圖》〰〰約一八四一年繪

〰〰《北塘口加築砲台圖》〰〰約一八四一年繪

〰〰《天津保甲圖說．大沽口砲台營盤圖》〰〰一八四六年繪

大沽口在天津東南四十五公里處，是千年前黃河改道形成的泥灘海口，是海河（古稱白河）進入渤海的入海口，是海上進入天津的水上門戶。在天津文化街內至今存有元代建的天后宮，體現了天津作為漕運和海運集散地的傳統地位。

大沽口，因白河上游有大直沽、小直沽、西沽諸水道一併由此入海，故名。廣義的大沽口，包括海河口以北幾十里的北塘口，北塘口為明代開薊縣新河引入大海的薊運河的入海口，所以，大沽口通常是指南北兩條河的兩個入海口。

大沽口雖然是個海口，但元代以前，它並不是一個重要的港口和通商口岸。蒙元一朝定都北京後，大沽口因海上漕運而成為重要的港口。明永樂皇帝遷都北京後，這裡從海上漕運港口，升級為抵禦倭寇和赴朝抗倭的海門要塞與海口通道，構築堡壘，駐軍設防。所以，現在從天津坐輕軌到塘沽，途中還會看到「軍糧鎮」、「洋貨市場」這樣古老的地名。

初叩京津海門的洋人，首先是一六五五年以「朝貢」名義訪問順治王朝的荷蘭人哥頁，他是從大沽口乘船進入天津的第一位西方使臣。隨後是一七九三年以祝賀乾隆八十大壽訪華的英國馬戛爾尼使團，

由大沽口登陸進京，並藉此機會探明了大沽口海防形勢。不過，這兩個西方使團來華，並沒生出什麼戰事，所以，海防雖在，形同虛設。

一八一五年，拿破侖在滑鐵盧戰役敗北，次年英國派使臣阿美士德訪華，英國船隊到達大沽口，阿美士德經天津進北京，向擁有巨大貿易順差的清廷提通商請求。西方來使幾次經大沽口進天津，進而到達北京的舉動，令清廷對京津門戶的大沽口高度警覺，遂下令在天津「復設水師營汛」。一八一七年清廷在大沽口南北兩岸各建了一座圓型砲台，並設水師一營——這便是大沽口最早的砲台。或因時間久遠，或因後來砲台增設變動，筆者沒能查到這一時間的砲台地圖。現在能見到最早的大沽口砲台地圖是鴉片戰爭時期的。

一八四〇年鴉片戰爭爆發，曾有八艘英艦闖入大沽口，這讓清政府感到現有兩個砲台不足以抵抗西洋艦隊的進攻。於是，任命訥爾經額為直隸總督，親臨大沽口加固砲台，至一八四一年完成新的大沽口軍事防禦體系，即南邊的大沽口砲台和北邊的北塘砲台，其有大砲台五座、土砲台十二座、土壘十三座，基本組成了大沽口砲台群。

在訥爾經額的《大沽口加築砲台圖》（圖8.11）中，可看到白河的南岸有四個砲台。兩個黑色的註為「擬添礮臺兩座」，即後來的「威」字砲台和「鎮」字砲台；兩個紅色的註為「舊礮臺」，新舊砲台旁有兩個「擬添兵房」。在白河北岸，也繪有兩個砲台。黑色的新砲台是因舊砲台距海口太遠而增設的，即後來的「高」字砲台。新舊砲台旁，皆有「擬添兵房」。此圖顯示出大沽口砲台佈局已成網絡，兵力也大大增加了。

在訥爾經額的《北塘口加築砲台圖》（圖8.12）中，圖左註為「東」，海口註有「攔江沙」。在彎

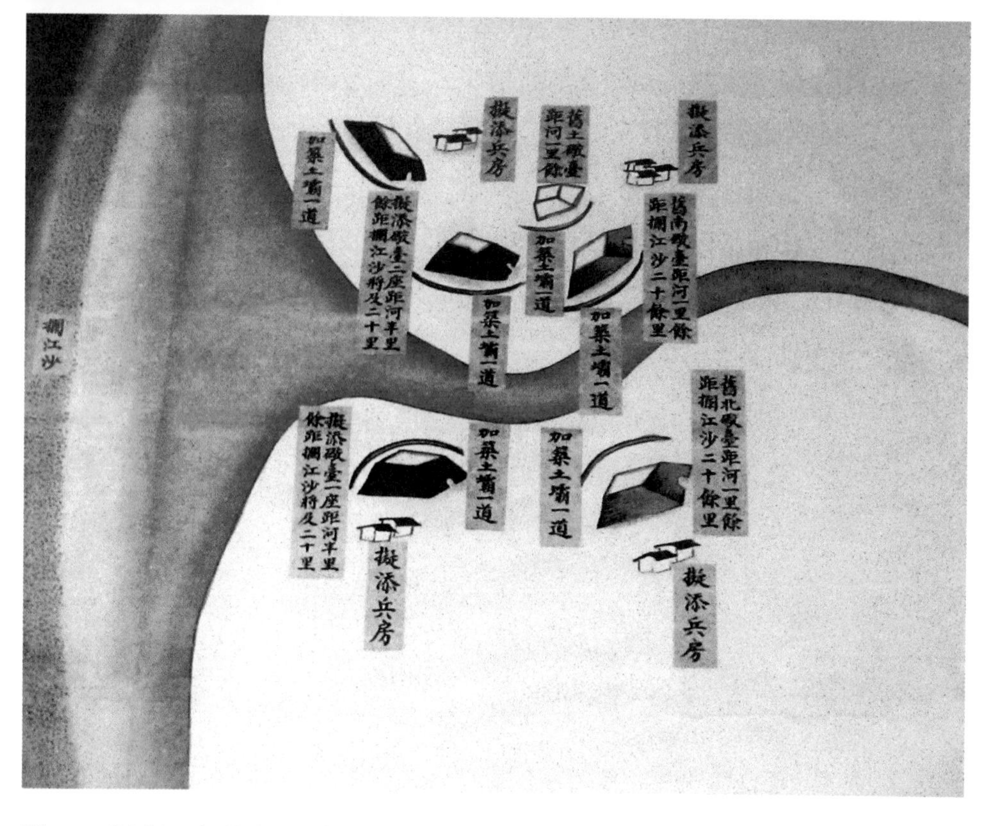

圖8.11《大沽口加築砲台圖》

白河南岸砲台：兩個黑色的註為「擬添礮臺兩座」，即後來的「威」字砲台和「鎮」字砲台；兩個紅色的註為「舊礮臺」。白河北岸砲台：黑色的砲台是因舊砲台距海口太遠而增設的，即後來的「高」字砲台。兩岸皆有「擬添兵房」。顯示大沽口砲台已成網絡佈局。

曲的薊運河兩岸畫有三個圓圈，分別註為「北礮臺」和「南礮臺」。這兩個砲台原是明嘉靖時所建，台上曾設砲位。但清初海上無戰事，砲台荒廢。訥爾經額來到天津後，重新構築了「北塘雙壘」。砲台向著海口一側註有「加築土霸」，兩個砲台旁都畫有小房子，註為「擬添兵房」。在修復舊砲台的同時，訥爾經額又在蟶頭沽、青坨子、海灘站加建了三座新的砲台。圖中標註寧河縣的「蘆臺鎮」，可以看出訥爾經額對此海防的新部署。

第一次鴉片戰爭擴建大沽口砲台的同時，對天津衛的民防也有所加強。從一八四六年出版的《天津保甲圖說》中，可以看到天津衛的保甲制度已經達到了「網格化」

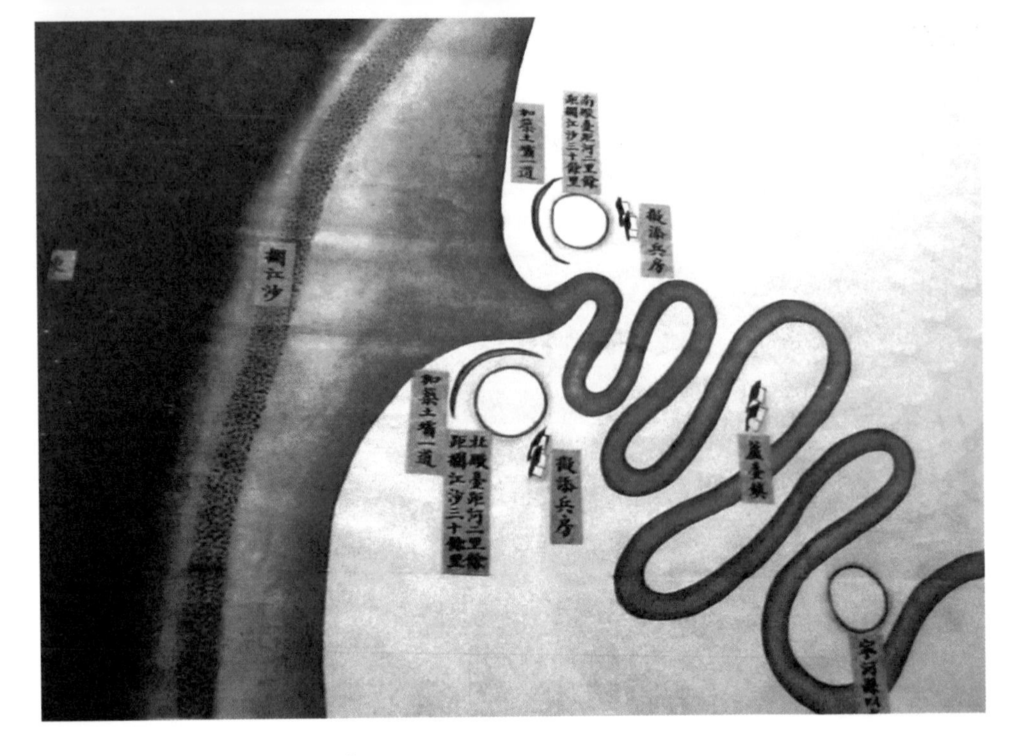

圖8.12《北塘口加築砲台圖》

圖左註為「東」，海口註有「攔江沙」。在彎曲的薊運河兩岸畫有三個圓圈，海口處的「北礮臺」和「南礮臺」，為訥爾經額到天津後，重築的「北塘雙壘」，砲台前註有「加築土霸」，小房子註為「擬添兵房」；同時，在蟶頭沽、青坨子、海灘站加建三座新砲台。

（grid enabled）的水準。不僅每一個村屯的保甲體系有詳細的文字記錄，同時還為每一個保甲網格都繪製了地圖。這種地圖即有民屯圖，也有砲台營盤圖。如《天津保甲圖說．大沽口砲台營盤圖》（圖8.13），可以看清楚砲台與兵營的結構，還有瞭望台，以及元明時期開闢的鹽池、泥灘和四至。

在第二次鴉片戰爭開戰時，一八五八年咸豐朝廷調派僧格林沁作為欽差大臣鎮守大沽口。僧格林沁到任後即對白河兩岸的砲台進行全面整修，其中三座在南岸，兩座在北岸，由南至北分別以「威」、「震」、「海」、「門」、「高」五字命名，寓意砲台威風凜凜鎮守在大海門戶的高處。後來，又在「高」字砲台北邊又建了一個「石頭縫砲台」。

這是中國沿海最現代的海防網，但仍

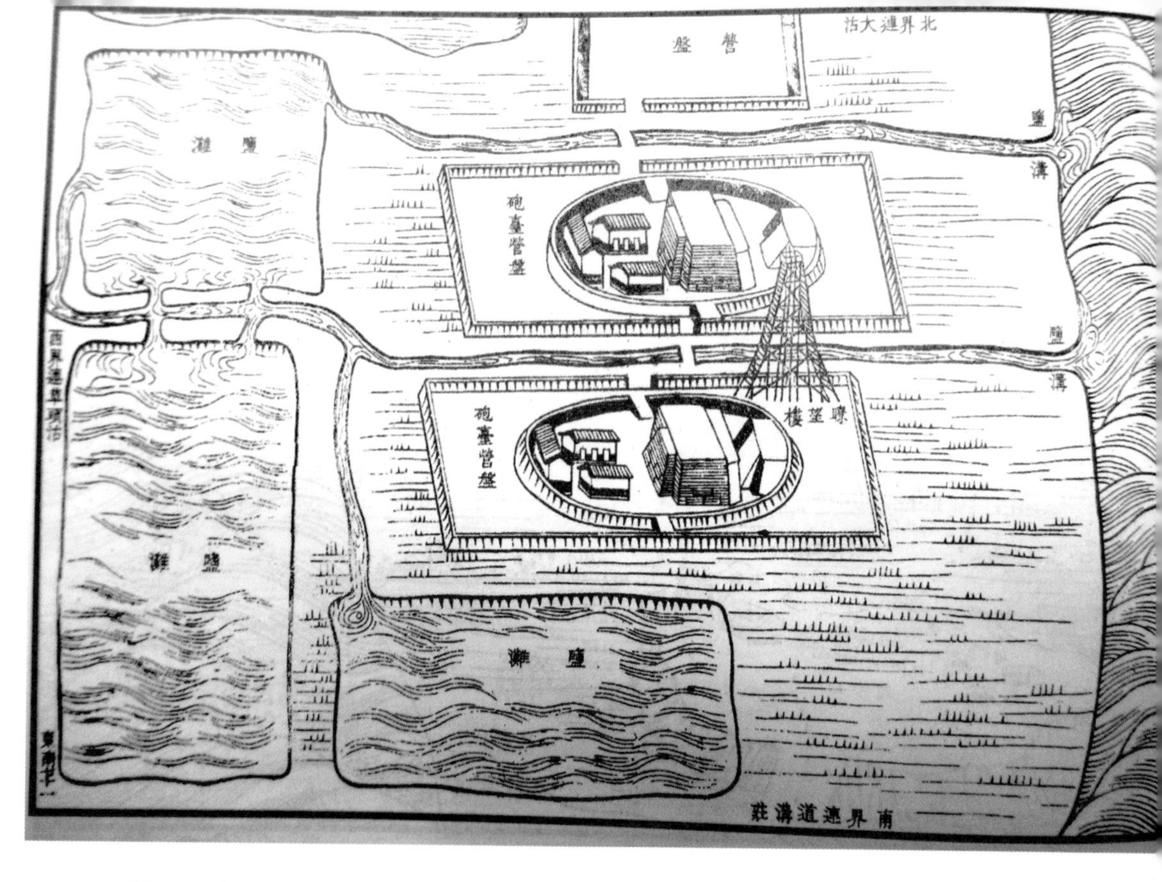

圖8.13《天津保甲圖說．大沽口砲台營盤圖》

可以看清楚砲台與兵營的結構，還有瞭望台，以及元明時期開闢的鹽池、泥灘和四至。

沒抗住英法聯軍一八五八年、一八五九年、一八六〇年的三次攻擊，和一九〇〇年八國聯軍的攻擊。天津、北京失陷後，根據一九〇一年簽定的《辛丑條約》，清政府被迫將大沽口砲台拆毀，北塘砲台北砲台拆毀，南砲台被炸成十三段，屍骨無存。古代海防圖中的「威」、「震」、「海」、「門」、「高」及「石頭縫砲台」，如今僅有「威」字南砲台和「海」字老砲台的兩個土台遺址了，其他砲台連土台都蕩然無存。

二〇一一年，大沽口砲台遺址博物館落成。次年，筆者來這裡考察時，所能見到的也僅是一座現代化的博物館和一個剛修復的「威」字砲台。那個威風過，慘烈過的海防格局，只能存留在古代海防地圖中了。

英法聯軍一打大沽口

《一八五八年聯軍沿白河進軍天津圖》一八五八年出版

《一八五八年聯軍天津城外談判圖》一八五八年出版

英法聯軍一八五七年底攻下廣州後，英、法、俄、美四國公使遂聯合起來北上大沽。一八五八年四月，抵達大沽口的英法聯軍要求進京遞交國書，而咸豐皇帝則堅持天津換約。英國副公使李泰國聲稱：必須應允公使駐京，方可在天津議事。兩方僵持之際，英法聯軍選擇了武力解決。一八五八年五月二十日上午八時，英法艦隊先是限清軍在兩小時內繳出大沽口砲台，未待答覆，聯軍即先行開砲，第一次大沽戰役打響。

此時，大清守軍約有萬人，英法聯軍僅有兩千六百餘人。圖面描繪英法聯軍在大沽口北岸登陸後，陸戰隊列陣攻擊北岸砲台，並在砲台牆上架設梯子。大清守軍在火力與兵力上皆佔有優勢，南北砲台兵勇亦奮力抵抗，但直隸總督譚廷襄卻坐上轎子臨陣脫逃，天津總兵也隨之逃走。群龍無首的大清守軍抵抗了兩個小時，即丟棄砲台後撤。英法聯軍以傷亡不滿三十人的輕微損失，輕取大沽口砲台。

這幅法國《世界畫報》一八五八年刊載的銅版畫《一八五八年聯軍沿白河進軍天津圖》（圖8.14），表現的是輕鬆攻陷大沽口砲台的英法聯軍艦隊溯白河（即海河）而上，直撲天津的場景。圖中標出各艦行進序列，以及沿岸砲台的位置。英法聯軍通過東浮橋，將艦隊停泊在天津城外三岔河口一帶。此時，清守軍已退至天津城南的海光寺外。

圖8.14《1858年聯軍沿白河進軍天津圖》

表現了輕鬆攻陷大沽口砲台的英法聯軍艦隊，於5月24日溯白河（即海河）而上，直撲天津的場景。此銅版畫1858年刊載於法國《世界畫報》。

駐紮在天津城外的英法聯軍，五月二十六日，通知清廷速派人到天津議事，否則先取天津，再打北京。咸豐皇帝得知大沽口失守，深恐天津重蹈廣州覆轍。如果英法兩國「以大沽為香港，而以天津為廣州，將來何能驅之使去」。於是，急派大學士桂良、吏部尚書花沙納馳往天津求和。這幅《世界畫報》一八五八年刊登的銅版畫《一八五八年聯軍天津城外談判圖》（圖8.15），表現的即是一八五八年六月五日在天津城南的海光寺，清廷代表與英法代表進行最初議約的場景。

此後，四列強與大清在一八五八年六月中旬至月底，分別簽署了《天津條約》。如同一八四二年的英國畫家柯立描繪南京議約的靜海寺一樣，這一次是法國畫家記下了天津海光寺的「城下之盟」。

Arrivée des plénipotentiaires chinois au camp des alliés à Tien-tsing. (D'après un croquis envoyé par M. L. Th., officier de l'expédition.)

圖8.15《1858年聯軍天津城外談判圖》

表現的是6月5日，英、法、俄、美代表在天津城外匯合與清廷代表最初議約的場景，畫中寺廟是被聯軍當作大本營的海光寺。此圖是迪朗．布拉熱根據一名法國遠征軍官寄回的素描稿製作的銅版畫，1858年刊載於法國《世界畫報》。

英法聯軍一打大沽口

〈《一八五九年聯軍攻打大沽口防禦砲台圖》〉一八五九年出版

〈《河北及北直隸灣圖》〉一八六〇年出版

英法兩國按上一年所簽《天津條約》之換約規定，於一八五九年六月又來到大沽口，欲進京換約。但清廷對《天津條約》的苛刻條款不滿，一方面希望英法等國能放棄這些條款，一方面任命蒙古親王僧格林沁組織大沽和京東防務，以防英法艦隊再次入侵。

欽差大臣僧格林沁鎮守大沽口，對砲台進行全面整修，共建砲台六座，其中三座在南岸，兩座在北岸，分別以「威」、「震」、「海」、「門」、「高」五字命名，寓意砲台威風凜凜鎮守在海門高處。以一千公尺射程劃定了大沽口火力範圍，登陸者即便滲透到相鄰兩座砲台之間，也處在輕武器射程之內。

一八五九年以換約之名來到大沽口的英法艦隊，雖然還是木製帆船，但多已配置蒸汽動力裝置。英法聯軍共出動戰艦二十二艘；其中，英國蒸汽巡洋艦一艘、蒸汽砲艦三艘、蒸汽淺水砲艦十四艘、蒸汽運輸艦兩艘；法國蒸汽巡洋艦一艘、蒸汽淺水砲艇一艘；聯合艦隊司令由英國海軍少將賀伯（Hope）擔任。美國雖然是中立國，但仍派「托依旺號」（Toey Wan）等幾艘軍艦參加了英法聯軍的大沽口行動，主要是負責救援。

一八五九年六月十七日，英法聯軍艦隊到達大沽口，即派人越過攔江沙，向大清守軍投遞信件，要求三日內開放一個入口，以便公使溯河去天津。但清政府要求公使往北邊的北塘登陸，並由清軍保護到北京換約。英法聯軍不理清廷要求，直闖禁止外國船隻進入的大沽口，拉開了二打大沽口的序幕。

六月十八日下午，英國八艘軍艦乘風潮之勢直入白河，在夜裡拉倒攔江鐵戧四架，拆毀清軍佈設的河上障礙。六月二十三日夜，英法聯軍破壞大沽河口攔河鐵鏈後，將十三艘軍艦開入大沽攔江沙內，為艦隊進入白河（海河）做好了準備。

這幅銅版畫《一八五九年聯軍攻打大沽口防禦砲台圖》（圖8.16），曾刊於一八五九年的《倫敦新聞畫報》上。從畫上可以看出，英軍為適應海河口淺水作戰環境，此役特派出多艘淺水蒸汽砲艇擔任前鋒，圖上以數字序號標註了各艦的準確位置：5、7號為裝備六門砲的「Coromandel」（烏木號）、「Nimrod」（獵人號）；10、11、12、13、14、16號為裝備四門砲的「Opossum」（負鼠號）、「kestrel」（茶隼號）、「Janus」（傑紐斯號）、「Lee」（庇護號，被擊

圖8.16局部放大圖

圖上以數字序號標註了各艦的準確位置。

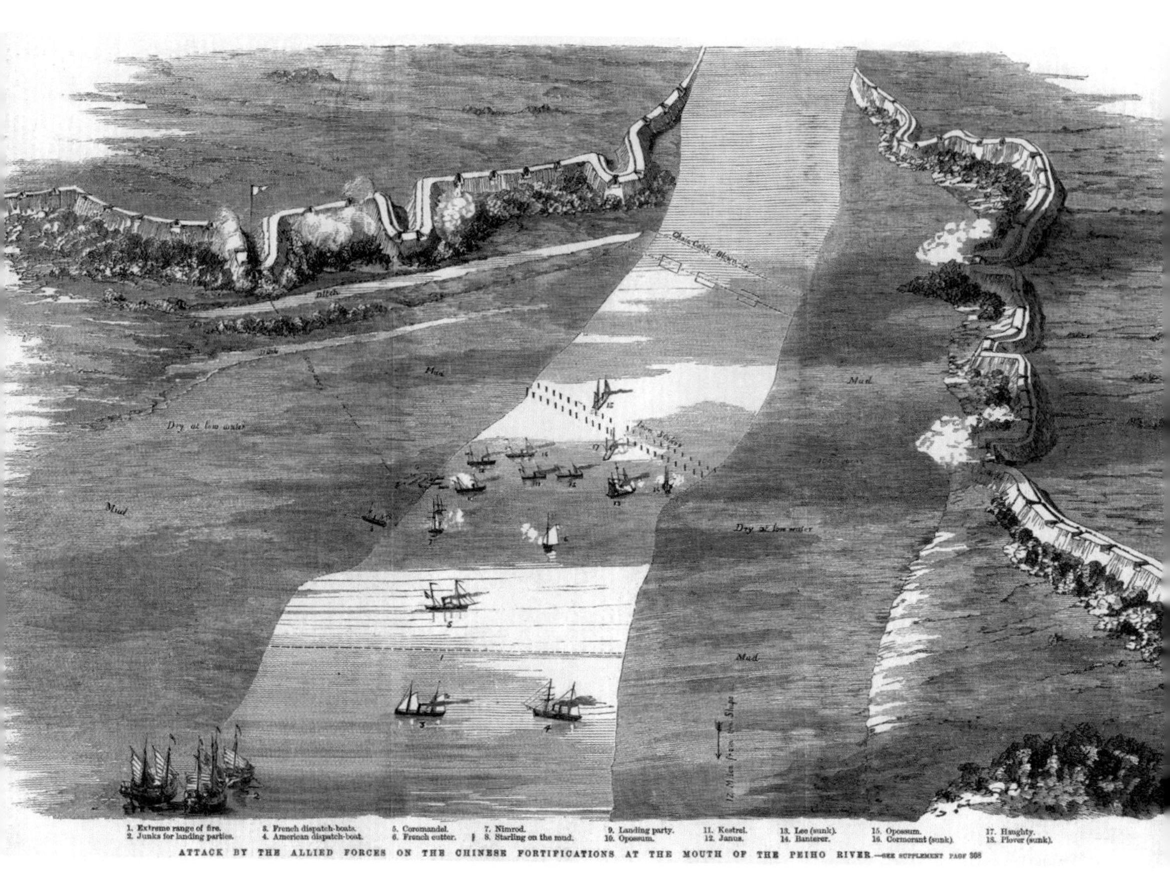

圖8.16《1859年聯軍攻打大沽口防禦砲台圖》

從畫上可以看出，英軍為適應海河口淺水作戰環境，此役特派出多艘淺水蒸汽砲艇擔任前鋒，圖上以數字序號標註了各艦的準確位置：此圖為銅版畫，刊於1859年出版的《倫敦新聞畫報》。

沉）、「Banterer」（巴特勒號）、16「Cormorant」（鸕鶿號，旗艦，被擊沉）、17「Haughty」（傲慢號）、18「Plover」（鴴鳥號，被擊沉）等十一艘小型艦艇。在這些砲艇的後方（圖左下方）還有一些較大的戰船作為後援，兩艘英國帆船、三艘法國淺水蒸汽砲艦、四艘美國淺水蒸汽砲艦，有五百名陸戰隊及水兵準備登陸。

僧格林沁與直隸提督史榮椿親自坐鎮大沽南砲台，要求砲台和圍牆上不准一個兵士露頭，所有火砲用簾子遮掩，砲台上偃旗息鼓。

六月二十五日下午三點，當聯合艦隊司令英國海軍少將賀伯率艦隊駛入白河河口時，雙方都進入了對方的射程以內。僧格林沁下令開砲，掩護著砲台大砲的草蓆都捲了起來，頃刻之間全部大砲一齊開火。

僧格林沁在南北六座砲台上，安裝大小火砲六十門，包括兩門五千斤、兩門一萬二千斤、九門一萬斤的銅砲，和從西方進口的二十三門鐵砲。此時，大清與英法聯軍的火器在同一量級，均為青銅和黃銅所製，都是前裝滑膛砲，使用黑火藥。

大沽口甚為開闊，南北兩岸的砲台火力設置又能相互重疊。英法艦隊所處的位置剛好對著清軍砲口，佔據地形優勢的清軍突然發射猛烈砲火，多艘聯軍軍艦被擊傷，聯合艦隊司令賀伯本人也負了傷。戰至下午四時，包括旗艦「鸕鶿號」在內的四艘聯軍軍艦被擊沉，其餘軍艦也被擊傷。一旁「中立」觀戰的美國艦隊司令達底那（Josiah Tattnall）海軍准將急忙率「托依旺號」救援英法聯軍。戰鬥中有四艘砲艇被擊沉。六艘被擊傷，死傷四百餘人，艦隊司令賀伯受重傷。

下午五時，身負重傷的賀伯下達在南岸砲台登陸的命令。英、法海軍陸戰隊千餘人，在英軍勒蒙上校指揮下，分乘帆船、舢板二十餘隻，利用艦砲火力作掩護，向海口南岸強行登陸。此時大海退潮，從白河河道到砲台雖然只有五百公尺左右距離，卻是爛泥淺灘。僧格林沁調集火器營的抬槍隊和鳥槍隊射殺登陸後陷於泥濘中的聯軍陸戰隊士兵。倖存的海軍陸戰隊員，不得不返回艦艇，當夜狼狽逃出大沽口，英法聯軍第二次攻打大沽口，以失敗告終。

這是第一次鴉片戰爭以來，清軍取得的最大一次勝利。英法聯軍失敗後，在大沽口外兵艦上觀戰的美國公使華若翰（John Elliott Ward），派人給清廷送來照會，並於八月按清政府的要求在北塘完成換

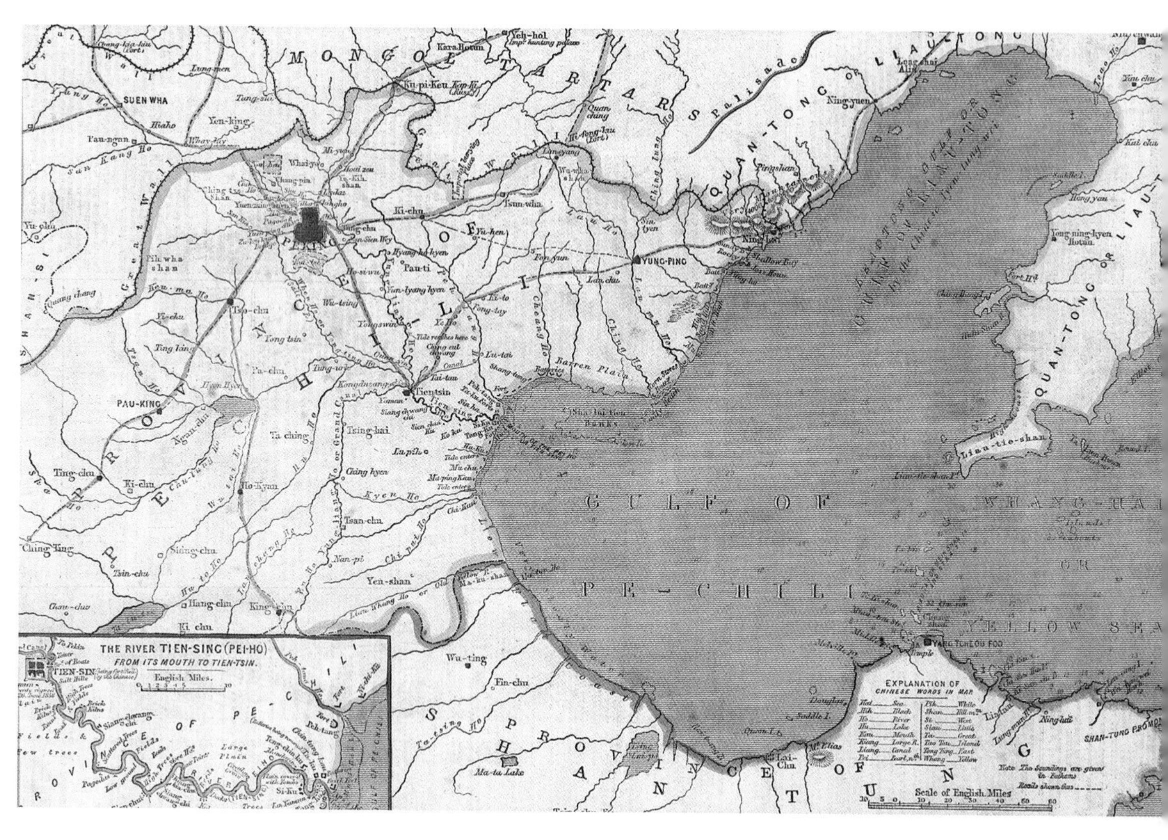

圖8.17《河北及北直隸灣圖》

其左下角小圖顯示了從大沽到天津的路線，並註明「這是1856年《天津條約》簽署地」，此時，第三次攻打大沽口戰役尚未打響，可見英國對天津開戰的輿論一直沒停。十天之後，英法聯軍發起對大沽口的第三次進攻。此圖刊登於1860年7月21日出版的《倫敦新聞畫報》。

約。但英法聯軍不甘心就這樣退出中國，這是一幅一八六〇年七月二十一日在英國《倫敦新聞畫報》上刊登的《河北及北直隸灣圖》（圖8.17）。在圖的左下角小圖中，特別描繪了從大沽到天津的路線，並在天津位置上註明：「這裡是一八五六年《天津條約》簽署地」。此時，英法聯軍第三次攻打大沽口的戰役尚未打響，可見英國對天津開戰的輿論一直沒停。十天之後，英法聯軍發起了對大沽口的第三次進攻。

英法聯軍二打大沽口

〈《聯軍北塘登陸路線圖》〉一八六〇年出版
〈《聯軍攻克北塘溯河攻打塘沽圖》〉一八六〇年出版
〈《一八六〇年八月二十一日聯軍攻打大沽口左岸砲台圖》〉一八六〇年出版
〈《一八六〇年九月十八日聯軍攻打北京路線圖》〉一九〇一年出版

英法聯軍一八五九年在大沽口慘敗，令聯軍十分惱火，經過一段時間的準備，一八六〇年額爾金與葛羅指揮英法聯軍重返大沽口。此役英軍一萬八千人參戰，法軍七千人參戰，共派出艦船一百七十三艘，由聯軍總司令格蘭特（Sir James Hope Grant）、孟班托（Montauban）率領，陸續向天津大沽口逼近。大沽口之戰，其防線不僅是大沽一個口子，其北面三千公尺處還有北塘口。對於缺少有效海軍的大清而言，海岸防禦處處佈防幾乎是不可能的，所以，其岸防必是一條顧此失彼的防線；而英法蒸汽戰艦日行數百里，在漫長的海岸線上，可以隨機選擇薄弱環節進行攻擊。

這一次，英法聯軍汲取了強攻大沽口的教訓，定下了繞開砲台林立的大沽口，北襲北塘口，從大沽砲台身後攻擊大沽的作戰方針。這幅《聯軍北塘登陸路線圖》（圖8.18）清楚地反映了英法聯軍從北塘登陸的作戰路線。圖上方為南，下方為北。在圖上方海口處標註了「PEH TANG」（北塘），河道裡繪出北上塘沽的聯軍艦隊。然而，此時的僧格林沁則認為大沽為重中之重，採取了弱化北塘的策略；正好給聯軍以可乘之機。

一八六〇年八月一日，聯軍出動軍艦三十多艘，載五千名陸戰隊員，趁北塘清軍守備空虛，借漲潮之力駛入北塘河口，開始攻打北塘砲台，第三次大沽口戰役由此打響。這幅法國《L'illustration journal universel》畫報上刊載的銅版畫《聯軍攻克北塘溯河攻打塘沽圖》（圖8.19），表現了英法聯軍攻克北塘後，繼續溯河而上攻打塘沽的一幕。畫面上的北塘河口的北砲台與南砲台都插有英法兩國的國旗，表明這裡兩個海口要塞已被佔領，河道上聯軍艦隊繼續上行，進軍塘沽。

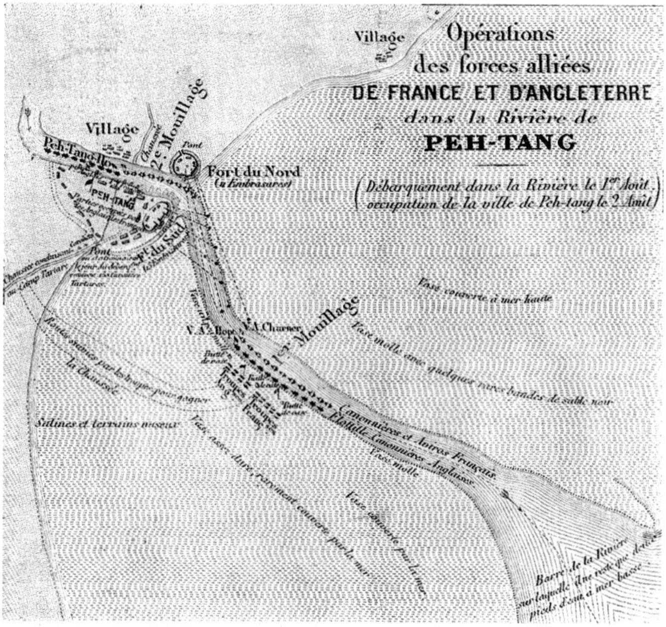

D'après les dessins envoyés par MM. B. Jaurès, F.-L. Roux et De Baune)

圖8.18《聯軍北塘登陸路線圖》

英法聯軍汲取了強攻大沽口的教訓，這一次繞開了砲台林立的大沽口，突襲北塘口，隨後打下塘沽，從大沽砲台身後攻擊大沽。圖上方為南，下方為北。圖上方海口處標註了「PEH TANG」（北塘），河道裡繪出北上塘沽的聯軍艦隊。

此時，僧格林沁坐鎮大沽口，遠遠望見北方三公里外冒著黑煙的英法蒸汽艦隊駛入北塘河口，一無海上艦隊可以支援，二無火力可以打到北塘，只好命令騎兵隊迎頭抵禦在北塘登陸，正向塘沽營壘推進的聯軍。經過幾個小時的戰鬥，清軍將溯河而上的聯軍擊退。

八月十二日，英法聯軍從北塘兵分兩路向新河、軍糧城進攻。駐紮在新河的蒙古騎兵不及二千人，近萬聯軍令蒙古騎兵陷入重圍，新河很快失守，清軍敗退至塘沽。塘沽在大沽以北，僅一河之隔，是大沽北岸砲台身後的重要屏

圖8.19《聯軍攻克北塘溯河攻打塘沽圖》

表現了英法聯軍攻克北塘後，繼續溯河而上攻打塘沽的一幕。畫面上的北塘河口的北砲台與南砲台都插有英法兩國的國旗，表明這裡兩個海口要塞已被佔領，河道上聯軍艦隊繼續上行，進軍塘沽。這幅銅版畫原刊於1860年的法國《*L'illustration journal universel*》畫報。

障。八月十四日，英法聯軍以六千兵力，一百門火砲，攻擊塘沽。擋不住聯軍進攻的滿洲軍和蒙古馬隊，由塘沽敗退至大沽砲台，大沽由此陷入腹背受敵的境地。

八月二十一日凌晨，英法聯軍集中全部火力向大沽北岸砲台猛烈轟擊。這幅《一八六〇年八月二十一日聯軍圍攻大沽左岸砲台圖》（圖8.20）描繪了英法聯軍當天的作戰路線。此圖左下方為英軍進攻隊形，右下方為法軍進攻隊形。

上午八時許，在砲火支援下，英法聯軍分為左右兩翼，向建在北岸石壁之上的「石縫砲台」猛攻。此圖說明稱：「英國部隊和由科利諾上尉率領的法國部隊，八月二十一日，佔領左岸要塞。此圖由迪朗・布拉熱根據一名法國遠征軍官寄回的素描稿而製作的銅版畫」。高達三至五丈的「石縫砲台」，火藥庫被聯軍砲火擊中，引起爆炸。圖中可

Expédition de Chine. Débarquement des forces a

見英法步兵架梯攀登砲台高牆，守軍以抬槍、鳥槍回擊。戰至中午，提督樂善及官兵寡不敵眾，皆壯烈犧牲，「石縫砲台」落入聯軍手中。圖說最後稱「八月二十二日右岸交出諸要塞。」

北砲台失守後，僧格林沁認為南岸砲台萬難堅守，遂遵照咸豐皇帝「天下根本不在海口，實在京師」的指示，命南岸砲台守軍和蒙古馬隊盡撤天津，隨後，直隸總督恆福在南岸砲台掛起免戰白旗，把三座砲台拱手交給了英法聯軍。

英法聯軍佔領北塘、塘沽、大沽……天津紛紛淪陷；一路後退的清兵，逃至距通州五里外的張家灣。這幅《一八六〇年九月十八日聯軍進攻北京行動草圖》（圖8.21）原載奧爾古德．喬治(George Allgood)一九〇一年出版的《中國戰爭》一書。地圖用紅、蘭、黃三色方格，分別代表英、法、清三國軍隊所處位置。它記錄了英法聯軍打下天津後，從圖的下方「To TIAN JIN」（通往天津）的位置，繼續北上的作戰路線。九月十八日，英法聯軍攻陷張家灣和通州。在圖的最上方標註的「CHAN-CHIA-WAN」（張家灣），其北道口「To Pekin」（通往北京），西面距北京僅「十四英里」。清

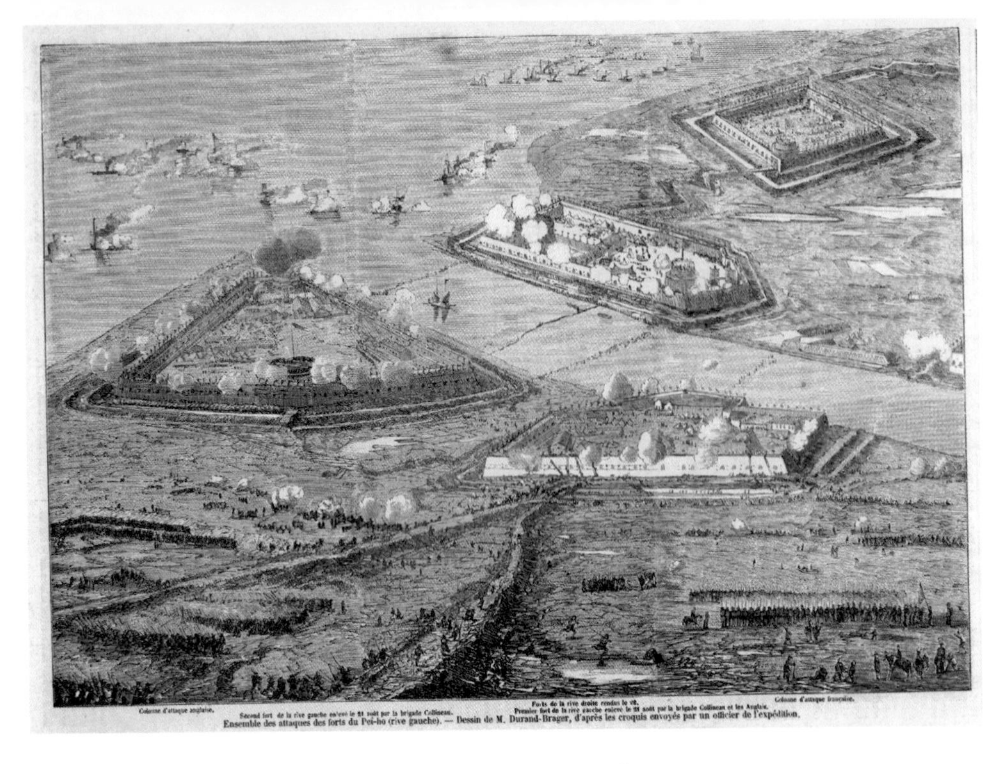

圖8.20《1860年8月21日聯軍攻打大沽口左岸砲台圖》

描繪的是英國總隊和法聯軍由科利諾上尉率領的部隊於8月21日佔領左岸，圖左下方為英軍進攻隊形，圖右下方為法軍進攻隊形。此圖由迪朗．布拉熱根據一名法國遠征軍官寄回的素描稿而製作的銅版畫，原刊於1860年的法國《世界畫報》。

軍在這裡抵抗不久，便退入京城。兵敗如山倒，接下來……十月十三日，英法聯軍攻入北京；十月十八日，英法聯軍燒燬圓明園；十月二十四日，清廷與英法兩國簽訂了包含將天津闢為通商口岸條款在內的《北京條約》——英法聯軍三打大沽口，終以清廷的徹底失敗而告終。

一八五六年，法國以「西林教案」為由，與英國聯手進攻大清之時，法國的遠東艦隊，同時以越南處死法國傳教士為由，攻擊中國傳統屬國越南，先是砲轟土倫港，後於一八五八年佔領越南西貢。一八六二年，法國和越南阮朝簽訂第一次《西貢條約》，將西貢一帶割讓給法國。但在越南北部一直有清國軍隊駐防。隨著一八八二年法軍佔領越南，並不斷北進後，清軍與法軍在越南北部時有交戰。

一八八四年六月二十三日，法軍依

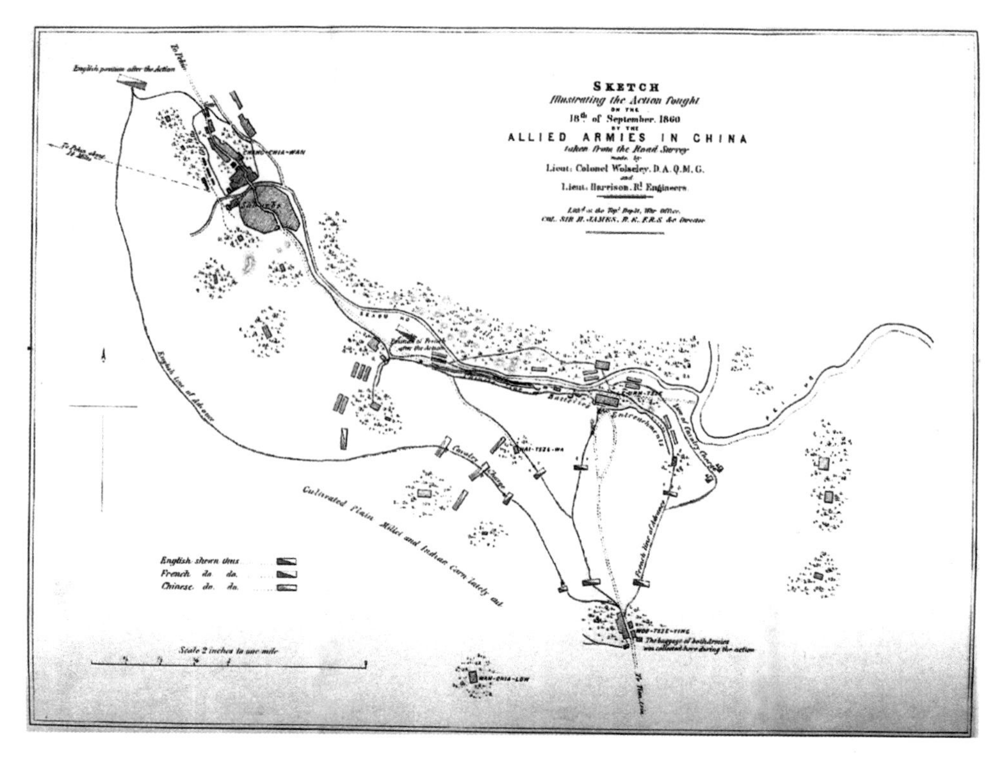

圖8.21《1860年9月18日聯軍攻打北京路線圖》

原載奧爾古德·喬治1901年出版的《中國戰爭》一書。此圖表現了英法聯軍打下天津後，北上攻打北京的作戰路線。圖上方標註的「CHAN-CHIA-WAN」（張家灣），其北道口「To Pekin」（通往北京），西面距北京僅「14英里」。10月13日聯軍由此攻入北京，18日火燒圓明園。

五月剛剛在天津簽訂的《清法會議簡明條約》，衝進諒山清軍管轄的北黎地區「接防」，清法兩軍再度開火。法國以此為藉口，於七月十二日向光緒朝廷發出最後通牒：七天內滿足「從越南撤軍」、「賠款」等要求，否則法國將佔領福州港口作為「擔保品」。清法戰爭就這樣由越南陸地擴大到福州海面。

第二次鴉片戰爭失敗後，恭親王奕訢主持新政，開展洋務運動，在同治朝，福建海防已得到重視。一八六四年清廷剿滅太平天國，一八六六年同治帝命沈葆楨總理福建船政事務，統管造船廠和前後學堂、水師營。一八七四年日本以「牡丹社事件」為由攻打台灣，令大清失去了對琉球的控制，洋務派的「海防」之論，由此壓倒「塞防」。

清法海戰

引言：早生先亡的福建船政水師

〰《窩爾達號》〰一八八四年出版

一八七五年光緒登基後，朝廷開始籌建南北洋水師。一八七九年，清廷詔令閩局輪船先行練成一軍，以此取代舊式福建水師（負責內河巡護的舊式綠營水師），福建船政水師，亦稱福建水師，由此成為近代中國最早水師。

但是，自第二次鴉片戰爭起，西洋海上列強的艦船裝備已有了質的飛躍。工業革命的成果不光是火車冒煙那麼簡單，同時冒煙的還有鐵甲蒸汽艦：一八五九年法國建造出世界第一艘全蒸汽動力的排水量五千六百三十噸的鐵甲戰艦光榮號（La Gloire），一八六〇年英國建造出全蒸汽動力的排水量九千一百三十七噸的鐵甲戰艦勇士號（Warrior）——世界由此進入了全蒸汽動力鋼鐵戰艦時代。

此時，大清的工業化才剛起步，

鋼產量直至一九一〇年才有五千噸，不及法國一八八四年的百分之一。所以，清法馬江海戰開戰不到半小時，以蒸汽艦、鋼鐵艦為主的法國艦隊就將木殼帆船為主的福建水師十一艦，全殲於馬尾港內。

一八八四年八月二十五日，馬江海戰失敗後，清廷被迫向法國宣戰。為解救被法軍包圍的台灣，清廷調派南洋水師，從上海吳淞口趕往台參戰，但艦隊在半途中被封鎖台灣海峽的法國艦隊追打，逃入鎮海內港不出。如此，大清就沒有艦隊護衛台灣，台灣清軍只剩下岸防一條路了。

圖9.0《窩爾達號》

馬江海戰旗艦，該艦為二等木殼輕巡洋艦，排水量1300噸，載官兵160人，配備來福線後膛砲。該艦在馬江海戰中受創。此畫1884年刊載於法國《畫報》。

福州海防

〰《清代福建沿海海防圖》〰約繪於一七二八年～一七四三年之間

台北故宮二〇一一年舉辦了一個名為《筆畫千里——院藏古輿圖特展》，研究古代福建海防的專家發現展品中有一幅《清代福建沿海海防圖》（圖9.1），並確認這是此前人們從未見過的福州海防地圖，這幅彩繪地圖由此進入海圖研究的視野。

這是一幅山水畫地圖，畫面色彩鮮艷，山形水勢較為真實，但此圖方位並非上北下南，而是坐北朝南，面朝大海以江北的視角繪製的。其四至為，東至五虎門，南至長樂港，西至羅星塔，北至馬尾，顯示了福州閩江入海口的清代海防。

福州是清代福建海防的第一軍事門戶。閩江口為烏龍江、琴江、馬江三江匯流之處，南岸的長樂琴江與北岸的馬尾閩安，曾共建軍事要塞，形成福州海防第一道防線。在圖的上方，可見到兩個重要的海防陣地，一個是「長樂港」、「前營」旁邊的「洋嶼滿洲營」；一個是「金剛腿」旁邊的「水寨」。

據說，雍正皇帝曾提出八旗應知水務，遂從福州省城選派五百旗兵進駐洋嶼，組成水師營。值得注意的是圖中的「洋嶼滿洲營」只繪有營房，沒繪出圍牆。據福州駐防志記載，立營時並沒有建城牆，直到乾隆八年（一七四三年）才建立圍牆。據此，專家推測這幅海防圖的繪製時間，應在雍正六年到乾隆八年（一七二八～一七四三年）之間。

圖9.1《清代福建沿海海防圖》

描繪了大約是雍正六年到乾隆八年（1728～1743年）之間的閩江口的海防狀況。此圖現藏台北故宮。

繪在自然地標「金剛腿」旁邊的「水寨」，即圓山水寨。史載雍正六年（一七二八年）之後，清廷常年在此設兵，寨中駐軍也由滿族旗兵擔任（今天這裡還有一個著名的「滿州屯」）。在圓山水寨的山頂上，後建有砲台，砲口朝向閩江口，且固定朝外，不能旋轉。

東北隔江是閩安鎮的崇新城，閩安鎮設有副將把守，在北岸閩安，繪有「羅心（星）塔」、水寨閩安等，對岸是「閩安」——閩安水師所在。福建水師閩安協轄督標左、右兩水師營，岸防區域從馬尾羅星山城寨至閩安。

圖9.1局部放大圖

在馬江入海口（今連江縣），繪有汛旗和兵船，標註有「官頭」和「金牌」。這裡是進入閩江的門戶。

據一七四五年福州將軍新柱關於閩台海防部署的給乾隆的奏摺記載：「閩縣洋嶼地方三面環江，與閩安營，互相犄角，密通海口，實省會緊要門戶也……閩安亦設副將一員，兼攝兩營官兵防守，而洋嶼旗營又在閩安內十里，聯絡聲援，鞏護省會有備無患。」奏摺說明，琴江與閩安曾共建軍事要塞，形成福建海防第一道防線，互為戰略犄角戰略夥伴關係，構成當時福州第一軍事門戶。

在馬江入海口（今連江縣），繪有汛旗和兵船，標註有「官頭」和「金牌」。這裡是進入閩江的門戶。圖上描繪了駐防部隊，但沒有標註砲台。因為康乾盛世，海防並沒有投入那麼大，也沒有太大的危機。雖然，清順治十四年（一六五七年），長門電光山與金牌山同時建砲台，在長門相繼設有提督統領衙門、校場、兵營，但構建完善的砲台，多是十九世紀的事。

這幅古代福建海防圖，描述了清初閩江下游，閩安與琴江共同防衛福州的史實。

清法馬江海戰

〰《羅星塔海戰圖》〰一八八四年繪
〰《法國艦隊進攻福建水師圖》〰一八八四年繪
〰《法艦馬江列陣圖》〰一八八四年繪

清法馬江海戰是大清建立近代海軍後的第一次海戰，但清軍卻沒有留下任何一幅海戰圖。直到二〇〇六年底，福建馬尾造船廠才得到一批由法國友人捐贈的馬江海戰圖和照片等珍貴資料。筆者曾造訪過馬尾造船廠的廠史館，這是個對公眾開放的博物館，館中有它的第一任船政監督日意格的大照片，正是這個洋監督留下了這些珍貴的資料。

鴉片戰爭後，閩浙總督左宗棠奏請朝廷在馬尾設局造船，一八六六年同治帝批准設船政局於馬尾，命沈葆楨總理船政事務，統管造船廠和前後學堂、水師營，並請來法國專家日意格任船政監督。日意格在這裡工作了二十年，為大清造了兵、商輪船十五艘，其中就有參加馬江海戰的一千五百六十噸級的旗艦揚武號。不幸的是，擊沉這艘戰艦的恰是日意格的老同學遠東艦隊司令孤拔。據說，看到自己參與創辦的福建船政局和戰艦被孤拔率領的法國艦隊擊毀，日意格十分傷心，於一八八六年病逝。日意格的這些文獻後來被法國人魏延年購得，娶了位台北太太的魏延年長期在台灣工作，退休後把珍藏多年的馬江海戰文獻無償捐給了日意格參與創建的馬尾造船廠。

筆者在魏延年所捐文獻中，找到一幅標有外文圖名「PAGODA ANCHORAGE」即「羅星塔」。此圖右側有中文題記：「中法交戰於清光緒十年七月初三，在福州馬尾江地方」。所以，稱其為《羅星塔海戰圖》（圖9.2）或許更為貼切。此圖中央註明的「閩河」即閩江，按當地傳統稱之為「馬江」，特指福州東南烏龍江（圖左下）與南台江（圖左上）匯合後流至入海口的這一江段，它是閩江入海口的俗稱；傳說江邊有巨石形似馬，其尾對著三江口，所以這裡還有另一個名字「馬尾」，其名標註在圖的上方；因此，馬江海戰也稱馬尾海戰。這裡是福州的南大門，有重要的港口，有最大的造船廠、最早的海軍學校，駐有福建水師——戰略地位非常重要。

此圖的下方標註有「陸地」和「海關」。圖中心的島上，標註為「路行山」，應為「羅星山」。小島北部的江岔現已同路地相連，但小山還在，圖上繪的塔還在，此塔即是建於宋代的「羅星塔」。早在明初，它已是國際公認的港口燈塔標誌，被繪在中外航海圖中，外國水手稱其為「中國塔」。此圖即以它為中心，並在羅星山的中央，繪有一個指北針。作為一幅海戰圖，它的主要地標與方向，已繪製得十分清楚了。

通過這幅一百多年前的海戰圖，可以清楚地看到法國人完全是有備而來。一八八四年七月十四日，孤拔率法國艦隊，依「五口通商」之條約的規定自行進入福建馬尾港，說是「遊歷」著名的羅星塔。大清明知法軍的侵略意圖，卻心存僥倖，命令福建水師「彼若不動，我亦不發」。欽差會辦福建海疆事宜大臣張佩綸、閩浙總督何璟、福建船政大臣何如璋、福建巡撫張兆棟等，在對方沒有宣戰之前，不能封江堵死航路，更不敢冒然開砲，只能任由法艦在馬尾港裡排兵佈陣。

事實上，一八八四年八月五日，法軍艦隊副司令利士比（Sébastien Lespès）曾率艦三艘進犯基隆，並用大砲擊毀了二沙灣砲台，清法海戰已經在台海拉開序幕。一八八四年八月十九日，法國砲擊基隆

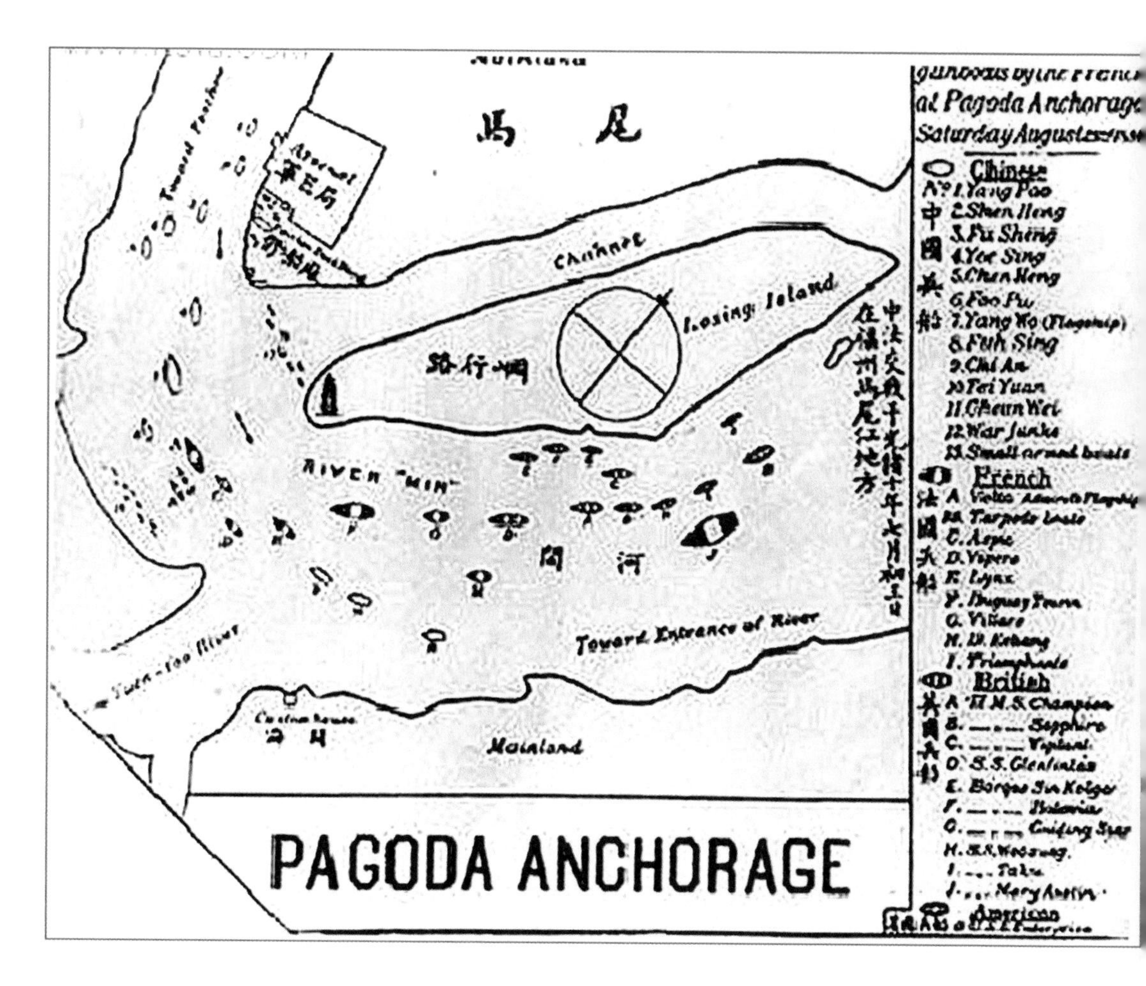

圖9.2《羅星塔海戰圖》

是一幅完全是按照西方海戰圖傳統繪製的軍用地圖，右邊詳細列出交戰雙方的戰艦表格與圖例，整個戰陣躍然紙上：中白框船為中國兵船，共十三艘；福建水師八艘戰艦停泊在羅星塔之西，三艘停在羅星塔之東。福建水師基本上被法國艦隊封死在港口裡面。

後，再次向清政府提出巨額賠款最後通牒，遭到清廷斷然拒絕。八月二十二日，法國政府電令孤拔消滅大清福建水師。當日上午十時，閩浙總督何璟接到法方送來的戰書。八月二十三日下午一點四十五分法軍率先發砲——馬江海戰爆發。

法軍為何不是上午，而選擇下午開戰呢？有點港口常識的大清水師最應明白：上午漲潮時受海水上湧的影響，船頭會擺向下游方向；午後退潮時受下退海水的扯動，船頭會轉向上游方向。關於

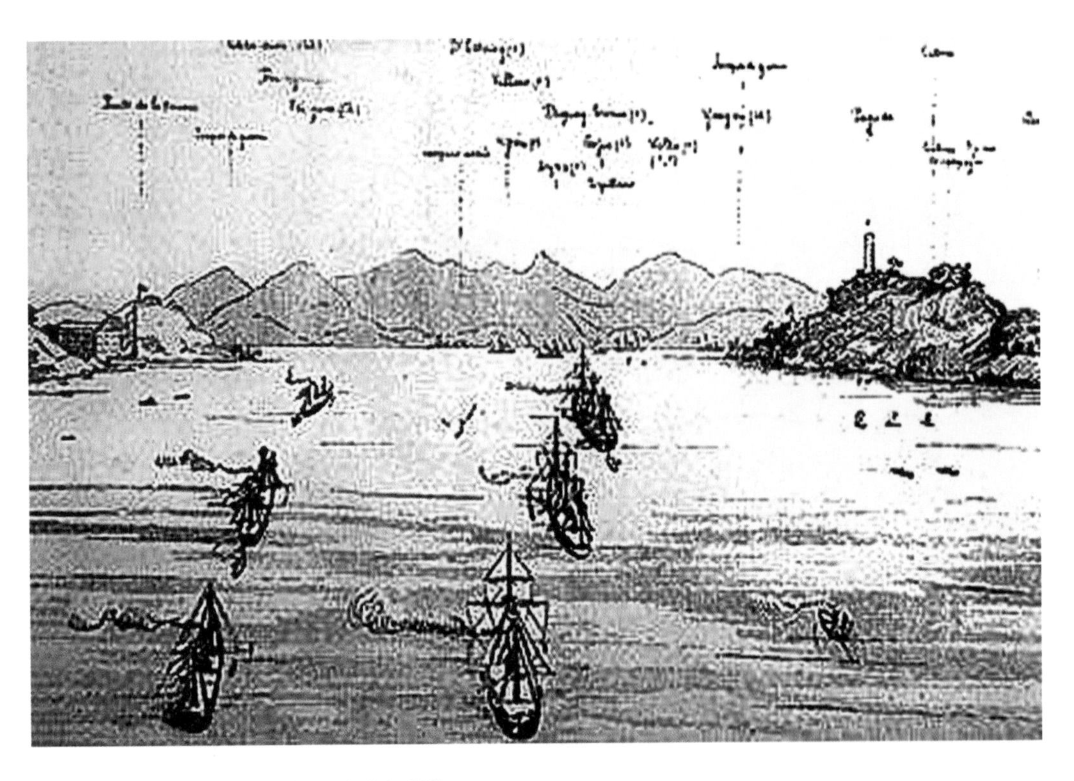

圖9.3《法國艦隊進攻福建水師圖》

是法國海軍的手繪地圖，圖上法國戰艦的頭完全轉向上游，艦尾可見拖有小艇，蒸氣艦都冒著煙，維持一定的速度以穩定方向，艦上的帆全都張著……上游方向，以法文標註了大清艦船的名字與位置——進攻之勢瞭然，只待司令孤拔下令。

這一點，看看法國海軍手繪的這幅《法國艦隊進攻福建水師圖》（圖9.3）就能明白。圖中的法國戰艦的頭完全轉向上游，艦尾可見拖有小艇，蒸氣艦都冒著煙維持一定的速度以穩定方向，艦上的帆全都張著……尤其值得注意的是在上游方向，圖上用法文標註了大清艦船的名字與位置，即他們的攻擊目標——進攻之勢瞭然，只待司令孤拔下令，向背對法艦的福建水師開砲。

八月二十三日下午一時五十六分落潮，正當清軍艦首主砲朝向上游時，法艦旗艦、裝甲巡洋艦「窩爾達號」（volta）突然升起白色黑點的進攻信號旗，兩艘法國魚雷艇立即出動攻擊大清戰艦，當一號旗收回，升起方式紅旗時，眾法艦眾砲齊鳴向清艦襲擊。窩爾達號以左舷砲攻擊清揚武艦和福星艦，以右舷砲攻擊其他福州水師戰船。

《羅星塔海戰圖》是一幅完全是按照西方海戰圖傳統所繪的標準地圖，右邊詳細地列出了交戰雙方的戰艦表格與圖例，整個戰陣躍然紙上。

圖示註明：中白框船為中國兵船，共十三艘；福建水師八艘戰艦停泊在羅星塔之西，三艘停在羅星塔之東。另幾艘中國船沒有繪在圖內，中國水師基本上被法國艦隊封死在港口裡面。

圖示註明：兩頭黑的船，為法國兵船，共九艘。從此圖可以看出，開戰之前，法國艦軍已全部開進馬尾港，分別停泊擺在羅星塔的南面和東南面。此外，還有兩艘法國戰艦梭尼號（sane）、雷諾堡號（Chateau－Renault）兩艦沒有繪入此圖內。當時它們停泊在馬江入海口外圍的琯頭、金牌峽一帶，防止清軍塞江把法國艦隊關在裡面，確保進退安全。此時，法國已是世界上第二個海軍強國，不僅軍力強大，而且戰術精當，進退有法。

羅星塔上游方向，福建水師的伏波、藝新兩艦，在法艦發出的第一排砲火中就被擊傷起火，遂逃往上游，駛至林浦擱淺。孤拔指揮旗艦窩爾達號等艦集中主要火力攻擊福建水師旗艦揚武號。擊沉旗艦揚武號之後，孤拔指揮三艘軍艦圍攻福建水師福星艦，此艦被法艦魚雷擊中火藥庫，很快爆炸下沉。緊隨福星艦的福勝、建勝兩艦，僅在艦首裝備有一尊不能轉動的前膛阿姆斯特朗十六噸大砲，無法靠近救援，只能遠距離射擊。法艦以重砲還擊，建勝、福勝兩艦先後被擊沉。隨後，福建水師的永保、琛航兩艘運輸艦，相繼被法艦擊沉。羅星塔上游的對抗，就這樣結束了。

羅星塔下游方向，福建水師三艘砲艦振威、飛雲和濟安與三艘法國軍艦對峙。海戰開始後，振威艦最快做出反應，立即發砲轟擊附近的法艦德斯丹號（D'estaing）。同泊的飛雲、濟安兩艦，還沒有來得及啟錨就被擊中起火，很快沉沒。法軍集中三艘軍艦的火力攻擊頑強抵抗的振威艦，振威艦鍋爐中彈爆炸下沉。

這場戰鬥一共打了不到三十分鐘，福建水師十一艘戰艦：揚武、濟安、飛雲、福星、福勝、建勝、振威、永保、琛航九艦被擊毀，另有伏波、藝新兩艦自沉。中國第一支近代艦隊福建水師，幾乎全軍覆沒。但有備而來的法國艦隊僅有三艘戰艦受傷，五人死亡。

在《羅星塔海戰圖》下方，也就是江的南岸，標註有「海關」。福州為五口通商之港，長期駐有外國艦船。圖示特別註明：繪著兩條槓的船，為英國兵船，共十艘。為避免港內的各國軍艦誤會，法國艦隊開戰之前已將通知送達各國領事館，同時告知了馬尾港內（圖右）的英國冠軍號、藍寶石號、警覺號和美國企業號等多艘外國軍艦。這些艦船沒有參戰，也沒有被砲火波及。

在《羅星塔海戰圖》上方，即馬江北岸有「軍器廠」和「船廠」兩個重要標註，這是大清洋務運動所帶來的重要廠房。對於這兩個軍事重地，法軍早已列入攻擊計劃之中。在摧毀福建水師的第二天，也就是八月二十四日，已經沒有海上對手的法國艦隊，乘著上午漲潮時，溯江而上，用艦砲擊毀了「軍器廠」和「船廠」；同時，還擊毀了馬限山和羅星山兩個砲台。八月二十五日，法國海軍陸戰隊在羅星塔登陸，搬走了三門價格不菲的克虜伯大砲。

兩軍對陣的結果，在這幅法國海軍繪製的《法艦馬江列陣圖》（圖9.4）中表現得更為全面，圖左是開戰前江面停泊的黑色「CH」船為大清水師船，白色的船為法國戰艦；圖右是開戰後的江面，僅剩下白色的法國戰船，黑色的「CH」大清水師船基本從圖面上消失了。消滅了福建水師艦隊和岸上重要設施後，法艦駛向下游，逐次轟擊閩江兩岸十餘座砲台，然後魚貫而退，於八月二十九日順利駛出閩江海

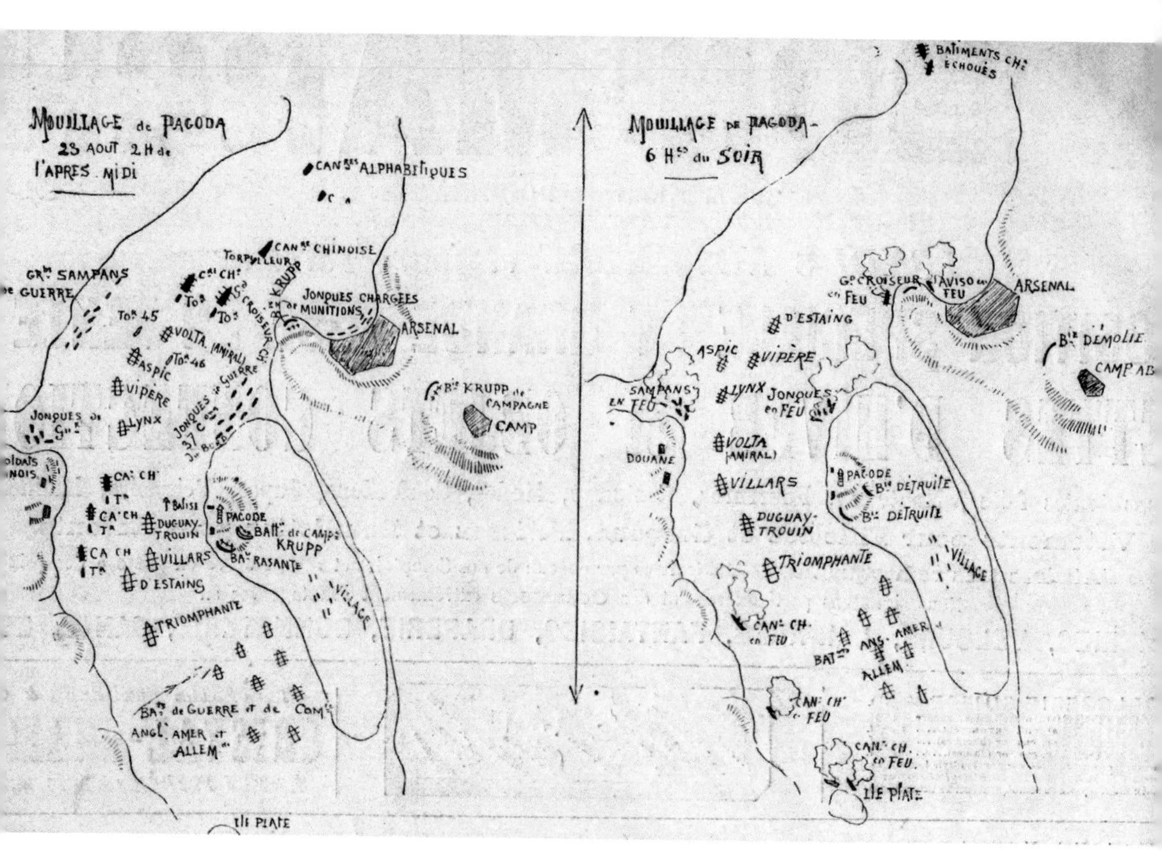

圖9.4《法艦馬江列陣圖》

是當時有關馬江海戰中法艦砲擊福建馬尾的最新地圖。圖左是開戰前江面停泊的黑色「CH」船為大清水師船，白色的船為法國戰艦；圖右是開戰後的江面，僅剩下白色的法國戰船，黑色的「CH」大清水師船基本從圖面上消失了。

口。

站在馬限山上，望著滾滾東流的江水，筆者總覺得這是一場完全可以不輸的海戰，至少也該是魚死網破的結局：如果是上午漲潮時大清發砲，清軍將以艦首砲擊法軍艦尾；如果是清軍泊在下游，法軍泊在上游，不論何時開戰，法軍都會被堵在港口內，逃出不去。如果兩岸十餘座砲台，不是砲位固定死，只能攻擊下游，不可調轉砲口對上游攻擊的話，也可以夾擊江中的法艦，不至被動地讓法艦一路沿江，從背後一個個擊垮，讓敵人全身而退。但歷史沒有「如果」，哪怕是最簡單的一步也不會改變。

法軍撤出馬江

〰《法國艦隊砲擊閩江沿岸砲台圖》〰一八八四年出版

從羅星山戰場到閩江海口，至少有三十公里的江上航程，沿江至少排列著十處砲台：馬限山下坡砲台、羅星山砲台、閩安的北岸砲台、亭頭的鎖門砲台、南岸的象嶼砲台、連江琯頭北岸的長門砲台（山巔為電光山砲台，山下為江岸砲台，與附近的禮台砲台、射馬砲台、劃鰍砲台組成砲火群）、南岸琅岐島的金牌砲台（含崖石砲台、煙墩砲台）……

這些分列兩岸的砲台對航道構成夾擊之勢，任何艦船想從這裡走過，無疑是過鬼門關。但是，這十餘處砲台，所有砲位全是固定死的，只能向逆流而上的船開砲，卻無法回轉砲位，對順流而下的船開砲。

法國艦隊是以「遊歷」通商口岸福州為理由，逆流進入馬尾港；此時，清軍不能向來「遊歷」的法艦開砲；但法國艦隊打垮福建船政水師，順流而下時，清軍已有理由阻擊法國艦撤離，但兩岸砲台上的大砲無法迴轉，打不著法艦；結果，眼睜睜地看著法艦以載重砲從清軍砲台身後，把沿岸砲台全部擊毀，而後全身而退，平安返回海口外洋。這幅法軍當年繪製的《法國艦隊砲擊閩江沿岸砲台圖》（圖9.5），真實記錄了法國艦隊順流而下，一路砲擊兩岸砲台的戰況。

此圖最上面的畫格，圖左繪出八月二十三日法國旗艦「VOLTA」（窩爾達號），圖

圖9.5《法國艦隊砲擊閩江沿岸砲台圖》

是法國軍方手繪的馬江海戰水域地形圖。1884年刊載於法國《世界畫報》，強調該圖是當時得到的最新官方文件。此圖顯示出當時法軍對馬尾水域附近的地形與砲台位置有著清楚的掌控，並記錄了摧毀這些砲台的戰鬥路線。

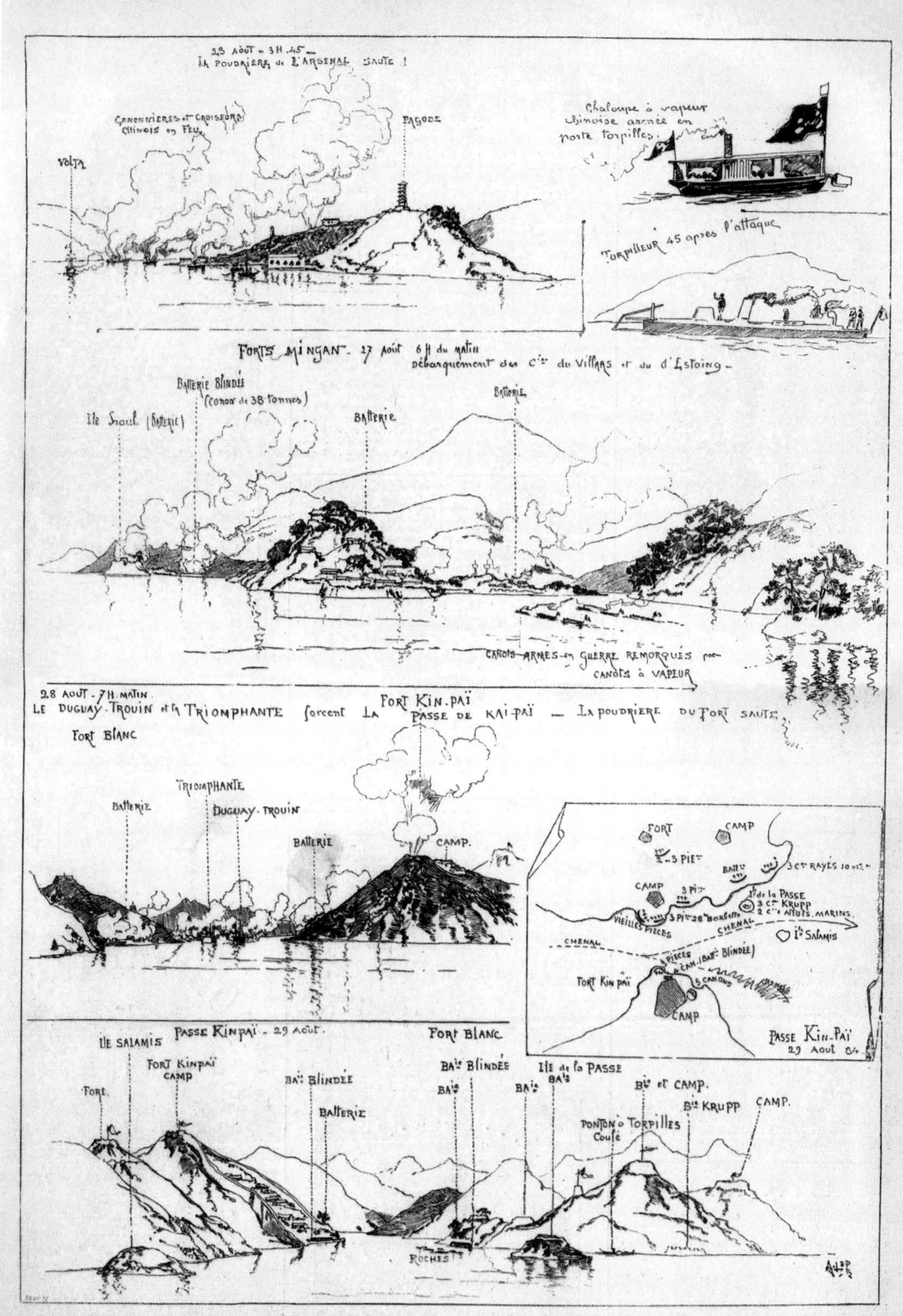

LA MARINE FRANÇAISE EN CHINE. — **Nouveaux documents sur le bombardement de Fou-Tchéou.** — (Fac-similé des croquis de M. MAURICE.)

右描繪了法國艦隊在羅星塔下擊垮福建水師的一幕。和這次海戰的第二階段，完成對「軍器廠」、「船廠」，馬限山、羅星山兩個砲台的毀滅性打擊之後，八月二十六日法艦分三路從背後轟擊閩安田螺灣、亭頭、象嶼、琯頭等砲台。

接下來是八月二十七日畫格，表現的是法艦順流而下轟擊兩岸砲台。

再下面是八月二十八日畫格，所畫江中戰艦，一個是四千六百四十五噸的法艦「TRIOMPHANTE」（凱旋號）鐵甲艦，一個是三千四百七十九噸的「DUGUAY－TROUIN」（杜居土路因號）二等巡洋艦，兩艘重形砲艦在轟擊「KIN PAI」（金牌砲台）。

特別值得一提的是最下面的畫格，一幅側視圖和一幅俯視圖，描繪法國艦隊八月二十九日通過「KIN PAI」（金牌砲台）和「Fort Blanc」（白堡，即長門砲台）的作戰場景。從這幅圖的右側，可以看出此砲台是由山巔砲台和江岸砲台兩部分組成，它與圖左側閩江南岸的金牌山相夾峙，成為閩江口最窄的咽喉要塞。這裡原本是閩江海口第一道防線，此時卻變成了法艦撤離的最後一個關口。

圖右側的山巔砲台為電光山砲台，設在海拔七十七公尺的電光山頂。此砲台為一八八二年閩督卞寶第奏設。圖右側山腳下繪出了臨岸砲台的城垛式外牆，這裡的砲口朝向東南。法艦曾猛轟此砲台，最終它被完全摧毀。有一種說法——認為是這個砲台的主砲擊中了法國旗艦窩達爾號，艦隊司令孤拔在砲擊中受傷，最後死在台灣。但筆者在馬江海戰紀念館看到展出的砲彈，為實心砲彈，不是開花彈，就是真的命中窩達爾號，殺傷力也很有限，不太可能「擊傷孤拔」。

馬江海戰後，法國的「中國艦隊」與原來在越南的「東京艦隊」在閩江海口正式合併為「法國遠東艦隊」，隨後駛往台灣。

馬江海戰的虛假戰報

〰《福州戰報之羅星塔大捷》〰一八八四年刊刻

〰《福州捷報之長門大捷》〰一八八四年刊刻

上海《申報》一八八四年八月二十七日，刊出自一八七二年創刊以來的第一份「號外」：「福州馬江又大戰，我揚武號等數船沉矣」，全文約一千字。報導了一八八四年八月二十四日，侵入福建沿海的法國軍艦襲擊在福州馬尾港的大清海軍，擊沉七艘中國艦船的整個過程。這是中國新聞史上記載的第一張「號外」，報導可謂真實。

不可思議的是，馬尾大敗之後，江南各地相繼出版了許多版畫捷報：「長門捷報」、「馬江捷報」、「福州捷報」。這些報捷版畫均為清軍大勝，法軍被打得丟盔棄甲。這些版畫都是民間出版的，有的畫上還留有「福州銅版洋圖局在撫院橋南林宅畫圖房」的字樣。

比如，這幅民間出版的戰報《福州戰報之羅星塔大捷》（圖9.6）所報導羅星塔之戰：「昨接得友人確信云，福州開仗七月初三，下午兩點鐘候，中法兵在羅星塔開仗，砲火連天，戰約三點鐘之久，打沉法艦三隻，中國兵船沉五隻，至初四早八點鐘時，又開仗，戰有五點鐘之久，打沉法人坐駕船一隻，哥拔利死焉，又神風大作，用火排燒法船一隻，燒死法兵無數，中船亦沉三隻，今法船仍存一隻在口外，乃副提督坐駕也，羅星塔外尚有法船三隻，羅星塔砲台及船政局皆滅，白狗山砲台與馬尾砲台與法船戰至初八，與法船同時而沉，法兵約死三千餘，中兵亦有也，唯願人皆忠勇回擊，鬼畏又何難，同奏凱歌

一帶青山
大山
五虎山
小河
內海
罗星塔
長門炮台
海口
得勝旂
此海口用石壘只容一船出入
塡石
大山
此鉄甲船與砲台對敵二點鐘之久退走
大海
大山
大山
內河
大山

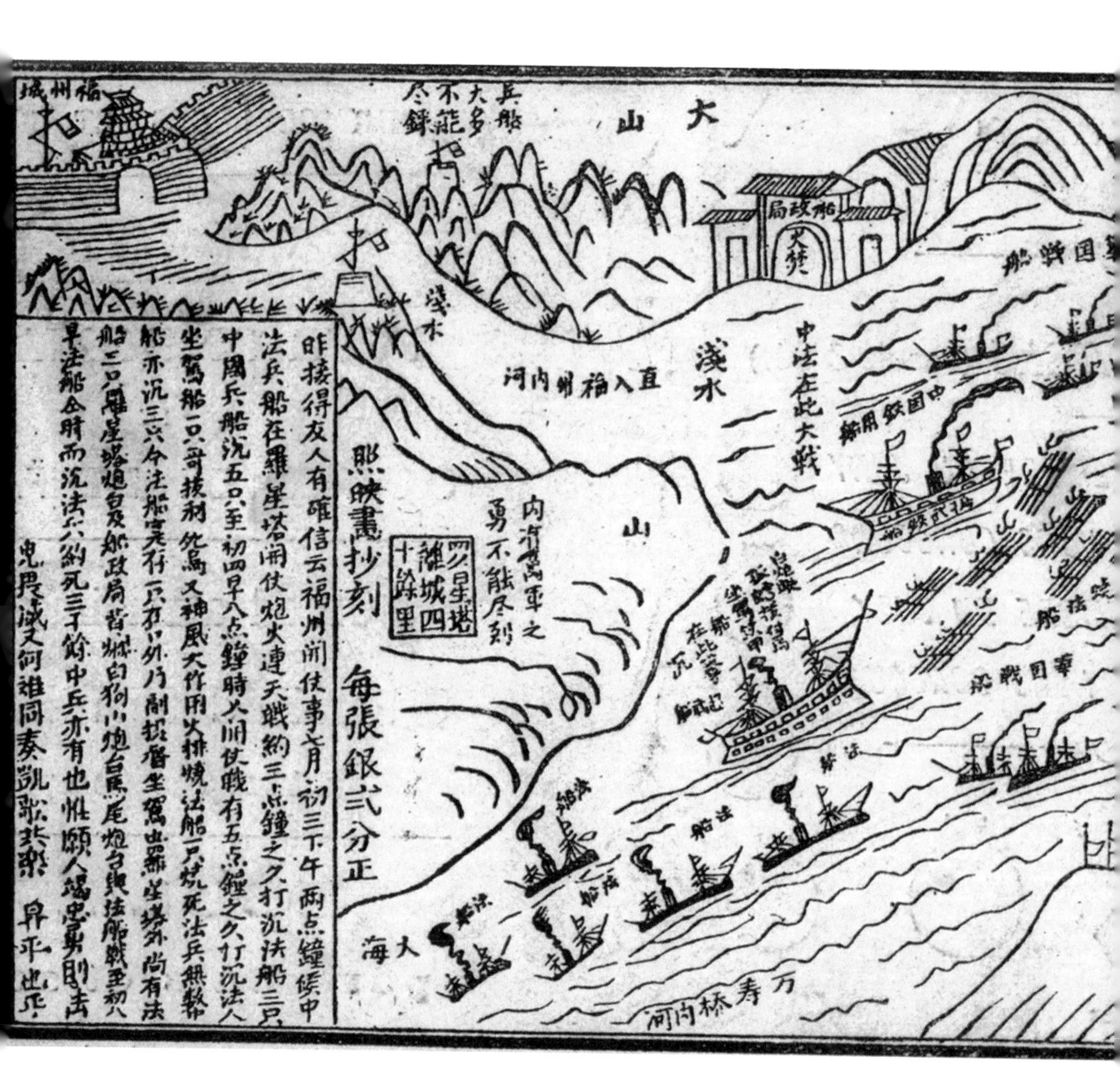

圖9.6《福州戰報之羅星塔大捷》

此為中國民間繪製的清法馬江海戰陣勢圖，1884年刊載於法國《世界畫報》。不知，當時法國人對「哥拔利死焉」、「法兵約死三千餘」、「打沉法艦」……這些完全與事實相背的報導，是怎樣一番嘲笑。

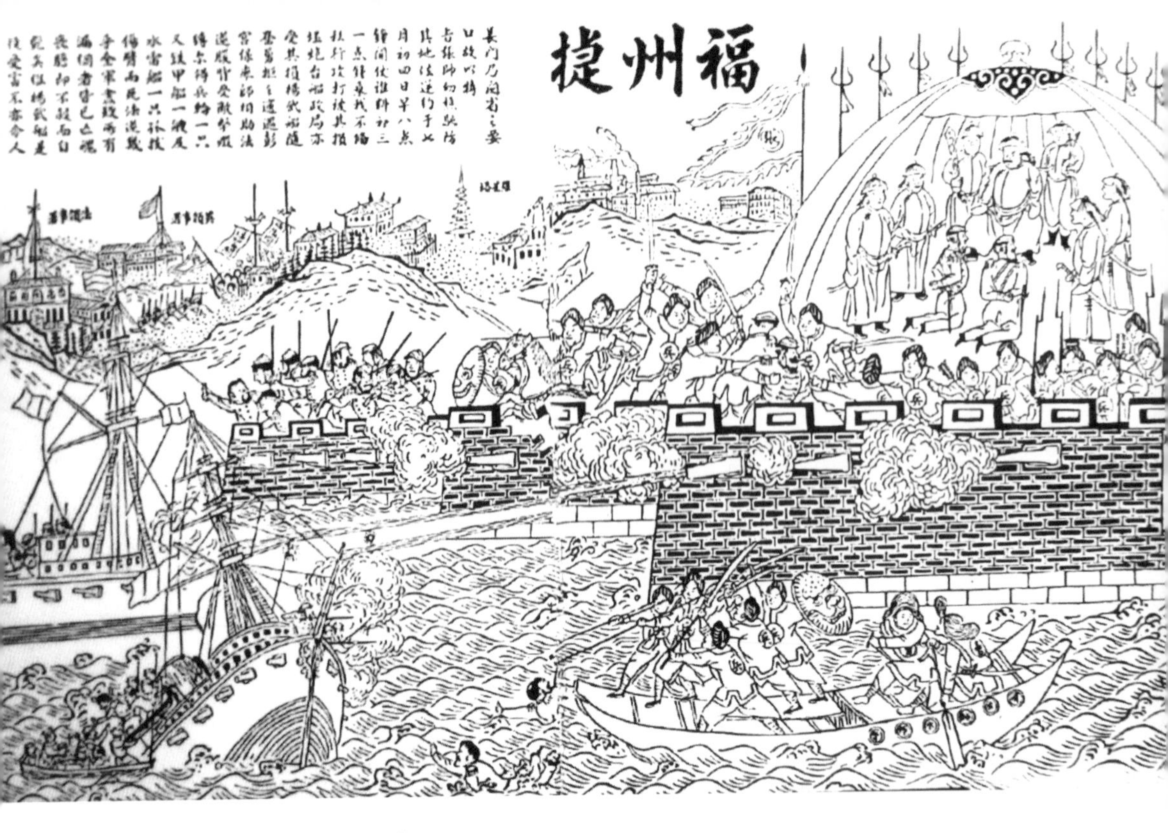

圖9.7《福州捷報之長門大捷》

圖的主體為長門江岸砲台，水師旗營，砲台立有帥旗「張」；海面上的擊沉法艦與近距離肉搏，都是畫家想像出來的場景。此圖刊於1884年上海《申報》。

共樂，昇平也平。」

這幅木刻戰報，註明了：照映畫抄刻；並標有價格：每張銀二分正。顯見是一種及時銷售的海報一類的戰報。此圖為當年法國《世界畫報》上的翻印版。不知，當時法國人對「哥拔利死焉」、「法兵約死三千餘」、「打沉法艦」……這些完全與事實相背的報導，是怎樣一番嘲笑。

像《申報》這樣重要的媒體，在發表了正確的戰報「號外」之後，也發表了諸如《福州捷報之長門大捷》的假戰報（圖9.7）。此捷報上題有：「長門乃閩省三要口，故以特旨張帥駐防其地法逆。約於七月初四日早八點鐘開戰，詎料初三一點鐘，趁我不備攻打，被其損壞砲台，船政局亦受其損。揚武船隨奮勇拒之，適遇彭宮保率師相助，法逆腹背受敵。擊毀德爾得兵輪一隻、又鐵甲船一艘及水雷船一隻……法逆幾於全軍盡歿……」

此畫的主體為長門砲台，長門為閩口要塞總台部，統轄閩口各砲台兼帶陸營。主砲台設長門電光山，砲台共安裝德國和英國造的大砲五門。畫中的砲台為江岸砲台，其中的禮砲台為一八八一年所建，原是用來酬答各國軍艦禮儀，裝有德國克虜伯大砲九門。此時，成為戰鬥砲台。

事實上，法艦從上游下來，從各砲台身後一路發砲，先用重砲先將南北江岸的金牌砲台和長門砲台擊毀，而後才撤出海口。停在海口外的法國四千六百四十五噸鐵甲艦「拉加利桑尼亞號」（la Galissonniere）想進入海口內參戰，曾被長門砲台的砲火擊傷並撤退。所以，「法逆幾於全軍盡歿」、「哥拔利死焉」……都是民間想像，而非事實。

正是在這樣自欺欺人的「喜慶氣氛」中，才有了一八八四年的十月福州將軍穆圖善在馬江海戰後所奏、十一月十七日光緒皇帝朱批的《呈長門等處擊翻法船斃敵獲械尤為出力文武官員弁請獎銜名清單》，這份嘉獎令長達十二頁，約五千字，長門十一營處官兵論功行賞，受表彰官兵的人數達七百一十一人，分別以各品軍功、賞戴藍翎等表彰。其中琴江水師官員黃恩祿、張朝鎮、李維樞、董受淦、張朝銘、許國昌等九名將領受到表彰，此外還有連江知縣劉玉璋。駐守連江琯頭長門砲台要塞的右營游擊楊金寶。

於是，有了至今也說不清卻津津樂道的「長門大捷」，有了不顧慈禧「無旨不得開砲」的諭旨（當天兩國就已宣戰，何來不得開砲），開砲擊中孤拔旗艦，使孤拔受傷，最後死在台灣的說法。事實上，孤拔結束馬江之戰，半年之後，又率法國艦隊進攻鎮海，如果孤拔真被長門大砲擊成重傷，不可能又去打鎮海。

法軍攻台佈局

〰《台灣海峽全圖》〰約一八八五年繪

清法戰爭從越南戰場上轉入台灣海峽後，戰局更加複雜，戰事複雜多變、交錯進行。事實上，法國人在打馬江海戰時，已經將台灣海戰考慮其中了。其總體佈局是明確的，即打開大清的海門，馬尾港是一個選擇，佔領台灣島也是一個選擇。

二〇〇三年底，台北舉辦了一個名為《西仔反清法戰爭與台灣特展》的展覽，展出了多幅當年的法國海軍繪製的清法海戰圖，其中就有這幅《台灣海峽作戰圖》（圖9.8）此圖的圖名括號內註明「法國海軍部專用」。通過這幅地圖可以看出法軍是將福建沿海、台灣海峽和台灣島，作為一盤棋統一謀劃。法國進犯大清不僅是目標明確，並且是有備而來，艦隊調動路線、艦隊進攻線路、戰略目標在作戰海圖上標註得一清二楚。

這些珍貴的海戰圖，由法國國家圖書館及法國地理協會提供。讓我們眼界大開，也為大清慚愧萬分。一百多年前法國海軍繪製的這些海戰圖，幾乎與今天的地圖毫無差異，不僅海岸線繪製精準，連等高線及山丘、河谷都繪製得十分精準。此圖應是法軍進攻台灣的戰略總圖，圖右上標明序號為「1號」。

葡萄牙、荷蘭和西班牙人在明代和清初繪製的台灣地圖上，皆以福爾摩沙來統稱台灣全島的，台員、或台灣全都標註在今天台南市的位置上。明朝文獻也是稱台南為大冤、大員，台員。一六八四年清廷推翻明鄭台灣政權後，在本島大員設台灣府，並開始用台灣稱呼全島。所以，在這幅法國台灣戰略總圖上，看到的是「FORMOSE」（福爾摩沙）和「TAIWAN」（台灣）兩個名字一併作為全島名稱，在今天台南的位置標註的是「TAIWAN FOU」（台灣府）。再細看這幅古地圖會發現一個有趣的問題，

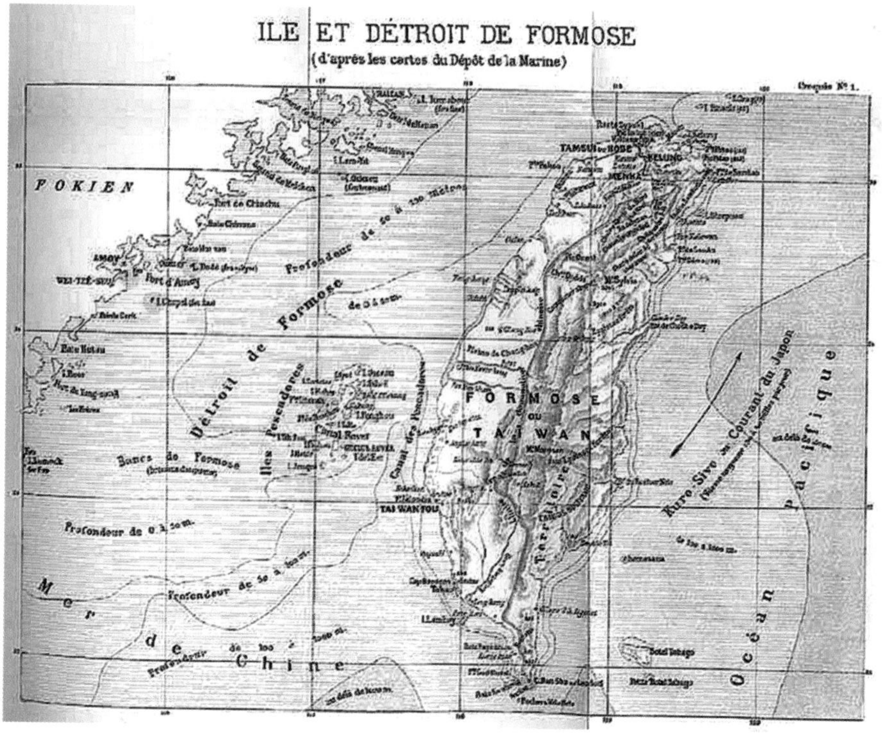

圖9.8《台灣海峽全圖》

應是法軍進攻台灣的戰略總圖，圖右上標明序號為「1號」。圖縱21公分，橫27公分，現藏法國國家圖書館。

地圖上台灣所處的緯度與今圖是一致的，但經度卻處在一一八～一二〇度間，比現行地圖約處在一一九～一二二度間差了近兩度。這是因為當時法國地圖是以巴黎為本初子午線繪製的，即使一八八四年華盛頓國際經度會議決定以通過倫敦格林威治天文台的經線為全球時間和本初子午線以後，法國在很長一段時間裡仍以巴黎為本初子午線基準。也就是說，法國根本不承認英國的海上霸主地位，派法艦來大清與英國爭地盤，再次證明了這一點。

在台灣海峽南端標註的是「中國海峽口」。由北到南，福建、廈門、汕頭等海口處都繪有軍艦停泊的黃色圓點。

台灣舉辦的這個展覽名叫《西仔反清法戰爭與台灣特展》，「西仔反」是當年

台灣人對清法台灣海戰的俗稱。「西」指法蘭西，「仔」視其小；「反」通「叛」，指的是戰爭性質為夷人動亂。但筆者以為「清法台灣海戰」這個名稱更能反映歷史的客觀性。

清法台灣海戰分為三個戰役，即基隆戰役、淡水戰役、澎湖戰役。時間上是指一八八四年八月五日～一八八五年六月十三日清法戰爭期間，法國遠東艦隊與清軍在台灣北部與澎湖之間發生的三大海戰。此圖為作戰總圖之1號圖，同時，法國海軍還針對具體的戰鬥地點分別繪製了各區域的海戰專圖，圖號依次標註為2、3、4、5……這些圖合在一起成為一套完整的軍事專用地圖。

法軍為何要尋找多個位置，三番五次地攻打台灣呢？

法軍戰前已對侵略大清的形勢做了充分估算，攻打台灣至少有三點好處：一是，此時法國海軍用的已是蒸汽戰艦，艦隊需要燃料補充，打下基隆，可以得到此地的煤礦，並將此地列為戰艦的能源基地。二是，佔領台灣，可以封鎖大清東南沿海，威脅沿海各大城市；三是，佔領台灣可以增加此後與大清談割讓土地與開放港口的籌碼。

大清當然知道台灣的重要性，獲知法國欲攻台灣的企圖後，朝廷即通令沿海各省及台灣抓緊佈防，並把台灣分成前（澎湖）、後（台灣東部）、北（台灣北部）、中（台灣中部）、南（台灣南部）五路，積極備戰。

一八八四年——也就是台灣「牡丹社事件」，大清失去琉球控制權十年之後，清廷派劉銘傳以福建巡撫兼欽差大臣身份赴台灣督戰。劉銘傳趕到基隆後，增築數座砲台，準備迎戰法軍。不久，法國遠東艦隊駛入基隆海面，向大清守軍開砲，台灣人所說的「西仔反」戰事，正式揭開序幕……

基隆海戰

〰《基隆懲寇》〰一八八四年繪

〰《一八八四年八月五日攻擊基隆圖》〰約一八八五年繪

〰《法軍佔領基隆港》〰一八八五年繪

基隆古名雞籠，明代張燮所著的《東西洋考》裡就有雞籠社、雞籠港、雞籠城等記載。至清光緒元年（一八七五年）設基隆廳時，改雞籠為基隆，含「基地昌隆」之意。

法國人欲取福州和基隆二港為「抵押品」的話放出來後，清政府再次感到了台灣海峽的戰事危機。危難之際，清政府想起了退隱歸田的淮軍名將劉銘傳，急令他以巡撫銜奔赴台灣督辦軍務。一八八四年七月十六日，劉銘傳登上台灣島，鑒於法軍曾請求在基隆購煤，在他抵台的第三天，下令先封了煤窯。他知道法軍主攻方向應是台北而非台南，所以，調章元高、武毅兩營北上，加強台北防務。然而，就在劉銘傳這邊加緊台灣北部海防之時，七月三十一日，法國海軍部長電令孤拔：立即進攻基隆。一八八四年八月五日，清法基隆首戰打響。

這天上午八點，法國東京灣艦隊司令利士比率領旗艦拉加利桑尼亞等三艘戰艦對基隆港口東部的社寮島（今和平島）砲台開火，營官姜鴻勝督砲還擊。利士比憑藉其優勢的砲火，僅用一個多小時即擊毀了基隆港口的前線砲台，並引發一處彈藥庫爆炸，守軍曹志忠等部被迫撤出陣地。法軍在砲火掩護下從大沙頭登陸，佔領基隆港。

圖9.9《基隆懲寇》

《基隆懲寇》報導了基隆首戰告捷：「斃寇百數十名，奪獲法砲四尊，旗幟帳篷等物甚多，餘俱逃入兵艦，退出海口」。

第二天，法軍在砲火掩護下，向基隆市區推進。劉銘傳決定誘敵陸戰，除少數人固守海岸小山制高點外，部隊全部撤到後山隱蔽。法軍以為清軍大敗，無力設防，大搖大擺地湧上岸來。劉銘傳命令後山部隊從東西兩側迂迴包抄，三面夾攻，殺向敵人。法軍突遇反擊，不知所措，紛紛丟盔棄甲抱頭鼠竄，基隆重回清軍手中。當時《點石齋畫報》以紀實畫《基隆懲寇》（圖9.9）報導了基隆首戰告捷「斃寇百數十名，奪獲法砲四尊，旗幟帳篷等物甚多，餘俱逃入兵艦，退出海口」。利士比只好率領艦隊離開基隆港，回到福建海岸的馬祖島。

接下來的戰事發生了一個巨大轉折。法軍侵犯基隆首戰失敗後，再次向清政府提出和議條件，清政府再次拒絕。此時，法艦已有預謀地集中於福州海口，乘清軍相信「和談大有進步」之際，於八月二十三日下午，突然襲擊了福建水師，將所有戰艦全部擊沉。法艦由此掌握了台灣海峽的制海權，隨後，輕輕鬆鬆地回轉身來，再度攻擊台灣。

馬江海戰後，法國海軍總部將法國東京灣艦隊與中國海艦隊正式合併成為一個特混艦隊——法國遠東艦隊，由剛剛打了大勝仗的孤拔擔任艦隊總司令，利士比為副總司令。

九月一日，孤拔親率五艘戰艦駛抵台灣海面待命，等待清法馬尾之戰賠償談判的結果——第二次清法基隆海戰即將打響。

為領略基隆戰地實況，筆者曾帶著法軍當年繪製的《一八八四年八月五日攻擊基隆圖》（圖9.10）登臨基隆山頂，察看基隆之地勢。

此地東、西、南三面環山，山都是不超過三百公尺的小山，但恰好圍出北部的天然的防浪港灣。港灣的入口處有和平島和桶盤嶼守其門戶。這幅圖上標註了法國艦隊一八八四年八月五日所處的戰鬥位置，但攻打基隆的時間跨度比較大，第一次攻佔失敗後，法國艦隊又組織了第二次攻擊。

基隆初戰後，劉銘傳估計法艦還將再次進犯，親率主力防守基隆。他以曹志忠部六個營防守港灣東岸，以章元高部兩個營和陳永隆防守西岸。《一八八四年八月五日攻擊基隆圖》右上方，可以看到河口東岸清楚地標註曾配有克虜伯大砲的「**Fort Neuf**」（新砲台）與配有滑膛砲的「小砲台」（**Fortin**，**Fort Villars**）。但實地考察發現，在大沙灣位置的「新砲台」，已沒了蹤跡；在離大沙灣不遠處的二沙灣的小山上，還可以找到「小砲台」，此砲台為鴉片戰爭後所建。河口東岸為著名古戰跡區，山頂的樹

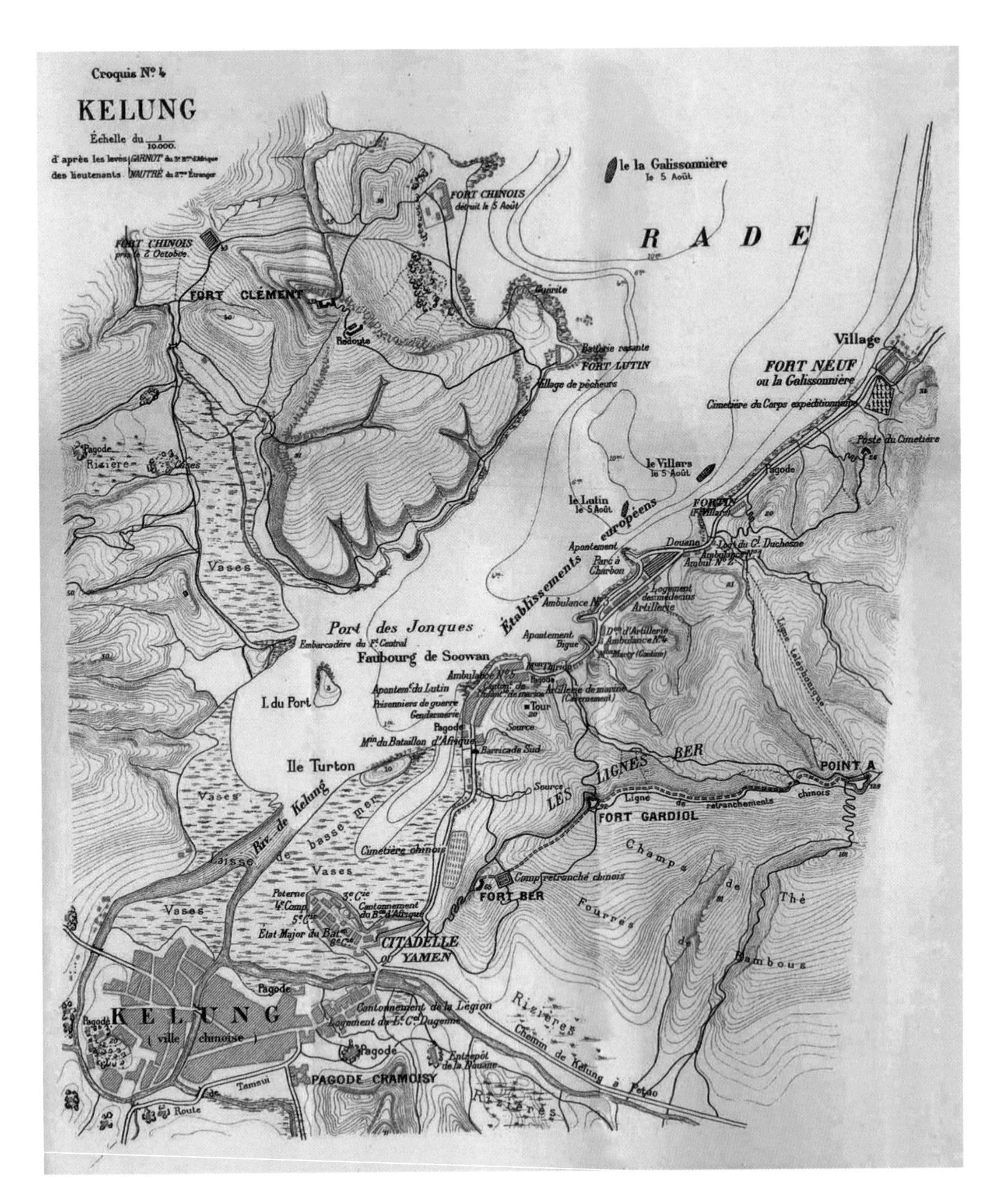

圖9.10《1884年8月5日攻擊基隆圖》

圖中可以看到河口兩岸清楚地標註守軍的各個砲台的位置，和河口中的法艦位置。圖縱54公分，橫46公分，現藏法國國家圖書館。

林裡，還有砲位和大砲供人參觀；現在這裡叫「海門天險」風景區。由於當時「新砲台」與「小砲台」所配置火力不足，很多砲射程較短，沒能對法艦形成威脅；反而被小砲台腳下兩艘法艦，圖上標註為「VILLARS」（費勒斯）和「LUTIN」（魯汀）定點轟擊，僅一小時，兩個砲台就被摧毀。

九月二十七日，清法馬江之戰的賠償談判破裂，法國海軍部下令遠東艦隊主力攻佔基隆。九月二十九日下午四時，法艦膽號（Tarn）、德拉克號、魯汀號和巴雅號（Bayabd）四艦接到孤拔的命令，從馬祖向基隆進發；孤拔帶領五艘軍艦抵達基隆外海，與原已停泊的六艘法艦會合。

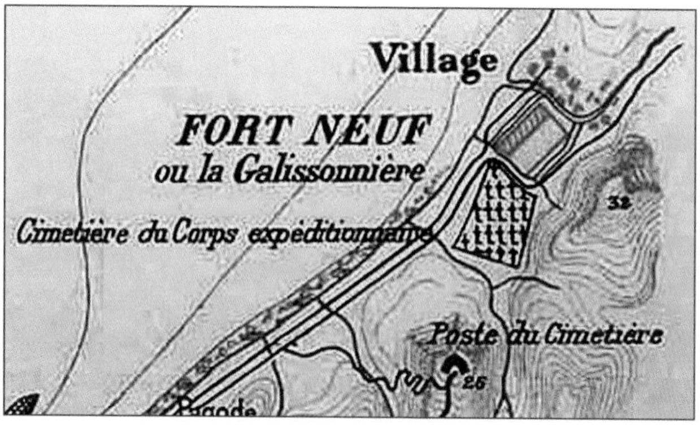

圖9.10局部放大圖1

河口東岸清楚地標註曾配有克虜伯大砲的「Fort Neuf」（新砲台）與配有滑膛砲的「小砲台」（Fortin，Fort Villars）。

十月一日，法艦分兩路進攻：法國遠東艦隊總司令孤拔率十艦攻基隆，利士比率四艦進攻滬尾（今台北淡水）。這天早上，攻打基隆的法艦巴雅號首先向基隆河口西岸的獅球嶺開砲，法軍登陸部隊在艦砲的掩護下，向西岸仙洞山海岸發起登陸衝擊。從這幅圖的左邊可以看到在河口的西岸標註了兩個砲台，左上標註的「Fort chinois」（中國砲台）即後來的白米甕砲台，它的下方標註的是「Fort Lutin」（仙洞鼻砲台），山頂標註的是「Fort Cl'ement」（仙洞山砲台）。如今山下的仙洞鼻砲台、中國砲台和山頂上的仙洞山砲台已消失，山上尚存此役後建的白米甕砲台遺址。仙洞山下的海面上標註的法軍「la Galissonniere」（拉加利桑尼亞號）鐵甲艦。守軍血戰失利，仙洞山遂為法軍佔領。在靠近基隆城

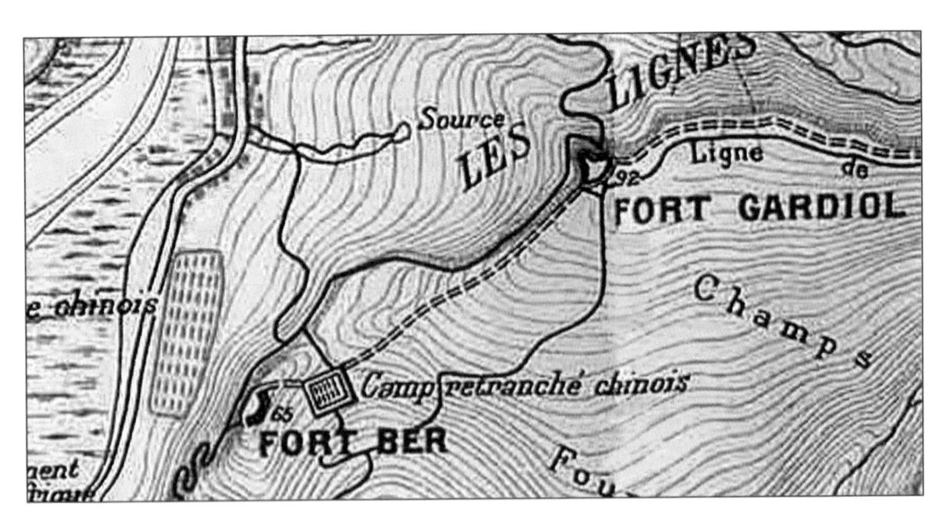

圖9.10局部放大圖2

地圖上繪有「Fort Gardiol」（小基隆砲台一）和「Fort Ber」（小基隆砲台二）是後期守軍退守的陣地，今基隆中正公園一帶。

圖9.11《法軍佔領基隆港》

原刊於1885年清法戰爭時期出版的法國《畫報》，畫面記錄了法軍佔領後的基隆港，海面平靜，軍艦落帆停泊在岸邊，兩岸砲台已不再開砲，法軍正用小汽船清理海面上水雷。

的小基隆山上，法國地圖上繪有砲台兩座，法圖標為「Fort Gardiol」（小基隆砲台一）和「Fort Ber」（小基隆砲台二）是後期守軍退守的陣地，今基隆中正公園一帶。

兩岸砲台盡失，劉銘傳棄守基隆，以滬尾失則台北危為由，率主力連夜往援滬尾。從這幅紀實版畫《法軍佔領基隆港》（圖9.11）來看，畫面顯示，法軍已完全控制基隆港，海面平靜，軍艦落帆停泊在岸邊，兩岸砲台已不再開砲，法軍正用小汽船清理海面上水雷。

雖然，法軍佔領了基隆南岸，但北岸清軍仍與法軍隔河對峙，更重要的是此地煤礦早被劉銘傳摧毀，法軍實際上，只得到一座毫無價值的空城。法軍無論是在燃料上還是戰事上，都沒在基隆得到預想的成果。

滬尾大捷

〰《一八八四年十月八日攻擊淡水圖》〰約一八八五年繪
〰《法艦砲擊滬尾草圖》〰一八八四年繪
〰《滬尾形勢》〰一八八四年繪
〰《砥柱中流》〰一八八四年繪

法軍攻打淡水的戰略意圖自然是攻佔台北，加重與清廷談判的籌碼。淡水古名滬尾，因是河海相交之門戶，故名。它與基隆分別位於台北的東北角和西北角，呈犄角之態。從滬尾海口沿河上溯三十公里，即可到達台北，所以滬尾有台北門戶之稱。早在十七世紀，西班牙人與荷蘭人都曾在此河口建造要塞，即台灣人所說的「紅毛城」。一六八三年鄭氏降清以後，紅毛城廢棄。一八五一年清政府簽下「五口通商」條約，一八六〇年後基隆、滬尾、安平、打狗四個港口，相繼闢為通商口岸，滬尾成為當時台灣的第一大口岸。

一八八四年十月一日，法國遠東艦隊總司令孤拔率十艘法艦攻基隆之時，副總司令利士比率四艘法艦開赴滬尾，艦隊到達滬尾海面，即向岸上發送旗語「二十四小時後砲擊滬尾」。

一八八四年十月二日上午六點三十分，法軍與滬尾守軍開始對轟，雙方激戰十三小時，晚上收兵。次日，法軍派小艇進入河口排除水雷，水雷爆炸，法軍放棄進入河口。法軍遠東艦隊副總司令利士比，只好將進攻計劃延後，等待總司令孤拔的援兵。攻下基隆的孤拔，隨後即派杜居士路因號、雷諾堡號和膽號三艦增援滬尾。

這幅法軍繪製的《一八八四年十月八日攻擊淡水圖》（圖9.12）描繪了增援艦隊到達後，在海上排出的新戰鬥序列，圖左側由北至南排列的戰艦為：「Chateau－Renault」（雷諾堡）、「d'Estaing」（德斯丹）、「Tarn」（膽）、「Triomphante」（凱旋）、「Duguay－Trouin」（杜居士路因）、「la Galissonniere」（拉加利桑尼亞）、「Vipere」（腹蛇）——共七艘法國軍艦。法軍戰艦於十月四日開始全面砲轟滬尾，但十月五日，狂風大作，氣候惡劣，法軍不得不把登陸日期延至十月八日。

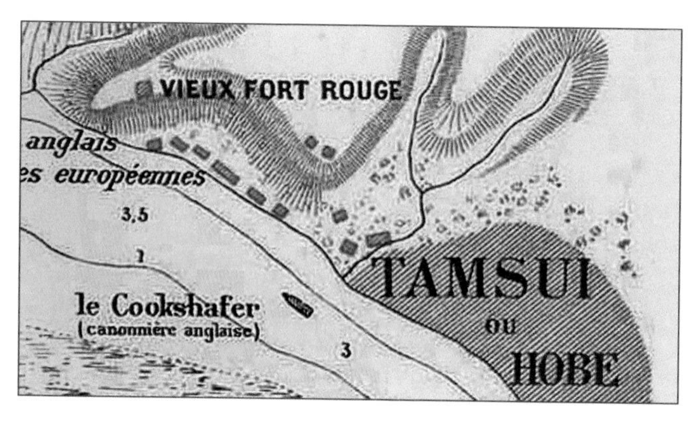

圖9.12局部放大圖1

圖中「VIEUS FORT ROUGE」紅砲台，即今紅毛城和「TAMSUI、HOBE」淡水及滬尾，今淡水老街一帶。

《一八八四年十月八日攻擊淡水圖》反映的就是這天的戰況。十月八日上午九點，法軍七艘戰　對沙崙砲台和油車口砲台再次轟擊，在強大火力掩護下，法軍六百人分為五個連隊，每人帶一日口糧、十六包彈藥，分兩路搶灘登陸。在此圖的河口東岸可見守軍設下的三座砲台。法軍在圖的右下方從左至右分別標註了「Barrage」（攔河壩）、「FORT BLANC」（白砲台，即中崙砲台）、「VIEUS FORT ROUGE」（紅砲台，今紅毛城）和背後的「FORT NEUF」（新砲台，即油車口砲台）及「TAMSUI、HOBE」（淡水及滬尾）鎮。這幾個砲台，早在法軍第一天的砲擊中，就全都被炸毀。

這幅由法軍手繪的《法艦砲擊滬尾草圖》（圖9.13）描繪

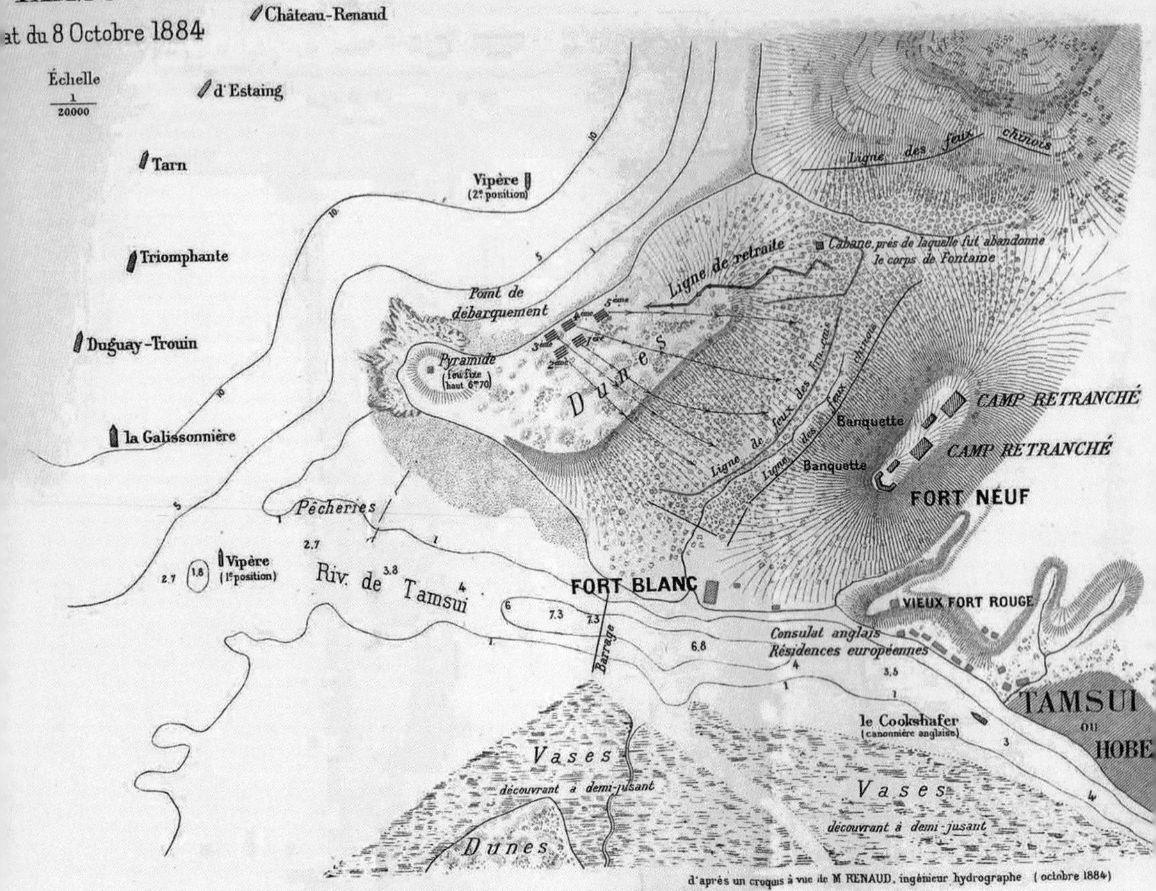

圖9.12《1884年10月8日攻擊淡水圖》

描繪了增援艦隊到達後，法軍在海上排出的新戰鬥序列，畫中有7艘法國軍艦。圖縱42公分，橫54公分，現藏法國國家圖書館。

的也是當時的法軍戰陣。圖下方由右至左分別標註著戰艦名稱：「la Galissonniere」、（拉加利桑尼亞）、「d'Estaing」（德斯丹）、「Triomphante」（凱旋），及最左邊僅有九門砲的小船「Vipere」（腹蛇）。法國遠東艦隊共有五艘鐵甲艦，開至滬尾的拉加利桑尼亞號和凱旋號是其中的兩艘，皆為四千六百四十五噸的鐵甲戰艦。

此圖上方用垂直線註明了岸上的防禦陣

圖9.13《法艦砲擊滬尾草圖》

是一幅手繪圖，它描繪的應是當時的戰陣，圖的下方由右至左標註了對應的戰艦名「la Galissonniere」（拉加利桑尼亞）、「d'Estaing」（德斯丹）、「Triomphante」（凱旋），最左邊的小船是僅有九門砲的「Vipere」（腹蛇）。現藏台灣古地圖史料文物協會。

地，左上山坡上冒煙的地方，為滬尾守軍的「砲台」。中央河口處是法軍到達滬尾之前，守軍按劉銘傳命令在滬尾「口門」沉下一隊滿載巨石的民船和電發火魚雷組成的「攔河壩」，以阻止法軍溯河進入滬尾，進而入侵台北。從繪圖手法上看，此圖與前邊的地圖繪製內容大同小異。

清法滬尾之戰，法軍畫下了精準的軍事地圖，守軍也少有地繪出了對陣之圖。當年的《點石齋畫報》就曾刊出一幅《滬尾形勢》（圖9.14）。報導稱此畫依據「台灣擢勝營友遞來滬尾地圖」繪製。「擢勝營」是由湖南慈利人孫開華率領一支湘軍，當時正奉劉銘傳之命守衛滬尾。此圖雖不如軍事地圖精確，但圖中繪有方位坐標，還有重要的文字註記，使對陣形

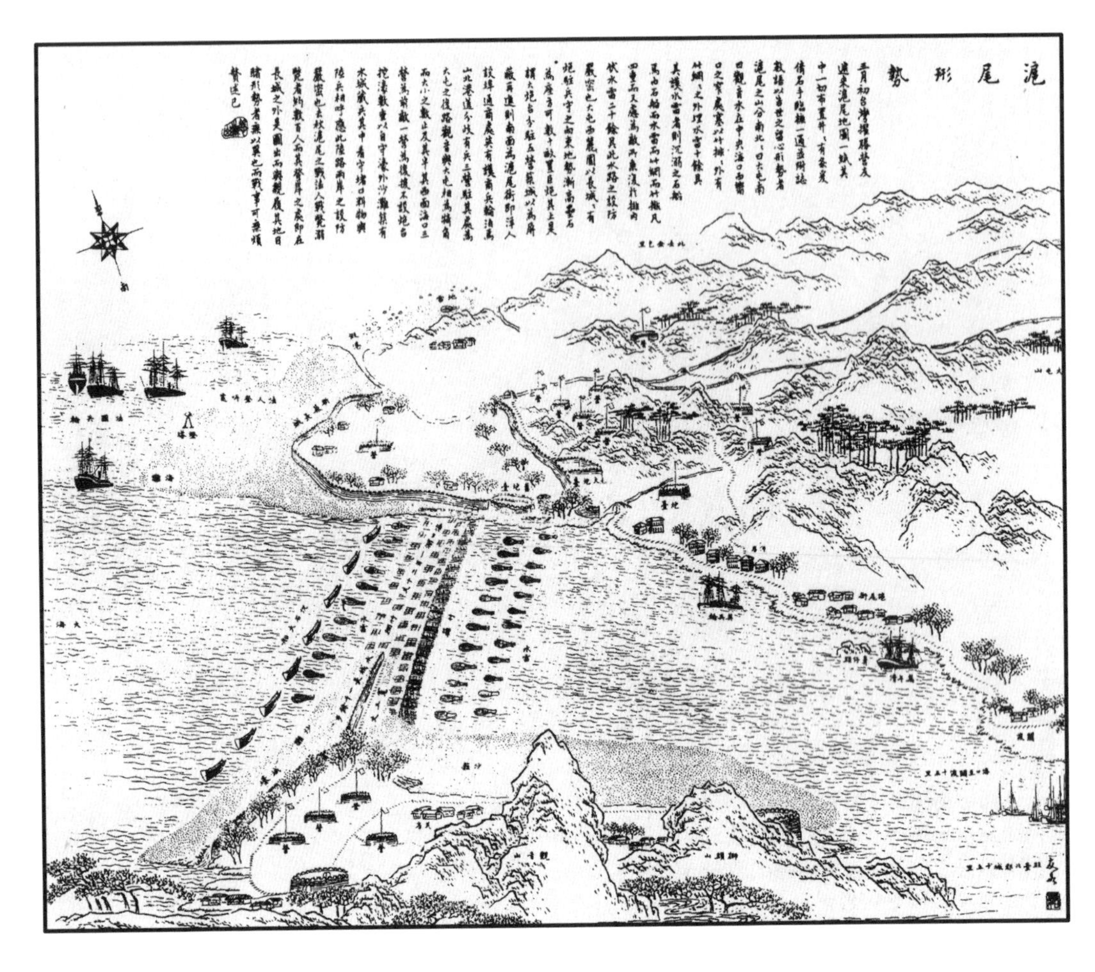

圖9.14《滬尾形勢》

原載《點石齋畫報》。此圖是根據「台灣擢勝營友遞來滬尾地圖」而繪製的圖畫報導。此圖雖不如軍事地圖精確，但圖中有方位坐標，還有重要的文字註記，使對陣形勢生動可感。

勢生動可感。圖左側為法軍十月八日的登陸點沙崙海岸，海岸上繪出了戰前築起的「新築長城」。在它的後邊是建於一八七六年的沙崙砲台，圖中註記為「舊砲台」，此砲台在滬尾開戰前，緊急整修，尚未完工。在圖中「沉石大船」和「水雷」組成的攔河壩右側，可見一艘「英兵輪」。一八六七年英國與清廷訂立滬尾「紅毛城永久租約」，英

圖9.15《砥柱中流》

原載《點石齋畫報》。圖中描繪保衛滬尾的孫庚堂軍門知道海戰不是法國人的對手，便誘敵上岸，在陸上設伏，大敗法軍的場景。

領事館辦事處就設在紅毛城內，所以這裡有「英兵船」駐泊，岸邊小樓為英國人建的新洋樓。前些年，筆者到淡水考察時，那三座用廈門紅磚修建的英國洋樓仍在，現闢為淡水古蹟博物館。博物館院子裡，擺了不少古砲，但清法交戰的戰場並不在這裡，而在山腳下的沙崙海灘與河口。

法軍憑藉七艘軍艦猛烈砲火，很快炸毀了守軍的砲台，隨後從沙崙海灘登陸。

當年出版的《點石齋畫報》的圖畫報導《砥柱中流》（圖9.15），描繪了提督孫開華設計擊退登陸法軍的戰事。報導云：孫賡堂（孫開華）知海戰不如法軍，故「誘令登岸，出偏師迎擊之」。

他在沙崙砲台和油車口砲台設下伏兵，當法軍從沙崙海灘登陸後，即在山林中以三千清軍伏擊之。此圖根據前一幅《滬尾形勢》圖繪製，地形描述沒變，重點在岸上畫出兩軍開槍互射的戰鬥場景。由於守軍熟悉地形，且兵力數倍於法軍，法軍登陸小連隊很快就抵擋不住了。下午一時，在法國艦砲掩護下，登陸法軍撤上接應艇，退回到海口外。

根據法國方面的統計：此役法軍陣亡九人，失蹤八人，傷亡四十九人；根據劉銘傳向朝廷的奏報：此役共斬敵首二十五顆，其中軍官兩名，槍斃約三百名。中國史書上稱此戰為「滬尾大捷」或「淡水大捷」。現在，淡水的油車口砲台（當時的新砲臺，今相對於滬尾砲台稱為舊砲臺，實際上位於滬尾砲台東方一百五十公尺處）和劉銘傳後修築的滬尾砲台（一八九〇年完工），開闢為滬尾砲台公園。

法軍連續七天反覆進攻滬尾，最後以失敗告終。滬尾戰敗後，法軍自認已無力攻佔台灣北部，遂改變策略，轉而封鎖台灣海岸線。從一八八四年十月二十三日起，法軍全面封鎖了台灣海域。

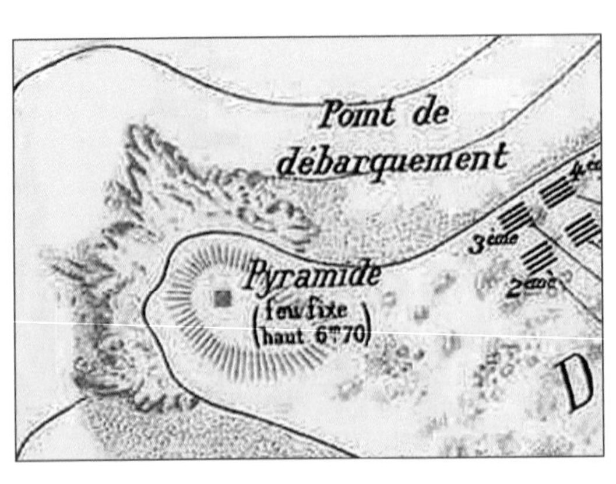

圖9.12局部放大圖2

當法軍從沙崙海灘登陸後，即在山林中以三千清軍伏擊。由於守軍熟悉地形，且兵力數倍於法軍，法軍登陸小連隊很快就抵擋不住了。下午一時，在法國艦砲掩護下，登陸法軍撤上接應艇，退回到海口外。

鎮海抗法

〰《吳得勝圖》〰一八八五年繪

法國遠東艦隊攻佔台灣計劃中，並沒有攻打鎮海的計劃，它完全是法艦封鎖台灣海面過程中衍生出來的一場隨性而為的阻擊與追逃的小型戰役，但在清國則表現為一場大獲全勝的鎮海保衛戰。

一八八四年十月一日法軍攻打基隆，八日攻打滬尾，在這兩個戰場上，法軍都沒佔到什麼便宜。攻佔滬尾失利後，法軍又一次攻打基隆，但基隆久攻不下，無奈之下，法國遠東艦隊從十月二十三日起，宣佈封鎖台灣海峽，阻斷南北海運及閩台聯繫。

清廷為打破封鎖，解台灣之圍，令南、北洋水師抽調軍艦增援台灣。一八八四年十一月二十日，北洋水師管帶林泰曾、鄧世昌率超勇、揚威二艦抵達南洋水師基地上海吳淞口。南洋水師派出鐵甲巡洋艦南琛、南瑞，巡洋艦開濟，砲艦澄慶、馭遠五艦。這七艘軍艦組成的艦隊，由南洋水師提督銜總兵吳安康任統帥，以開濟號為旗艦。

這幅《點石齋畫報》在基隆開戰後，為告知百姓當下海防現狀而刊登的新聞調查插畫報導《吳淞形勢》（圖9.16），雖然畫面記錄不能與增援台灣的艦隊完全相對應，但它真實記錄了吳淞口南洋水師當時的軍事準備情況。畫面上繪出了南琛、南瑞、常成、策電、開濟、澄慶、登瀛洲、靖遠、測海等九艘南洋水師艦船。背景除了繪出吳淞口北砲台和連接寶山的新築土城外，還繪出了漂在水上的「活動砲

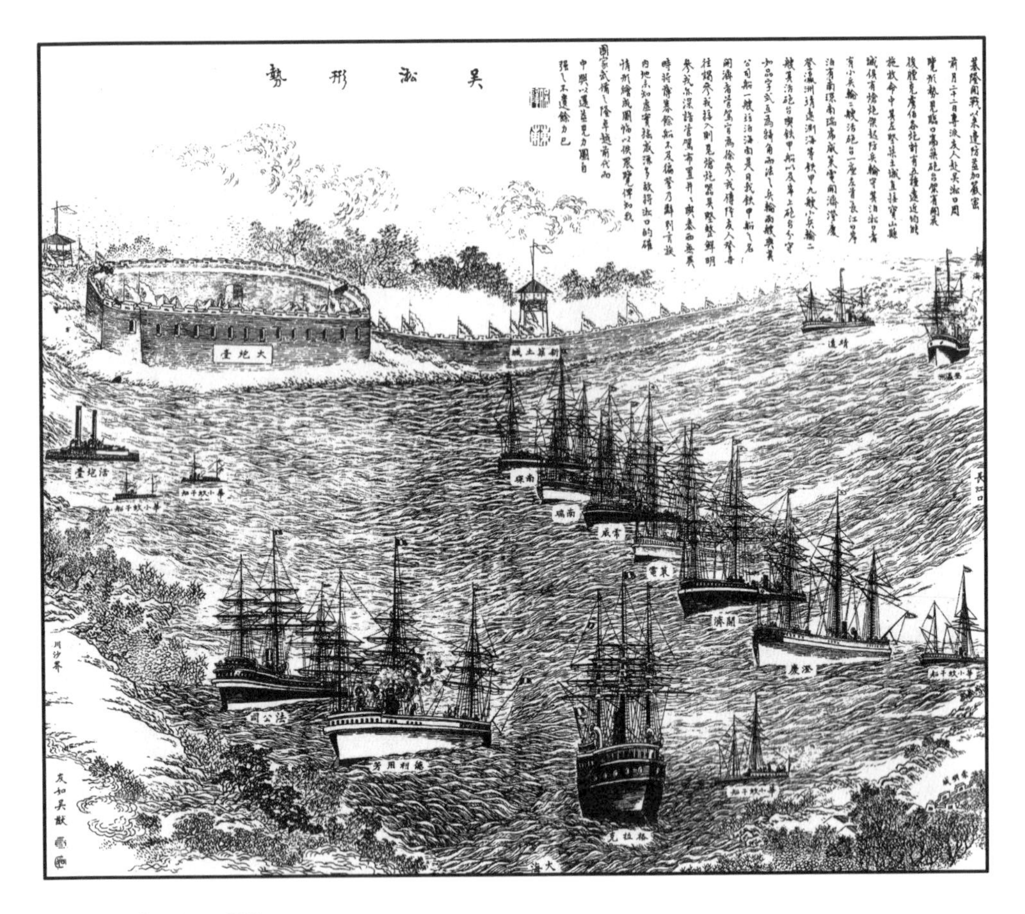

圖9.16《吳淞形勢》

原載於1884年的《點石齋畫報》，它真實記錄了法軍侵台時，吳淞口南洋水師的軍事準備情況，背景為吳淞口北砲台和連接寶山的新築土城，岸邊還停泊著法國公司的商船和兩艘法國軍艦。

台」。值得注意的是，清法已宣戰，基隆已開戰，但岸邊還停泊著法國公司的商船和兩艘法國軍艦，大清水師竟然與之安然相處，不知這是中國式「仁義」，還是畏戰「恐法」。

正當增援台灣的艦隊集結吳淞口，準備赴台之際，十二月四日，朝鮮突發內亂，日本藉清法交戰，無暇東顧之際，派兵協助朝鮮開化黨人政變，囚禁了朝鮮國王。清廷為控制朝鮮局勢，急令在吳淞口的北洋水師超勇、揚威二艦開赴朝鮮。南下援台的艦隊只剩下南洋水師五艘艦船。

一八八五年一月十八日，在清廷的一再催促下，準備了近兩個月的南洋水師增援艦隊才從吳淞口起錨南下台灣。這一消息傳到法國艦隊後，法國艦隊司令孤拔決定不等中國艦隊到達台灣海面，二月七日，即率旗艦巴雅、凱旋、尼埃利、德斯丹等七艘軍艦從福建沿海的馬祖澳出發，北上攔截。本應火速增援台灣的南洋水師在海上用牛車一樣的速度走了二十多天，才從上海走到浙江石浦檀頭山海域。二月十三日，法國艦隊在這裡發現了南洋水師艦隊，南洋水師五艦也發現了法國艦隊，總兵吳安康即率開濟、南琛、南瑞三艘巡洋艦加大馬力逃往鎮海。澄慶、馭遠兩個小砲艦，航速較慢，躲入附近的石浦灣。孤拔下令封鎖石浦港，並派魚雷艇攻擊澄慶、馭遠二艦。經過二月十五日（大年初一）一場夜戰後，發現南洋水師的馭遠、澄慶二艦自沉在海港中，船上官兵不見蹤影。增援台灣的行動，就這樣被法軍輕鬆擊退。

一八八五年二月二十七日，南洋水師的開濟、南琛、南瑞三艦逃入鎮海港；法國遠東艦隊的巴雅、凱旋、尼埃利、達拉克四艦，一路追擊到達鎮海口外；一心想消滅南洋艦隊的孤拔，下令封鎖鎮海港——鎮海戰役就這樣開打了。

法艦侵擾東南沿海以來，浙江巡撫劉秉璋，積極督兵備戰，加強海防工事。在甬江入海口共建有九座砲台，砲台皆依山而建，有緊挨外海的，也有從山頂居高臨下的，也有在內河守衛的，參差錯落，構築起立體防禦體系。清艦入港後，即封鎖鎮海江口，築長牆，釘叢樁，鋪電線，清間諜。浙江提督歐陽利見坐鎮金雞山，提督楊岐珍駐北岸招寶山，嚴陣以待。

從這幅《浙江鎮海得勝圖》（圖9.17）上，可以看清楚當時的清法對陣形式。圖左是法國的四艘軍艦，河道中央的一艘法艦應是尼埃利號，它被擊中冒煙，後退出戰場。圖右下方繪有逃入鎮海的開濟、

圖9.17《浙東鎮海得勝圖》

繪於1885年，佚名繪，紙本彩繪，全圖共12幅，圖幅不等，這裡選登的是第一幅，即總圖，可以看清楚當時的清法對陣形勢。

南琛、南瑞三艘南洋水師的巡洋艦，同時還有兩艘原來就駐守這裡的超武、元凱二艦。圖上還有一艘寶順輪，它是寧波商人以七萬兩白銀向英國購買的中國第一艘新式輪船。可惜的是鎮海開戰時，寶順輪被徵調參戰，自沉於鎮海口，以堵塞航道。所以，畫面上它停在攔江柵欄之中。此圖下方，為北岸招寶山的威遠、定遠等砲台，飄揚著「楊」字帥旗的新砲台為提督楊岐珍的指揮部所在。此圖上方，為南岸金雞山諸砲台。主砲台上飄揚的「歐陽」戰旗，表明浙江提督歐陽利見在此督戰。

一八八五年三月一日上午，法軍汽艇駛入鎮海口偵察，逃入港內的南洋水師開濟、南琛、南瑞開砲攻擊法艦，法艦尼埃利號接連中彈，遭到重創，被迫退出戰場。其他三艘法國軍艦只得後退下錨。此圖左上方，為退後的三艘法艦。

清軍初戰告捷後，為防法國魚雷艇偷襲，南洋三艦統帥吳安康派出三艘舢板，各裝一門格林砲，在鎮海口外徹夜巡邏。三月二日晚八時，法國魚雷艇果然前來偷襲，遭到巡邏舢板的痛擊，狼狽逃出。三日，法艦再次來犯，尚未接近江口，即遭招寶山和金雞山砲台以及清艦砲火猛轟。此後，法國艦隊無計可施，只得每日在港外游弋，直至清法停戰，再未敢入侵鎮海。

由於這是清軍少有的「勝利」，所以，有許多表現這場戰鬥的畫卷傳世。其中，較為著名的有繪於一八八五年的十二幅紙本彩繪《浙東鎮海得勝圖》，收於浙江古代地圖集；有繪於一八八六年的長一公尺七十五公分的紙本彩繪卷軸《浙江鎮海口海防佈置戰守情形總圖》，現藏北京大學圖書館；有大約繪於一八八七年的《招寶山砲台圖冊》，現藏於寧波鎮海海防歷史紀念館。這些畫卷成為再現這段歷史的最形象的史料，彌足珍貴。

澎湖進退

〰《一八八五年三月二十九日、三十日、三十一日攻佔澎湖圖》〰約一八八五年繪

法軍攻佔淡水失敗後，再度集中攻擊基隆。一八八五年一月，法軍大批增兵到達基隆，大清守軍腹背受敵，退守基隆河南岸，兩軍隔河對峙，並將封鎖線由台灣南端南岬（今屏東縣鵝鑾鼻）延伸至東北部的烏石鼻（今宜蘭縣頭城鎮烏石港）；同時，請求法國政府派遣陸戰部隊前來增援。

一八八五年三月十四日，為擺脫在基隆進退維谷的困境，法國政府停止增援基隆戰事，命令孤拔攻佔澎湖。這幅《一八八五年三月二十九日、三十日、三十一日攻佔澎湖圖》（圖9.18）反映的是此間澎湖戰事：一八八五年三月二十九日，孤拔率領遠東艦隊八艘戰艦進攻澎湖媽宮城（今稱馬公），即圖中央用法文標註的「MAKUNG」（媽宮），這裡在當時和現在都是澎湖列島的中心。在媽宮城的金龜山上，守軍築有砲台，圖中註記為「Fort du Nord」（北砲台，即金龜山砲台），它的左側標註為「Barrage」（攔河壩），對岸蛇頭山的尖角處標註為「Fort du Sud」（南砲台）和「Fort Dutch」（紅毛砲台）這兩個砲台始建於一六二二年是當年荷蘭人所建。在蛇頭山西邊孤島上的為四角仔要塞，即圖上註記的「I Plate」，清軍將領梁景夫守在這裡。

圖9.18《1885年3月29日、30日、31日攻佔澎湖圖》

主要記錄29日法國艦隊的戰陣。圖中央媽宮海面，從北向南標註了「Duchaffault」（杜沙佛號）、「Bayabd」（巴雅號）、「Trlomphante」（凱旋號）和「d'Estalng」（德斯丹號）。圖縱54公分，橫34公分，現藏法國國家圖書館。

Croquis N° 10

LES PESCADORES

(Mouillages intérieurs & Ile Ponghou.)

Échelle $\frac{1}{60.000}$

Équidistance : 15^m

Sommets Nord
Pointe Pehoë
ILE PEHOË
Pointe Niu
Baie Niu-kung
Sable et corail
ILE TRIANGLE
Mamelle
Pointe Fish
Village
Baie de Tatsang
Canal des Pescadores
ILE FISHER
I. TATSANG
Corail
Petite Ile
Pointe Rhan
Baie de Tampi
I. TAMPI
Pointe Sycee
Sable Vase
XAÏ-PA
I. du Projectile
TAÏ-WAN-XOA
PORT PONGHOU
Pointe Mung
Rocher noir
le Duchaffaut (le 29)
Pyramide
TANG-HOC
TAÏ-WAN
ILE PONGHOU
Pointe Siau
le Bayard (le 29)
SIAUCHI
TACHI
Baie de Siauchi
Baie de Tachi
Fort Bayard ou Bie Siauchi
Pointe Litsitah
Fort du Nord
Camp
MAKUNG
AMO
Fortin de Tao-Xa-Pa
Fort du Sud ou Ft Dutch
I. Plate
Observatoire
Batterie
la Triomphante (le 29)
Baie de Makung
Pointe blanche
la Vipère (le 31)
Bivouac du 30 mars
SIOU-KOUÏ-KANG
I. Dôme
Ilot Vipère
la Vipère (le 30 à 11h)
KISAMBOUE
Retranchements défendant la plage
le d'Estaing (le 28)
Bivouac du 29 mars
Sommet Dôme
Village Y
le d'Estaing
Point de débarquement du 29 mars
Départ de la colonne le 30 à 2 heures
Baie du Dôme
l'Annamite (le 28)
Village X
Ilot Table
Pointe Hou
Pointe Pong

Marche de la colonne
Lignes de défense chinoises
Compagnie } en colonne
Bataillon } en colonne

Légende

de 0 à 5^m | de 5 à 10^m | de 10 à 20 | au-dessous de 20

Opérations des 29, 30, 31 mars 1885

D'après la carte marine de MM. { ROLLET DE L'ISLE Ingénieur hydrographe / D'ANDREZEL & LINKENHELT aspirants de 1re classe } 1886.

et le croquis de M. GAULTIER Capitaine adjudant-major au 2e d'Infanterie de marine } 1885

此圖名為《一八八五年三月二十九日、三十日、三十一日攻佔澎湖圖》，但主要記錄的是二十九日這天法艦的海上戰陣。在圖中央的媽宮海面，從北向南標註了「Duchaffault」（杜沙佛號）巡洋艦、「Bayabd」（巴雅號）法國遠東艦隊中最大的五千九百噸的鐵甲艦、「Trlomphante」（凱旋號）法國遠東艦隊中第二大的四千六百四十五噸的鐵甲艦，還有「d'Estalng」（德斯丹號）巡洋艦。

雖然清軍在澎湖有多個砲台，但其砲火遠不及法國軍艦上的火力強大，所以，雙方對轟了兩天後，戰至三月三十一日，四角仔砲台等外圍砲台就被完全炸毀，法軍順利登陸澎湖。另一路由蒔裡登島，守將周善祈等分兵抗拒，前仆後繼，死傷殆盡，也於前幾日失守，澎湖徹底淪陷。

但剛剛登陸澎湖的法軍，卻接到了準備撤退的命令。原來，在越南戰場上，清軍取得了鎮南關大捷。一八八五年三月三十日，法軍在鎮南關戰敗的消息傳到法國，引起國內政壇震盪，法總理茹費理被迫下台，內閣否決了向中國戰場追加軍費的議案。四月十四日，法國政府單方面宣佈停戰，命令孤拔解除對台封鎖。清法兩國，陸海兩路，各自一勝一負。

應當說《中法新約》的簽訂，雙方都有「乘亂求和」之意，大清利用法國人當時的困境，以最小的代價遏制了法國入侵的危機，算是清廷外交上難得的勝利。「條約」承認法國為越南的保護國，法軍撤出澎、台，並解除中國海面的封鎖。

俗稱「西仔反」的清法戰爭台灣戰事，歷經十個月的血雨腥風，就這樣落幕了。清廷在戰後宣佈建立台灣省，命劉銘傳以福建巡撫的身份兼任首任台灣巡撫。

「打死、打傷孤拔」之謎

〰《法酋孤拔》〰一八八五年繪

〰《旗艦巴雅號載運孤拔遺體離開澎湖媽宮港》〰一八八五年繪

清法戰爭中，特別值得一提的是「打死孤拔」之公案。孤拔是清法戰爭中法軍最高指揮官，如果打死他，那無疑是清國的巨大的勝利。或許，清軍太想打死這個法國遠東艦隊總司令，所以，馬江戰役一結束，就有孤拔被長門大砲擊中的報導；接著，法艦圍攻鎮江，又傳出招寶山大砲，擊中法艦，打傷孤拔的說法；最後，孤拔死於澎湖，台灣守軍沒說，是台灣人打死孤拔；至今，馬江與鎮江，各執一詞，皆認為是自己打死或打傷了孤拔。但回溯那段歷史，大清守軍大砲擊中或打死孤拔之說，都十分可疑。

孤拔第一次「被打傷」或「被打死」是一八八四年八月下旬的馬江海戰。

當時的民間出版的畫報《點石齋畫報》中插畫報導《法酋孤拔》（圖9.19）稱孤拔：「擾我邊垂，馬江之役，其殘忍幾無人理，果其中炮身亡」。

當時的民間出版的戰報《福州戰報之羅星塔大捷》稱：中法兵在羅星塔開仗，第一天，打沉法艦三隻，中國兵船沉五隻，第二天，「打沉法人坐駕船一隻，哥拔利死焉」。實際上，法國艦隊在羅星塔下全殲清軍戰艦後，用了三天時間，沿江道向海口穩步撤離，一路用四千六百四十五噸的重形鐵甲艦「凱旋號」和三千四百七十九噸的「杜居士路因號」二等巡洋艦的重型艦砲，從身後擊毀沿岸不能調轉砲位的清軍砲台，順利撤至海口外。

此時，在海口處，還有法國四千六百四十五噸鐵甲艦「拉加利桑尼亞號」在此接應。所謂，擊中法軍旗艦的長門砲台，早已被完全摧毀。所以，說是這個砲台的主砲擊中了法國旗艦窩達爾號，艦隊司令孤拔在砲擊中受傷，幾乎沒有可能。法軍當年繪製的《法國艦隊砲擊閩江沿岸砲台圖》是很好的證明。

但至今中國官方出版物仍這樣表述：「旗艦『揚武號』迅速而準確地用尾砲回擊法艦『伏爾他號』（即窩爾達號），第一發就命中艦橋，擊斃法軍六名，據稱孤拔也受了傷」，「這一天，正是法國艦隊順閩江口撤出馬尾港，遭到中國海岸砲台阻擊，法國遠東艦隊司令孤拔就是在這次戰鬥中喪命」等等，忽而是羅星塔擊傷，忽而是馬江海口喪命。

孤拔第二次「被擊傷」是一八八五年三月初的鎮海口海戰。

據法國孤拔所部軍官嘉圖（Eugène Germain Garnot）著《法軍侵台始末》載，馬江之戰兩個月後，孤拔即指揮十月的進犯台灣的戰鬥。翌年三月，又率艦隊圍追南洋水師，攻打了鎮海。所以，至少是馬江之戰「打死」、「打傷」這位法軍侵華最高統帥，沒有什麼說服力。所以，通常人們都採取孤拔是在鎮海口招寶山被海岸砲擊傷後斃命之說。如《辭海》（一九八九年版）、陳旭麓等主編《中國近代史辭典》孤拔條目均稱，「一八八五年三月侵擾浙江鎮海，被擊傷。六月死於澎湖」。

簡單算來，一個孤拔，一場戰役，竟有五種「擊傷」、「打死」孤拔的說法：一是歐陽利見在金雞山砲台「利見督台艦兵縱砲擊之。法主將坐船被傷……事後知主將孤拔於是役殞焉」，此說出自《清史稿．歐陽利見傳》，其實，浙江提督歐陽利見坐鎮金雞山，孤拔之艦根本不在他的砲火射程之內。二是游擊銜守備周玉泉在鎮海口虎蹲砲台發砲打死孤拔，但鎮海口海開戰時，僅招寶山、金雞山、泥灣道和小港口等處築有砲台，並沒在虎蹲山設砲台；三是周茂訓在招寶山發砲還擊法艦，擊中孤拔；四是招寶山守備吳傑「親自開砲，擊中法艦」炸斷桅桿，砸傷孤拔；五是王立堂副將，四月九日「潛運後膛車輪砲八尊，伏置於南岸清泉嶺下，四更後突然發砲，「法國侵華艦隊司令孤拔，身受重傷。於六月死於澎湖」，事實上，法方記載只斷兩根桅索，無一人負傷。三月底，孤拔到澎湖開戰，怎麼會在此時中彈。

縱觀五種說法，除了打擊對象孤拔是相同的，其他，時間不同，地點不同，人物不同，連擊中的是不是孤拔所在的旗艦，也說法不同。這一切，說明大家皆在搶功，都拿不出令人信服的實證，以至，這些自相矛盾的說法流傳至今。

圖9.19《法酋孤拔》

當時出版的《點石齋畫報》中插畫報導《法酋孤拔》稱孤拔：「擾我邊垂，馬江之役，其殘忍幾無人理，果其中炮身亡」。

孤拔第三次「被擊傷後死亡」是一八八五年三月底的澎湖海戰。

一八八五年三月十四日，為擺脫在法軍在基隆進退維谷的困境，法國政府停止增援基隆戰事，命令孤拔率艦隊攻佔澎湖。法國艦隊經過三天的攻打，於三月三十一日全面佔領澎湖。但剛剛登陸澎湖的法軍，卻接到了準備撤退的命令。原來，在越南戰場上，法軍在鎮南關戰敗的消息傳回法國，引起國內政壇震盪，法總理茹費理被迫下台，內閣否決了向中國戰場追加軍費的議案。四月十四日，法國政府單方面宣佈停戰，命令孤拔解除對台封鎖。四月到六月三個月間，法軍在澎湖沒有打仗，但島上流行瘴疫，卻令法軍大量減員。據法國方面記載，此間，法軍因病死亡九百九十七人。就在《中法新約》簽定的第二天，即一八八五年六月十一日，法國遠東艦隊總司令孤拔，也因瘴疫死在停泊於澎湖媽宮港的法艦巴雅號上。

當時出版的《點石齋畫報》中插畫報導相對準確一些，報導稱孤拔「澎湖忽得痰症，今年舊疾復作」，插畫上可見註記：「孤拔係法國阿卑未里人，生於泰西一千八百二十七年六月二十六號，年幼時赴兵部學堂肄業，越二年棄學始登兵船，習練水師為小兵官焉，一千八百五十六年擢為大兵官，始入中國既而赴古巴查辦事件，一千八百七十三年法廷命以管理海防諸事，旋即升為總督官赴任加利馬宜亞地方，一千八百八十年九月，轉水師副提督，及法國有事東京（河內），遂派往越南辦理水師，法國以大寶星賞之嗣，迷祿將軍抵東京乃捨東京而至中國，去年攻福建之澎湖忽得痰症，今年舊疾復作，至六月二十一號，電傳中法和議已定在津畫押之信，即於是晚卒於澎湖水師舟次，嗚呼，馬江一役說者謂孤拔中砲身亡之迄今猶存疑案云」。

孤拔死後，李士卑斯代理法國遠東艦隊司令一職，在基隆交換俘虜後，於六月二十一日撤離基隆，八月四日完全撤離澎湖。這幅《旗艦巴雅號載運孤拔遺體離開澎湖媽宮港》（圖9.20）記錄了法國侵略軍離開澎湖的重要一刻。「巴雅號」是法國遠東艦隊中最大的五千九百噸的鐵甲艦，也是這次歸航的旗艦。畫面上寵大的軍艦並沒有升帆，而是靠蒸汽動力緩緩駛離澎湖媽宮港，背景是媽宮港上的媽祖廟的建築。此畫原刊於法國畫刊《*Le Monde illustre*》。

從各方的史料看，孤拔應是瘴疫而死。說孤拔在侵犯中國諸海口，被多次擊傷而後斃命，實在缺少史實支持。

今澎湖馬公有孤拔墓園，埋有他的頭髮。他的遺體運回法國，曾受到英雄式的哀悼。這之中，法國艦隊一筆名皮爾羅狄（日後他寫的《冰島漁夫》，獲諾貝爾文學獎）的軍官，為孤拔寫的悼詞深入人心：「我不曾看過水兵執著武器流淚，在此參加儀隊的水兵卻靜靜地哭泣著。這小小的禮堂是非常樸素的，這小小的黑色罩布也是非常樸素的，但當這位中將的遺體運回法國時，毫無疑問，大家會準備一個比這裡、這謫居的海灣輝煌萬倍的喪儀。可是人家可以給他做出什麼，能為他造出什麼比這些眼淚更美的東西呢……」悼詞感動了當時的法國人，也為孤拔樹立了「民族英雄」的形象。

圖9.20《旗艦巴雅號載運孤拔遺體離開澎湖媽宮港》

記錄了法軍離開澎湖的重要一刻，「巴雅號」是法國遠東艦隊中最大的5900噸的鐵甲艦，是攻打鎮海與澎湖的旗艦，也是這次載運孤拔遺體歸航的旗艦。

10 清日海戰

引言：從「黑船開國」到海上擴張

〈《黑船來航》一八五四年繪〉

日本人從島上望過來，朝鮮是進軍清國的跳板；清國人從大陸看過去，朝鮮是抗倭的前哨；在如此對峙之下，朝鮮半島的烽煙，遲早要被點燃。

大明海禁之日，恰是世界勃興大航海之時。西風東漸，西人東進，直接影響了漢唐以來一直以中國為師的日本。領略了葡萄牙海上擴張的日本幕府（一五四三年葡萄牙人初登日本，並教會了日本人使用和製造火繩槍），把軍事擴張確立為新國策。一五九二年，豐臣秀吉曾小試牛刀，派兵攻佔朝鮮，萬曆皇帝派四萬大明軍隊入朝參戰，擊退了日本入侵。

豐臣秀吉之後，日本進入了德川幕府時代，從此開始了二百年的閉關鎖國，直到一八五三年七月八日，美國東印度艦隊司令馬修·佩里（Matthew C. Perry）乘「密西西比號」（Mississippi）從美國來到珠江口與美國東印度艦隊會合後，在琉球由「薩斯奎哈納號」（Susquehanna）蒸汽巡洋艦為旗艦、風帆戰艦「普利茅斯號」（Plymouth）、「薩拉托加號」（Saratoga）以及補給船組成的艦隊，帶了五噸清國銅錢，來到日本要求通商。日本人推託說，等等再談，一八五四年二月十一日，佩里率七艘軍艦再次「訪日」。日本被迫與美國簽署《日美親善條約》，終結了日本的鎖國時代。由於佩里的戰艦多是黑色的，日本因此稱此事為「黑船事件」，也叫「黑船來航」、「黑船開國」。在當年美國「黑船」登陸的地方（今橫須賀公園），日本樹了一座紀念碑，上面有首相伊藤博文的手書「北米合衆國水師提督培理上陸紀念碑」，以此標示和紀念日本開埠。

明治天皇睦仁一八六八年登基後，實行變法，志在海外擴張。一八七四年，日本以「牡丹社事件（一八七一年琉球商船遇颱風漂至台灣，五十多船員被牡丹社原著民殺害）」為由公然派出五艘軍艦，三千多人，在恆春登陸，入侵台灣。清廷派沈葆楨、日意格等統率伏波、安瀾、飛雲等艦，前往台灣驅逐日軍。經英國公使調停，清日簽訂了《台事專約》。大清承認日軍出兵是「保民義舉」；賠償日本銀五十萬兩；日軍撤出台灣，日本藉此中止了清朝與琉球間的藩屬關係。一八七九年，日本將最後一位琉球國王尚泰移居東京，置琉球為沖繩縣。這是日本明治維新後第一次發動侵略戰爭，即輕鬆拿下了琉球。

奪取琉球為日本海上擴張壯了膽，接下來的目標即是朝鮮。一八八四年日本策動朝鮮親日的「開化黨」政變，推翻了朝鮮保守派政權。在清廷幫助下，朝鮮保守派奪回了執政權。日本因國力不足，暫時放棄了與清國抗衡。但卻由此開始「速節冗費，趕添海軍」擴軍準備。此時的清廷對時局也有認識，一方面加緊控制朝鮮，另一方面，加緊擴軍備戰。於是，清日分頭到歐洲採購戰艦，總體上講，兩國軍艦差異並不很大。不同的是，兩國的海軍經營：大清海軍在甲午前，分為北洋、南洋、福建和廣東四支水師艦隊，四大艦隊不相隸屬，沒有統一指揮。其中，北洋水師實力最為強大，卻由一個從太平軍降清的

淮軍陸將丁汝昌擔任艦隊司令。

日本海軍在甲午前，實施海軍改革，海軍重組，即統一整編為聯合艦隊，由伊東佑亨海軍中將擔任聯合艦隊司令。聯合艦隊分為：本隊第一小隊、第二小隊、第一游擊隊和第二游擊隊。

日本不僅在海軍佈局上早有經略，在情報戰上也遠勝大清。早在一八八六年，日本樂善堂漢口分店就已有三百名日諜。一八九三年日本間諜本部次長川上六次進入清國考察兵要地志，完成了戰前的地圖預案。李鴻章的外甥天津軍津總辦張士行的秘書劉棻被日本間諜收買，出賣了大清高昇號運兵船赴朝鮮的出航日期和大批軍事情報。日本甚至破譯了清國外交密碼，而清廷整個戰爭又從未改過密碼，連最後談判的底線，也早被日方掌握。

清日海上必有一戰，雙方都看清了；清日大戰的導火線必是朝鮮，雙方也看清了；開戰的時間節點，是由歷史選定——一八九四年（農曆甲

圖10.0《黑船來航》

記錄了1854年佩里第二次登陸日本時的場景。美國的七艘軍艦，一條補給船，泊在江戶灣橫濱附近。日本幕府在橫濱與美國簽訂了《日美親善條約》。此後，英國、俄國、荷蘭等西方列強都與日本簽訂了「親善條約」。日本開國，幕藩體制解體。日本崛起，對亞洲格局產生了巨大影響。

午年）；但戰爭的結果，日本人沒料到一定會勝，卻勝了；大清沒料到一定會敗，卻敗了。

甲午戰後，日本躍升為亞洲第一強國。

還有一件事不得不提。在東亞海戰之際，美國學者馬漢給世界提出了一個總結過去，並影響未來的答案：一八九〇年美國出版了他的《海權對歷史之影響：一六六〇～一八七三》，此後又接連出版了《海權對法國革命和法帝國的影響：一七九三～一八一二》和《海權與一八一二年戰爭的聯繫》，馬漢的這三本書構成了「海權論」三部曲。

世界由此進入海權時代。

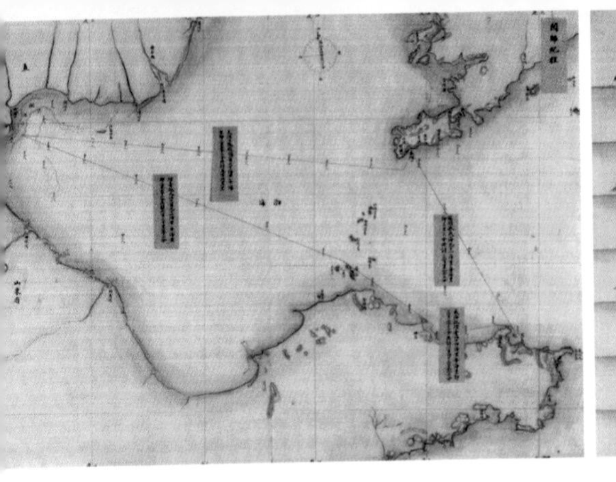

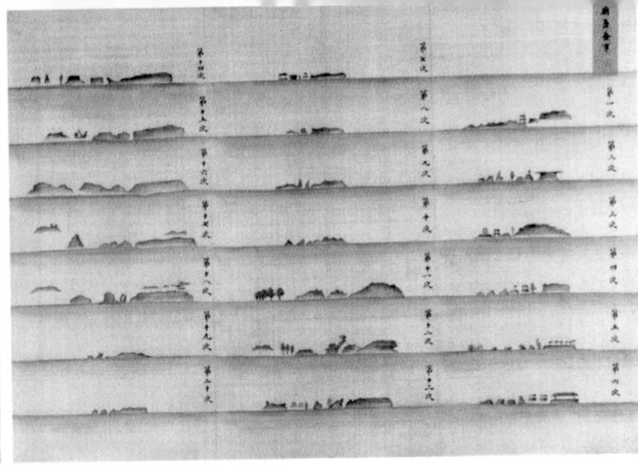

北洋海防

《渤海閱師圖》約一八九四年繪

慈禧在一八八五年剛好五十歲，作為女人已算個小老太太，作為一個政治家恰是深謀遠慮的好年歲。此時的慈禧，根本顧不上遠慮，近憂就夠她盤算的了：十年前，導致日本人攻打台灣的「牡丹社事件」，令大清失去了對琉球的控制；洋務派的「海防」之論，由此壓倒「塞防」，大清始建南、北洋水師；一年前，法國人僅用半個小時就把福建水師堵在馬尾港裡「滅門」；海防危機，再逼京師，情急之下，慈禧親裡選親，令光緒生父醇親王奕　「總理海軍事務」，醇親王即成立了「總理海軍事務衙門」，光緒一朝這才貌似有了海軍總部和海軍總司令，有了統一指揮。

大清海軍分為三洋水師：北洋水師負責渤海與黃海；南洋水師負責東海；福建船政水師、廣東水師負責南海。

一八七九年，南方建立福建船政水師之時，清廷命直隸總督、北洋大臣李鴻章積極創設北洋水師。一八七九年李鴻章向英國訂造蒸汽動力包有鋼板的巡洋艦，購揚威、超勇兩艦；次年，又向德國訂造蒸汽鐵甲艦定遠、鎮遠兩艦。一八八一年，先後選定在旅順和威海兩地修建海軍基地。幾年之間，北洋有了

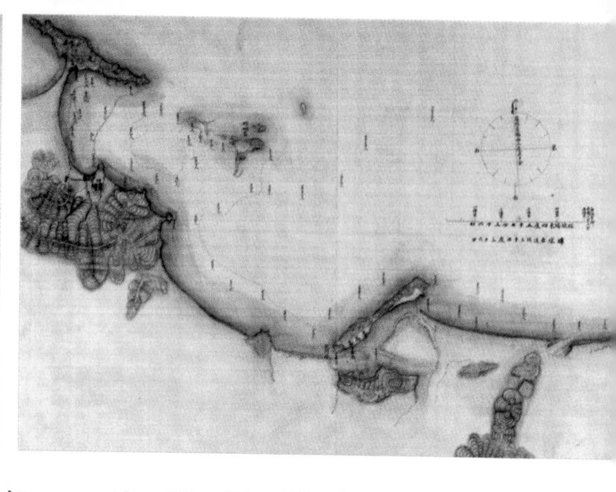

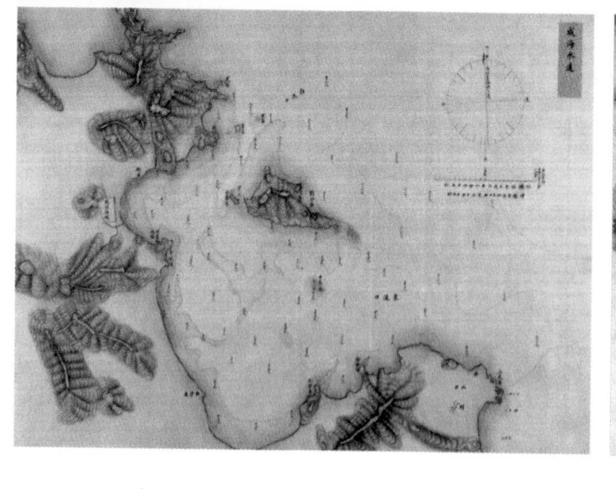

艦，又有了港，水師已初具規模。此時，李鴻章曾放言「就渤海門戶而言，已有深固不搖之勢」。

根據北洋水師的閱操制度，艦隊「每年由北洋大臣閱操一次」、「每逾三年，由總理海軍事務衙門請詣特派大臣會同北洋大臣出海校閱一次」。依此規制，一八八四年～一八九四年，北洋海軍共舉行了四次閱操。其中規模最大的軍演，即第四次，也是最後一次閱操，時間是一八九四年五月。此時，朝鮮半島上，融合儒釋道三教一體的東學黨之亂已於年初爆發，清日介入朝鮮的火藥味已依稀可辨。

一八九四年五月的這次閱操，歷時十八天，總理海軍事務衙門共調集了南北洋二十一艘軍艦，是大清海軍空前的全面海上軍演。由於茲事體大，所以，留下了清宮畫工所繪的這套《渤海閱師圖》（圖10.1）。此冊頁絹本設色，每開縱四十公分，橫五十七公分，共有十幅圖，依次命名為：《廟島蜃市》、《閱師紀程》、《之罘形勢》、《威海水道》、《威海船操》、《旅順水操》、《海軍佈陣》、《兵船懸彩》、《煙台大會》、《登州振旅》。現由北京故宮博物院收藏的這個大型冊頁，即真實再現了那一次海上大閱操，也顯露出大清閱師的華而不實之處。這個軍演冊頁的第一圖，不畫排兵佈陣，卻畫《廟島蜃市》，似暗喻此閱師，不過是一場遊戲，一場夢。廟島即長山列島，多有蜃市奇景。在第二圖《閱師紀程》上，詳註了李鴻章此次閱操的航線與航

程：大沽口至旅順，一百七十海哩；旅順至威海，九十一海哩；威海至煙台，四十四海哩；煙台至大沽口，一百九十一海哩。在第三幅《之罘形勢》和第四幅《威海水道》上，還細繪了海岸線與水深，岸上高山用等高線進行描繪。應當說，此時大清繪製海圖的水平有所提高，圖上繪有指北針，實線描繪航線。

從第五圖《威海船操》、第六圖《旅順水操》第七圖《海軍佈陣》來看，此次軍演陣容龐大，提督丁汝昌率北洋水師之定遠、鎮遠、濟遠、靖遠、經遠、來遠、超勇、揚威等主力艦；記名總兵余雄飛所率廣東艦隊之廣甲、廣乙、廣丙三艦。記名提督袁九皋，總兵徐化隆率南洋水師分隊之南端、南琛、鏡清、保民、開濟、寰泰六艘兵艦；共同組成龐大的聯合艦隊共同閱操，場面蔚為壯觀。

第八圖《兵船懸彩》描繪的是升掛滿旗的旗艦「定遠」艦。可以看出北洋水師已經採用提督旗和諸將旗了。艦前桅頂端升掛的是五色立錨提督旗，其五色順序自上而下分別為：黑、白、紅、黃、藍，而艦尾桅桿和艦首旗桿上，升掛的則是三角青龍黃旗。

有點軍事常識的都應知道，軍演不是團體操，是有目的性，有假想敵的。但在第九圖《煙台大會》上，看到這場港口裡的演練，圖左是「英國兵船十隻」，圖右是「法國兵船五隻」。英、法並沒有參與兩個月後的甲午海戰，而與大清開戰的日本，卻沒在軍演中成為假想敵。顯見大清對日本海軍的攻擊，

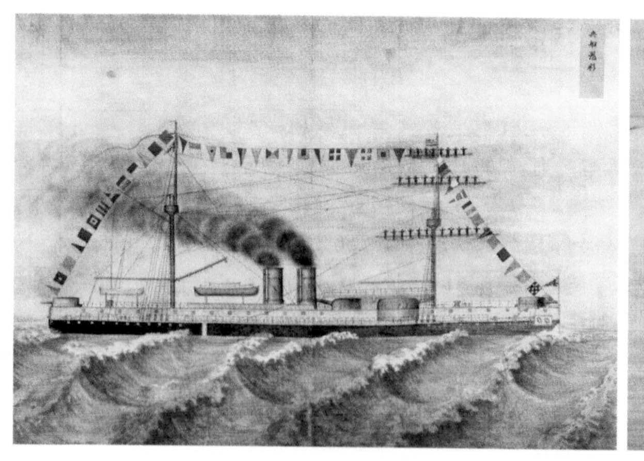

估計不足。而此時「一衣帶水」的日本，正圖謀朝鮮，覬覦中國。華美冊頁的最後一幅為《登州振旅》圖，大清艦隊排成一字縱隊，自蓬萊凱旋。如此浮誇之師，會將圖畫變成現實嗎？

甲午戰後，定遠艦槍砲大副沈壽坤反思北洋水師閱操說：黃海海戰中北洋艦隊未能「開隊分擊」，因為「平時操練未經講求，所以臨時胸無把握耳」，「……平

圖10.1《渤海閱師圖》

是清宮畫工所繪的紀實冊頁，絹本設色，每幅縱40cm，橫57cm，共十幅圖，依次命名為：《廟島蜃市》、《閱師紀程》、《之罘形勢》、《威海水道》、《威海船操》、《旅順水操》、《海軍佈陣》、《兵船懸彩》、《煙台大會》、《登州振旅》。此畫現藏北京故宮博物院。

日操演砲靶、雷靶，唯船動而靶不動，兵勇練慣，及臨敵時命中自難」。北洋水師沒有真正的軍演，只是按照《海軍大閱章程》程式進行表演。

一八九四年五月的北洋閱操剛過兩個月，一場現代化的海上戰爭——甲午海戰爆發了——北洋水師的花架子，如夢一樣在現實中垮塌……

豐島海戰

〰《韓國豐島海戰圖》〰 一八九四年繪

甲午海戰並非一場戰鬥，而是發生在黃海上的三場戰役；其一是「豐島海戰」，其二是「黃海大戰」，其三是「威海衛保衛戰」。

一八九四年（農曆甲午年），走向花甲之年的慈禧，一心籌辦她的六十大壽；舉國上下則忙著營造「喜慶氣氛」；圖謀朝鮮的日本就選在此時「豐島海戰」開戰了。

這年七月初，李鴻章得到俄方不想介入朝鮮之爭，只能「友誼」勸日本退兵的消息，依靠俄國調停的希望破滅。他深知對日開戰，大清是「陸軍無將，海軍諸將無才」，但事已至此，只好做應戰的準備。

北洋水師完成在威海軍港的集結後，僱佣英國商船仁愛、飛鯨、高昇三船，開始從大沽口向朝鮮仁川南部的牙山港運兵；同時，從威海派出濟遠、廣乙兩艘巡洋艦，護送運兵船赴朝鮮南端鎮壓全州興起的東學黨之亂。

在大清出兵朝鮮之時，日本也以保護僑民和使館為藉口，先後運送一萬步兵在仁川港登陸。一八九四年七月二十三日，日軍突襲漢城王宮，挾持保守派高宗和閔妃，扶植了以金弘集為首的激進派親日政府，唆使他「委託」日軍驅逐清兵。同時，日本將常備艦隊與西海艦隊整合為「聯合艦隊」，由原常備艦隊司令伊東中將任聯合艦隊司令（大清艦隊直到被徹底打敗，也沒成立統一的海軍部隊，北洋、南洋、福建、廣東四個水師各自為戰），出海阻擊大清援朝兵船和護航戰艦。

七月二十五日四時，濟遠、廣乙二艦，協助飛鯨號在朝鮮牙山港卸下輜重後，留下木艦威遠，返航接應途中的運兵船高昇號。六時三十分，日本聯合艦隊第一游擊隊吉野、浪速、秋津洲三艦，與大清濟遠、廣乙二艦在豐島海面相遇。近八時，雙方近至三千公尺時，日艦先行發砲。廣乙艦連中數彈，迅速退出戰鬥，逃跑途中觸礁擱淺，眼看被日艦秋津洲追上，只好引爆自沉。

濟遠號在與吉野號和浪速丸號的對轟中，指揮台被毀，管帶方伯謙一邊掛白旗，一邊逃竄。全然不顧途中遇到的高昇號運兵船和送餉銀的操江艦。而操江艦一看比自己大的濟遠號都跑了，也調頭就跑。但航速僅九節的操江艦，很快就被日本的秋津洲號追上，操江艦降旗投降，連同船上的二十萬餉銀，一併被日艦擄走。最慘的是被大清僱用的英國商船高昇號被浪速丸號俘虜後，由於船上清兵拒絕被日艦擄走，日本浪速丸艦長東鄉平八郎下令以五側砲齊轟，在百餘公尺距離內將英國商船高昇號擊沉。

「豐島海戰」大清沒留下任何海戰地圖。

現在經常被中國學者引用的是當年日本《朝日新聞》上刊登的速描報導《日本速浪丸擊沉大清高昇號》，但這幅《韓國豐島海戰圖》（圖10.2），內容更為豐富。它不僅表繪了日本速浪丸擊沉大清高昇號，在高昇號後邊，還畫了掛白旗逃跑的清艦濟遠號。

此役，大清濟遠艦帶傷逃回；廣乙艦逃跑途中擱淺，自沉；操江艦逃跑途中，被俘；高昇號被浪速丸艦擊沉。日艦吉野號中三彈，中度傷；秋津洲號無損傷；浪速丸號，中一彈，輕傷。

李鴻章曾對丁汝昌說「人七分怕鬼」；他不知日本備戰之時，也是「鬼三分怕人」；但經此一役，日本海軍全然不怕擁有「堅船利砲」的大清，決意全殲北洋水師，奪取制海權。

圖10.2《韓國豐島海戰圖》

當年日本出版了大量的豐島海戰宣傳畫，此為其中的一幅，它不僅表現了日本速浪丸擊沉大清高昇號，在圖右側，高昇號後邊，還畫出了掛起白旗逃跑的方伯謙指揮的大清戰艦濟遠號。

甲午海戰的虛假戰報

〰《鴨綠江戰勝圖》〰一八九四年繪
〰《海戰捷音》〰一八九四年繪
〰《丁軍門水師恢復朝鮮》〰一八九四年繪

清日甲午海戰，大清上下無不關注，國內多家民營媒體爭相報導，但令人不解的是這樣重大的戰役，大清媒體上爆出的卻是《海戰捷音》、《小埠島倭艦摧沉》《丁軍門水師恢復朝鮮》、《鴨綠江戰勝圖》等一連串假新聞。

同一時期，《點石齋畫報》還刊登了另外一幅戰報《海戰捷音》（圖10.3），圖中北洋水師濟遠艦、廣乙艦在開砲，日本吉野艦上掛起清國龍旗乞降。圖上配文稱：「倭人不遵萬國公法，戰書未下而開兵……我艦統領方君（方伯謙），素嫻韜略，亦即開砲還擊，第一砲將倭艦將台擊去，第二砲又將船身擊穿……倭水師提督殲焉……倭兵官知不能敵，急高掛龍旗乞降，並懸白旗以求免擊。忽有倭艦三號衝波而至，遂將此艦救出，濟遠艦乃折回威海……廣乙艦力敵倭艦四艘，碎其一艘，擊傷三艘……」。

無獨有偶，當時的《上海新聞畫報》也以《小埠島倭艦摧沉》為題進行報導。畫面上幾艘日艦正下沉。圖上配文稱：「六月二十三日中國濟遠艦、廣乙艦等，在小埠島與日艦激戰，轟沉倭艦。」

事實是，濟遠艦掛白旗逃離豐島戰場；廣乙艦被日艦炸傷，退出戰鬥後，自炸沉沒；操江艦被日艦俘虜；大清所租英國高昇號運兵船被日本浪速丸艦擊沉；日艦吉野號等，無恙而歸……上海媒體為何會

圖10.3《海戰捷音》

畫面上北洋水師濟遠艦、廣乙艦在開砲，日本吉野艦上掛起清國龍旗乞降，這是個十足的假戰報、假新聞。

有這樣的假消息呢？

文獻表明，方伯謙的濟遠艦敗退到威海後，即在《航海日誌》中捏造戰果說，我「船後台開四砲，皆中其要處（濟遠確實擊中吉野艦一砲，但砲彈沒爆炸，僅穿一洞），擊死倭提督，並官弁數十人，彼知難以抵禦，故掛我國龍旗而奔」。此後，北洋水師提督丁汝昌竟然依此向朝廷「誤報」戰果。假戰報令朝廷上下，興奮不已。

甲午海戰時，一直以愚民政策為治國理念的清廷，並沒有認識到媒體的重要性，也沒有官辦媒體，新聞只在中外辦事機構間，以公文形式傳遞。此時，遠離北京的上海，受西方傳教士的影響，新聞傳媒已十分活躍。這些媒體並非官媒，多數是外國人投資或主編的民營傳媒。由於清廷本身並不發佈官方新聞，使得民間傳媒消息來源多以小道消息形式出現，其新聞真實性和時效性大打折扣。

大清甲午海戰的假新聞被上海的日本間諜看到，即刻傳回日本。清國戰敗已遭日軍蔑視，這種假報導更被日本媒體廣為恥笑。

豐島戰敗，北洋水師聲名掃地，上至光緒帝，下至文武百官皆稱海軍無能。為平息輿論壓力，從一八九四年七月底到八月初，丁汝昌三次親率北洋艦隊出港去朝鮮海域巡洋（七月二十七日、八月一日和八月十日），這幅當時刊行的民間新聞畫報導的《丁軍門水師恢復朝鮮》（圖10.4），說的就是北洋水師提督丁汝昌巡洋朝鮮這件事。

這幅版畫上面的文字報導說：「七月初五日，電報探悉，丁軍門都統鐵甲兵艦十二艘，天戈所指，日兵望風而避」，如此，恢復了被日本搞亂的朝鮮。報導得到消息的時間「七月初五日，電報探悉」，應是第二次巡洋（即八月二日，農曆七月初二）。

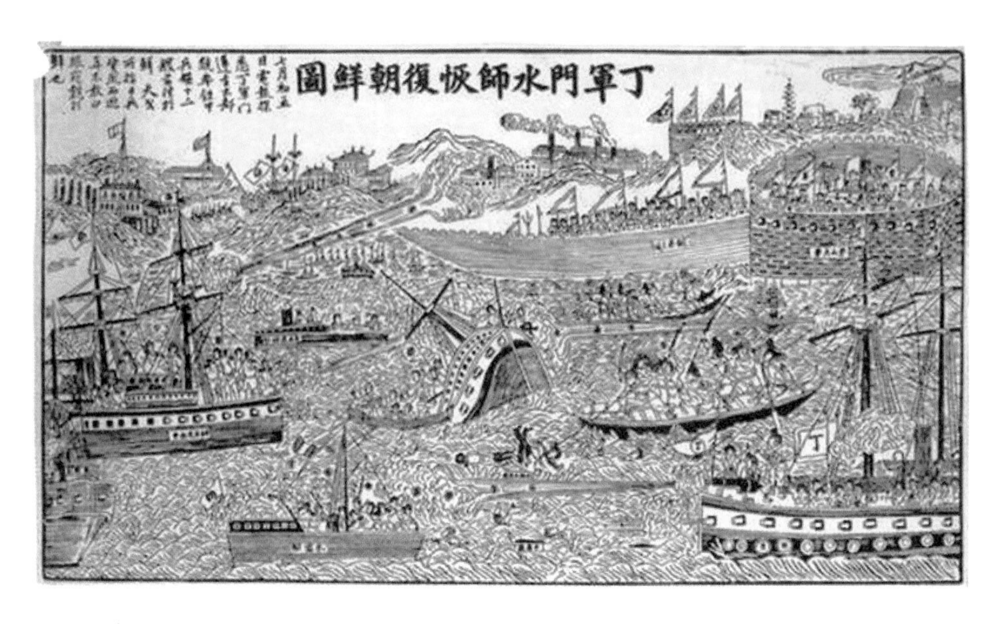

圖10.4《丁軍門水師恢復朝鮮》

是當時民間刊行的新聞版畫，報導北洋水師提督丁汝昌巡洋朝鮮，「丁軍門都統鐵甲兵艦十二艘，天戈所指，日兵望風而避」，如此，恢復了被日本搞亂的朝鮮。其實，丁軍門「巡洋」確有其事，但「恢復」則是胡說。

「巡洋」確有其事，但「恢復」則是胡說。一八九四年七月二十七日，丁汝昌第一次巡洋，率九艦往漢江洋面遊巡迎剿日軍。一未見到日艦；二未登島支援正在朝鮮苦戰的清軍；七月二十九日艦隊折回威海，對朝鮮戰事沒有任何幫助。

一八九四年八月一日，丁汝昌第二次巡洋，率六艦往朝鮮海面遊巡。這天清日兩國同時宣戰，次日李鴻章根據總理衙門指示，電令丁汝昌率艦速往仁川截擊日本運兵船。豐島一戰，北洋艦隊損失並不大，還是一支完全可以打仗的艦隊。但從李鴻章到丁汝昌，從來就沒把這支艦隊當作一支在海上殲敵的隊伍，只當是巡洋、護航、守口的艦隊，令艦隊完全失去它的戰鬥功能，令海軍失去了作戰意志。

這兩次巡洋，李鴻章都反覆強調「相機進退，保船為妥」；而「發現日本運兵船，即行截擊」，只是上報皇上的假話。因此，丁汝

圖10.5《鴨綠江戰勝圖》

其註記稱：我北洋海軍鎮遠、定遠等十艘兵艦，在鴨綠江的大東溝海面遭遇倭艦。我致遠艦管帶鄧世昌與敵艦同歸於盡，另有經遠艦被擊沉。我軍英勇反擊，擊沉倭艦四艘，擊傷三艘，其餘狼狽逃竄，士兵死傷不計其數。

昌三次巡洋，從未駛過北緯三十七度以南洋面；僅在漢城、仁川以北洋面巡視，躲避朝鮮南部的日本艦隊。對於北洋的巡洋艦隊為何沒有入港支援在朝鮮作戰的清軍，丁汝昌的理由是怕「碰雷，猝出魚雷艇四面抄襲，恐墮奸計……」，在牙山苦等接濟的葉志超部隊，只見丁汝昌率艦洋面巡遊，卻得不到任何支援。

所以，「恢復朝鮮」完全是癡人說夢，但國人卻信以為真，主戰情緒高漲；而事實是，就在一八九四年八月十日這一天，也就是丁汝昌第三次巡洋之日，日本聯合艦隊打到了威海衛門口……

此外，關於黃海大戰，上海著名的《點石齋畫報》當時刊登的戰報《鴨綠江戰勝圖》（圖10.5）稱：「我北洋海軍鎮遠、定遠等十艘兵艦，在鴨綠江的大東溝海面遭遇倭艦。我致遠艦管帶鄧世昌與敵艦同歸於盡，另有經遠艦被擊沉。我軍英勇反擊，擊沉倭艦四艘，擊傷三艘，其餘狼狽逃竄，士兵死傷不計其數。」

黃海海戰序曲

〰《第二海戰我艦隊攻擊威海衛》〰一八九四年繪

清日宣戰的第十天，丁汝昌率十艘戰艦第三次出巡。這一天，日本聯合艦隊司令長官伊東佑亨率領的二十一艘戰艦，從朝鮮西海岸南部的隔音島錨地開到了威海衛口外，為刺探北洋水師的軍事實力，伊東令聯合艦隊的二十一艘戰艦齊轟威海衛，劉公島砲台即與日艦對射。

這不是一場真正的戰役，只是一次火力偵察，但在日本為鼓舞士氣也大加報導，如一八九五年出版的《第二海戰我艦隊攻擊威海衛》（圖10.6）從圖名上即可看出，這一場戰鬥在日本方面被算作日清海戰的「第二海戰」，是接下來的黃海大戰的序曲。

此圖文字註記為：「八月十日晨三時，向敵清國海軍據點威海衛進發，得知灣內有敵艦數艘。敵艦曾敗於豐島，逃竄在渤海灣內。此時，威海各砲台得知我軍艦來襲，數十門大砲猛烈轟擊。我艦進退自如。敵艦命中。而我彈擊中砲台。擊垮多個砲台。艦隊悠然。於上午八時許完勝歸航」。從史料上看，這次日艦砲擊威海，北洋水師並無戰船出海應戰，這裡所說的擊中清艦，應是誇張之說。日艦砲擊威海衛後，因未發現港內有北洋艦隊主力，與岸上和島上的砲台進行短時間的火砲對射後撤離。次日清晨，日本聯合艦隊又來到旅順口，在口外巡遊，而後返航。完成了對北洋海防的初步考察。

巧的是，日艦走後，丁汝昌才率外出巡洋的艦隊返回威海。

日本艦隊砲擊威海衛，令北洋全線為之震動。李鴻章令丁汝昌速率艦隊回防。清廷也怕日本艦隊闖入渤海灣，命李鴻章嚴飭丁汝昌，速帶艦隊赴山海關一帶巡查，並警告說：「該提督此次統帶兵船出洋，未見寸功，若再遲回觀望，致令敵船肆擾畿疆，定必重治其罪。」於是，丁汝昌十三日率艦回到威海後，即趕添煤、水，次日又匆匆帶隊出巡渤海。兩國艦隊同時巡洋，一虛一實，目的不一樣，效果不一樣，結果也不一樣。黃海大戰在這樣的背景下打響，其勝負之果可想而知。

圖10.6《第二海戰我艦隊攻擊威海衛》

是1895年日本出版的海戰宣傳畫，從圖名上可以看出，在日本方面，這一仗已是算作清日海戰的「第二海戰」，它是黃海大戰鼓舞日軍士氣的序曲。

黃海海戰

〰《於黃海我軍大捷》〰一八九四年繪

〰《黃海海戰圖》〰一八九四年繪

〰《一八九四年九月十七日清日黃海交戰圖》〰一八九五年繪

對大清宣戰的日本，最初沒想好，是先攻北京，還是先奪遼東，或者山東？但有一點日本人想清楚了：取得黃海制海權，消滅北洋水師；而此時，北洋水師定下的卻是「保船制敵為要」之策；兩國就這樣以各自的策略繼續在朝鮮問題上較量。

北洋水師豐島戰敗，令朝鮮戰事更加緊張，清軍從漢城向北部敗退，集結於平壤一線。一八九四年九月十六日，北洋水師提督丁汝昌親率定遠、鎮遠兩鋼甲戰艦和來遠、靖遠、濟遠、平遠、經遠、致遠、揚威、超勇、廣甲、廣丙等巡洋艦，還有鎮中、鎮南等砲艦共十四艘戰艦，並配有四艘魚雷艇，如此龐大的艦隊護送大清運兵船至朝鮮戰場。九月十七日早晨，在平壤西南部的鴨綠江口完成護送運兵船任務的北洋艦隊，從大東溝返航。

不久前，在威海衛進行了火力偵察的日本聯合艦隊，這段時間一直在朝鮮西海岸海面搜尋可能來朝鮮護送運兵船的北洋艦隊。這天中午大東溝西邊的海面上，日本聯合艦隊與北洋艦隊狹路相逢——此時這片海域集中了清日兩國的全部主力戰艦——「黃海大戰（亦稱鴨綠江海戰、大東溝海戰）」，隨著一顆遠射砲彈的巨響，拉開戰幕。

圖10.7《於黃海我軍大捷》

是日本畫家當年繪製的一幅海報，此畫的主體是：西京丸砲艦發砲擊中大清定遠艦，右側標註「靖遠沉沒」、「定遠大火」、「鎮遠……」這些形象描繪可補海戰圖之不足。

這是一場改變近代中國命運的大海戰，也是自一八六六年義奧利薩海戰之後，世界海戰史上首次戰役級鐵甲艦隊的大海戰。但是，筆者遍查清代地圖資料，卻找不到一點中國人記錄這場海戰的海圖線索，如防禦圖、進攻圖、交戰圖……任何一種海戰圖都沒有；北洋水師留下的多是為戰敗進行辯護的文字報告。與之相反，大清的對手日本，不僅有大量「日本聯合艦隊大勝北洋水師」的宣傳畫，還有軍事級的由日本聯合艦隊整理出來的戰報地圖。

先來看看日本畫家當年繪製的黃海海戰海報《於黃海我軍大捷》（圖10.7），其形象描繪可補抽象的海戰圖之不足。此畫的主體是：西京丸砲艦發砲擊中大清定遠艦，右側標註「靖遠沉沒」、「定遠大火」、「鎮遠……」。西京丸原本

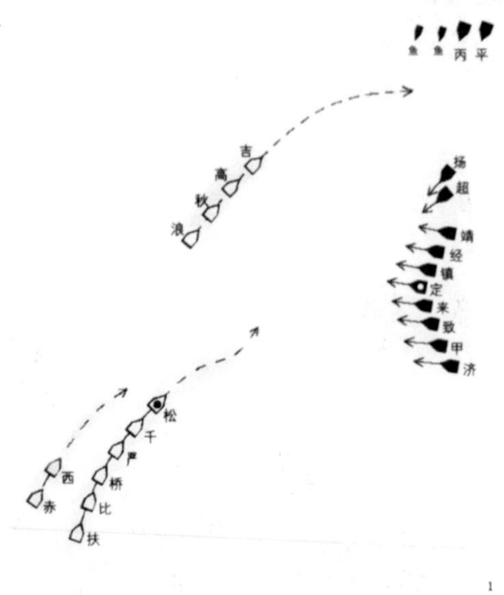

1

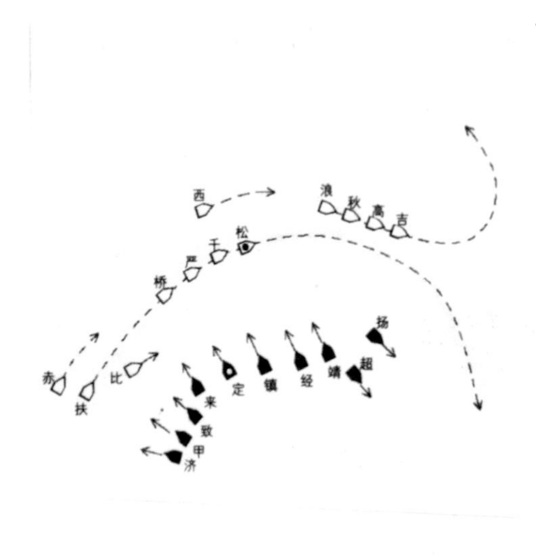

2

是日本一八八九年建造的商船，在甲午戰爭前，被匆匆改裝成代用巡洋艦投入到黃海海戰。畫左下角的日文說明的大意是：西京丸雖然被大清的數發砲彈擊中，船被打破，但仍頑強發砲，擊中了大清定遠艦。西京丸的指揮台上站立者標註為「樺山軍令部長」。畫面上還繪出其他日本參戰砲艦，從左至右分別為嚴島號、秋津洲號、扶桑號三艘戰艦。嚴島號是日本專為對付北洋水師的定遠、鎮遠而在法國定製的「三景戰艦」之一（另外「兩景」為松島號和橋立號）；秋津洲號是日本第一艘自建鋼製巡洋艦，一八九四年三月三十一日建成，接連參加了豐島海戰、黃海海戰；扶桑號是在英國訂造的巡洋艦。

接下來看看日本海軍的戰報圖。據史料記載，九月二十一日聯合艦隊司令伊東佑亨就寫出了黃海戰役的戰況報告，聯合艦隊至少整理出來三組黃海大戰的海戰圖，記錄了兩軍的戰術應用；這裡選擇其中一組《黃海海戰圖》（圖10.8），大體可以還原九月十七日的海上戰鬥。

圖一：十二點五十分，清艦橫陣接近，旗艦定遠六千公尺先行開砲，欲遠距離消滅日艦。日艦以單縱陣隊形向

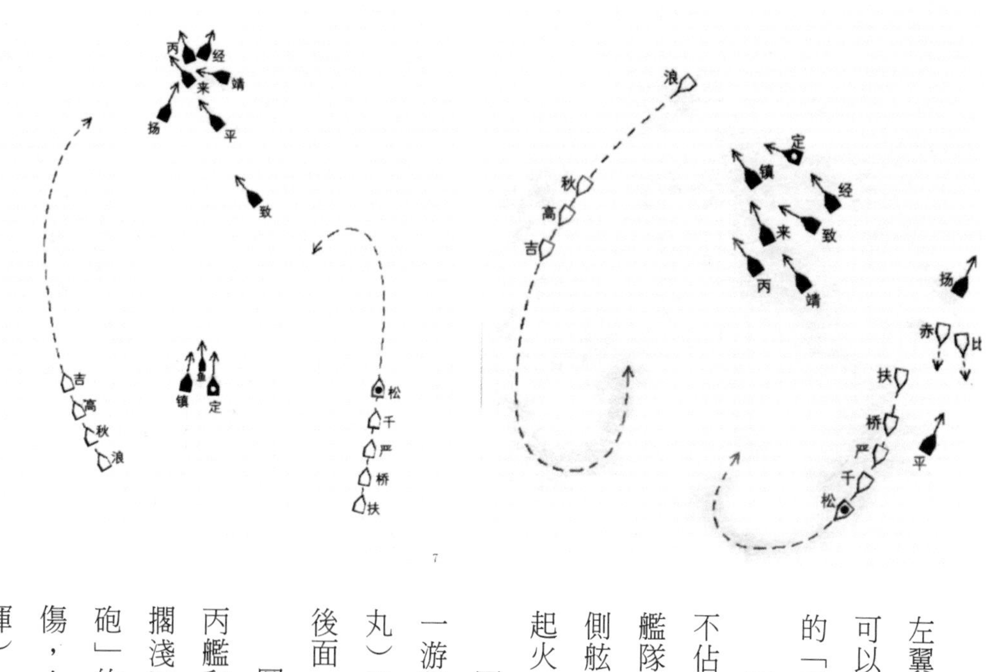

左翼橫切，吉野號率第一游擊隊向揚威號右側靠近。圖中可以看出，戰鬥之初，丁汝昌命令整個艦隊排出艦首對敵的「橫陣」。

圖二：十三點十五分，日本聯合艦隊自知遠距離對轟不佔優勢，冒著清艦的砲火，以「單縱陣」高速逼近北洋艦隊，本隊旗艦松島在距清艦三千公尺時開砲。日艦發揮側舷砲的速射優勢，狂轟清艦。清艦揚威號、超勇號中彈起火，脫離本隊。

圖中可以看出，北洋水師的「橫陣」被日艦衝散；第一游擊隊吉、高、秋、浪（吉野、高千秋、秋津洲、浪速丸）四艦利用快速優勢，繞攻北洋艦隊正面，本隊攻擊其後面。

圖三：十三點三十分，清艦超勇號沉沒，清平遠、廣丙艦和魚雷艇壓向第一游擊隊，揚威號獨自逃向北方，後擱淺沉沒。北洋艦隊本應發揮定遠、鎮遠二艦「堅船利砲」的優勢，組織好戰鬥隊形，但剛一開戰，丁汝昌即受傷，令艦隊失去統一指揮（戰前沒任命，可繼任的總指揮），北洋戰艦陣形全亂，或各艦自保、或逃脫。

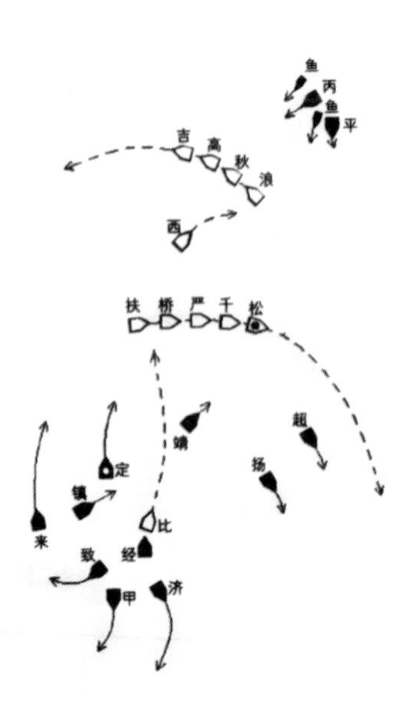

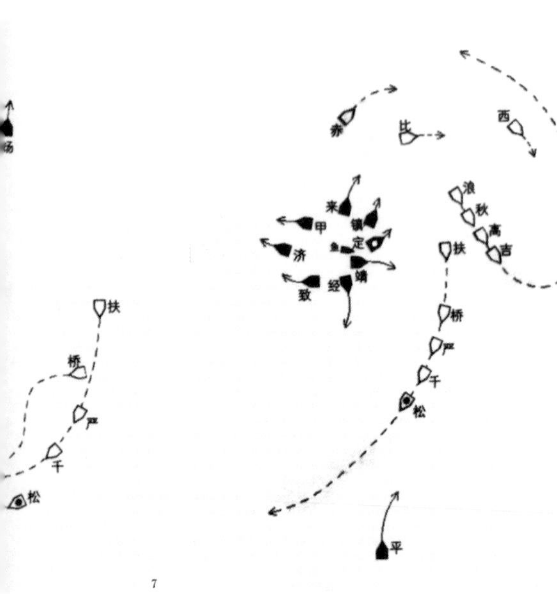

圖四：十三點四十分，西京丸發出求救信號，第一游擊隊向西京丸繞去。

圖五：十四點三十五分，日艦赤城號逃出追擊，北洋艦隊停泊在大東溝港口的平遠、廣丙兩艦前來參加戰鬥，港內的福龍、左一兩艘魚雷艇也趕到作戰海域。平遠號與松島號相距二千二百公尺時，發砲擊中松島號。松島號也發砲還擊，炸毀平遠號主砲，並引起火災。平遠號轉舵駛向大鹿島方向，廣丙艦也隨之遁逃。

圖六：十五點三十分，鄧世昌指揮的致遠艦，本想保護定遠、鎮遠兩艦，但被多彈擊中後沉沒。清艦隊陣腳大亂。豐島一戰已有掛白旗逃跑前科的濟遠艦管帶方伯謙，見勢不好，再次掛上白旗，退出戰鬥；廣甲艦長吳敬榮、隨後也退出戰鬥。此時本隊旗艦松島，距清旗艦定遠二千公尺。

圖七：十六點七分，本隊旗艦松島號中彈，升起白旗，各艦各自為戰。橋立號從隊形中脫離，欲替補負傷旗艦。圖中可以看到，清艦只有定遠、鎮遠二艦和一艘小魚雷艇孤軍奮戰。本隊的松島、千代田、嚴島、橋立、扶桑

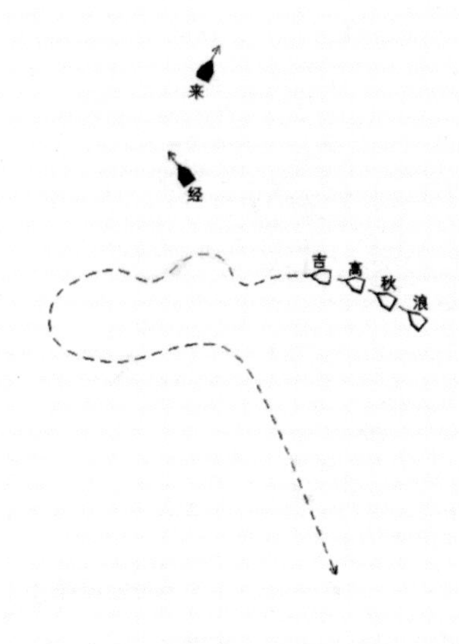

五艦，排一字縱陣，圍打這兩艘海上巨無霸（戰後統計，定遠、鎮遠二艦分別被擊中一百五十九和二百發砲彈，無一彈能穿其甲。日本戰報歎曰：「定遠、鎮遠不負盛名，堅甲頑壘無法擊沉」）。此時，靖遠、經遠、來遠、平遠、廣丙眾艦皆退出戰鬥。

圖八：十七點二十九分，第一游擊隊擊沉經遠艦，吉野號繼續追擊定遠艦，松島號召回第一游擊隊。

圖九：二十點，聯合艦隊的旗艦移交給橋立艦，聯合艦隊恢復序列，返航。

這組日本海軍的海戰圖中，有一點沒有作詳細記錄，這裡要特別補充：黃海一役，日本二十四艘魚雷艇無一參戰；大清則有福龍、左一、右二、右三等四艘魚雷艇參戰（海戰圖上標註為「魚」），此役清軍擁有極好的魚雷戰機。左一、福龍二魚雷艇曾向已受傷的西京丸巡洋艦進攻，福龍艇在距敵艦四百公尺時，發射魚雷，未中；追至四十公尺時，再發魚雷，

圖10.8《黃海海戰圖》

日本海軍非常重視這場海戰，戰鬥結束後，日本聯合艦隊迅速整理出來三組黃海大戰的海戰圖，記錄了兩軍的戰術應用；這裡選擇其中一組《黃海海戰圖》，大體可以還原那場著名的海戰的對陣形勢。

又未中；此後，並未受傷的左一、福龍二艇，即退出了戰鬥。右二、右三號魚雷艇則一彈未發，遠離戰鬥。此為北洋水師魚雷艇與日本海軍僅有的一次交鋒，卻一發未中。

這組日本海戰圖，也可說是「一面之詞」，但清日交戰之時，還有第三國加入觀察行列，並留下海戰圖解說這場海上戰鬥。如一八九四年十一月二十四日出版的《倫敦畫報》第十二頁上，登載的英艦林德爾號上的懷德所繪《鴨綠江海戰圖》，人們可藉此與日本海戰圖進行對比，應當說大的方面，如北洋水師的橫陣形；日本艦隊第一游擊隊、本隊的單縱游擊戰術；兩國旗艦的戰鬥位置等等，都有很大的一致性。

特別要提出的是清日海上開戰時，北洋艦隊中曾有八位洋員在艦上服務，他們是漢納根、戴樂爾、馬吉芬、哈卜門、哈富門、阿璧成、尼格路士、余錫爾，後兩位已犧牲在戰場上。其中，鎮遠艦上的幫帶（相當於副艦長）美國人馬吉芬，在戰後回紐約養傷時，寫出了一份長達萬言的《黃海海戰述評》，並配有一幅《一八九四年九月十七日清日黃海交戰圖》（圖10.9）。這份重要的文件發表在一八九五年八月出版的《世紀》雜誌上，為「中方」留下了唯一的黃海海戰地圖。在這幅《一八九四年九月十七日清日黃海交戰圖》中，馬吉芬列出了北洋艦隊與日本聯合艦隊交戰之初所列的艦陣：黑色艦為日本艦，白色艦為清國艦；北洋艦隊是橫排鋸齒陣，圖中「Ting Yuen」（定遠號）和「Chen Yuen」（鎮遠號）在鋸齒橫陣正中央；日本聯合艦隊是縱隊，游擊式圍著北洋艦隊打；圖右上方繪出逃跑戰艦是「神經脆弱的艦長方（方伯謙）」的「Tsi Yuan」（濟遠號）和做倣方艦長無恥表現的「Kwan Chia」（廣甲號）；馬吉芬也認為是「我方陣形的混亂，最終導致艦隊完全失控」。

此外，黃海海戰是自有蒸汽戰艦以來規模最大的一場海戰，指揮信號旗在海戰中發揮的充分與否，

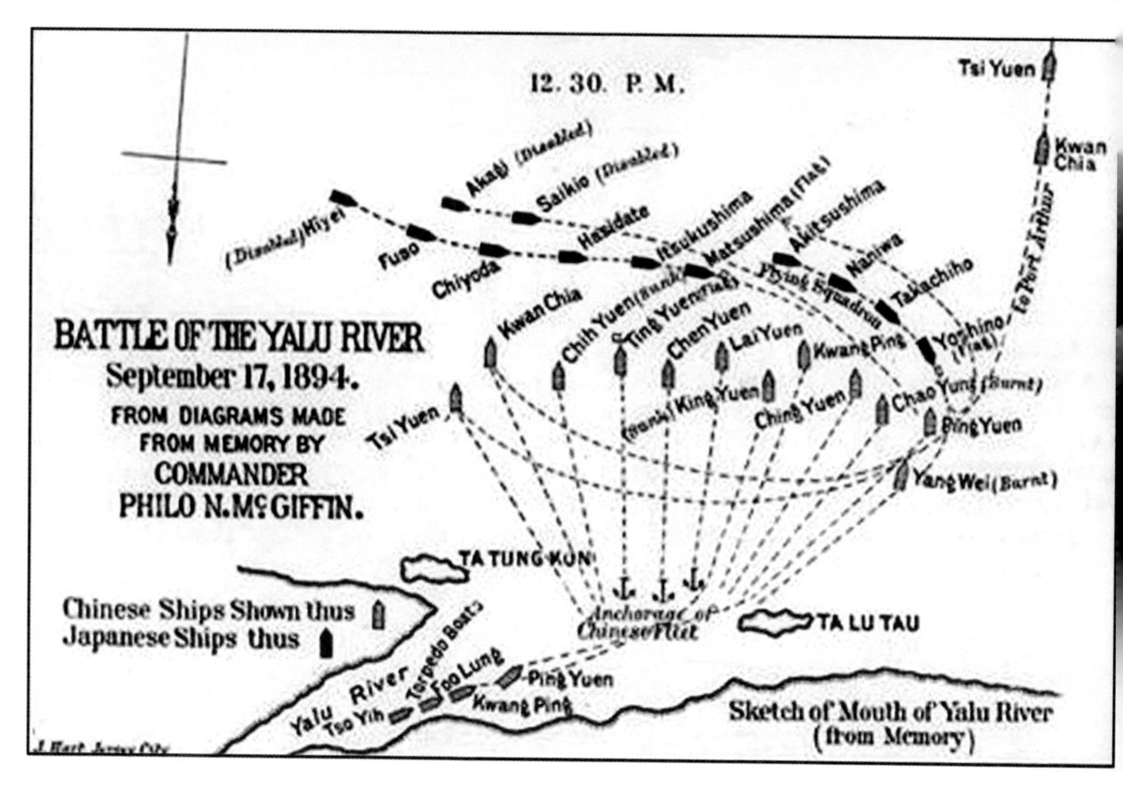

圖10.9《1894年9月17日清日黃海交戰圖》

鎮遠艦上的幫帶美國人馬吉芬，在戰後回紐約養傷時，寫出了一份長達萬言的海戰報告，並配有一幅《清日黃海交戰圖》。這份重要的文件發表在1895年8月出版的《世紀》雜誌上，為「中方」留下了唯一的黃海海戰地圖。

很大程度上影響了海戰的結果。據北洋方面記載，戰鬥一開始，旗艦定遠號即成為日艦砲擊的重點目標，最初「半小時內日方砲火叢集，將艦上信號旗毀滅，使吾人無法改變陣勢」，北洋艦隊由此陷於群龍無首的被動，接近海戰結束時，靖遠艦撲火堵漏後，才由管帶葉祖珪代替旗艦升起督隊旗，召集諸艦。此時，日艦已撤出戰場。

這場五個多小時的黃海大戰，多艘日艦雖受重傷，但無一沉沒，北洋水師痛失五艘巡洋艦，大清由此失去制海權。九月底，日軍完全控制了朝鮮，接著跨過鴨綠江攻陷安東縣（今丹東）、金州、大連灣。得朝鮮，佔遼東的日本，剩下的目標就是山東半島，這個黃海三個戰略支點的最後一角。

「致遠撞吉野」之謎

〰《黃海作戰圖．下午三點半時段》〰一八九四年繪
〰《僕犬同殉》〰一八九五年出版

看過一九六三年版電影《甲午風雲》的人都記得鄧世昌呼喊「撞沉吉野」的悲壯台詞。但藝術形象與歷史真實是否真的吻合，黃海大戰中真有「撞沉吉野」這種事嗎？

客觀地講電影《甲午風雲》並不是胡編亂造，而是「有所本」。最早寫出「致遠撞吉野」一事的是晚清姚錫光所撰《東方兵事紀略》。書中言「致遠藥彈盡，適與倭艦吉野值。管帶鄧世昌……謂倭艦專恃吉野，苟沉是艦，則我軍可以集事，遂鼓快車向吉野衝突。吉野即駛避，而致遠中其魚雷……船眾盡殉」。姚錫光曾任駐日領事，甲午中日戰爭時正在山東巡撫李秉衡衙署任事，他參以中外記載，於一八九七年寫成此書，距甲午戰爭結束只有兩年，可謂最早記載甲午戰爭的著作之一。

一九七九年版《辭海》「鄧世昌」條目亦稱：「雖彈盡艦傷，仍下令加快速度猛撞敵艦吉野，不幸被魚雷擊中，與全艦官兵二百五十人壯烈犧牲」。此條源於清人姚錫光所撰《東方兵事紀略．海軍篇》。可見「致遠撞吉野」說，影響之廣。

但筆者研讀宗澤亞《清日戰爭》所附日方海戰圖發現，「致遠撞吉野」幾乎是不可能完成的任務。在清日黃海大戰的第四天，即九月二十一日，日本聯合艦隊總司令伊東就寫出戰況報告，並附海戰詳解圖。在此順便說一句，姚錫光曾在《東方兵事紀略．序言》中說：「並證以表圖。」但在十三目錄註

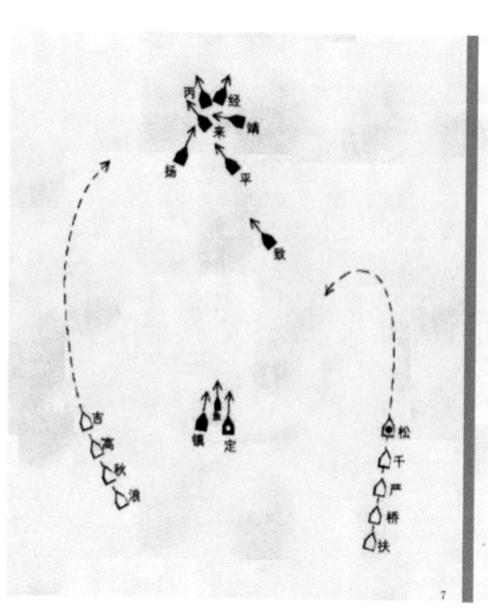

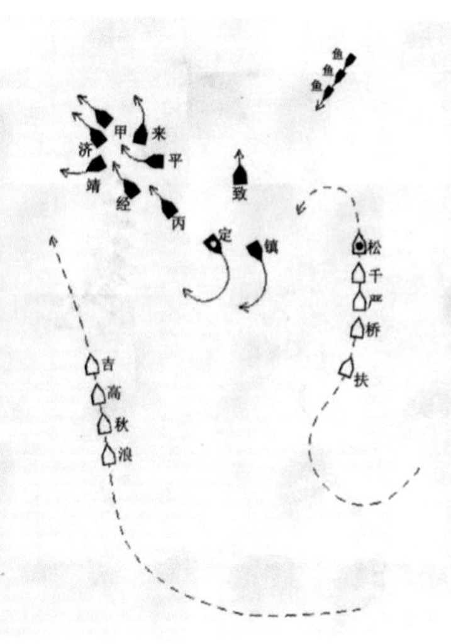

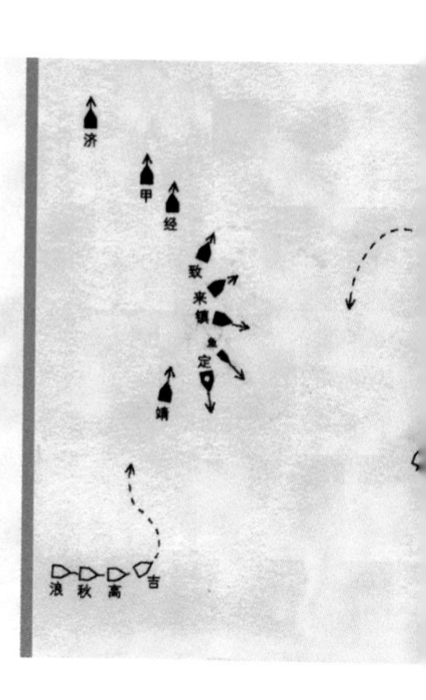

圖10.10《黃海作戰圖．下午三點半時段》

日本聯合艦隊繪製的三組《黃海作戰圖》中，「三點半前後」的分圖都描繪了此時的清致遠艦，基本上是艦尾對著日本艦隊和吉野艦，致遠至少從方向上是無法撞擊吉野的。

明，表、圖惜未刊行。它從另一個角度證明，北洋水師未能留下海軍必備的作戰記錄——海戰圖。

從目前所能看到的日本聯合艦隊的三組戰報（每組圖十幅左右）下午三點半左右的這個時段作戰圖（圖10.10）來看，三份海戰圖都顯示了清致遠艦沉沒的訊息，可見此事在這個戰役中的重要性。

日軍第一組戰報（1—6圖）「下午三點三十分」記：清致遠艦受重創沉沒，清艦隊陣形大亂，清濟遠艦先行逃跑。此時松島旗艦距離清定遠艦二千公尺（從圖上看，致遠艦距吉野艦應在三千公尺以上）。

日軍第二組戰報（2—7圖）「下午三點四十七分」記：清致遠艦中彈傾斜沉沒，其他艦帶傷逃走，清定遠、鎮遠孤立無援，吉野追擊逃跑的清艦。

日軍第三組戰報（3—9圖）「下午三點十分」記：清定遠艦前部中彈起火，清致遠艦右舷傾斜沉沒。（圖中描繪的致遠艦確實在定遠、鎮遠二艦旁邊護衛）。

三組圖的下一幅圖裡，皆無致遠艦的標記了，也就是說，這裡三個圖中的致遠，是它最後的「身影」。也就是說，「三點半前後」的清致遠艦都是艦尾對著日本艦隊和吉野艦，致遠至少從方向上是無法撞擊吉野的。此外，從圖中致遠與吉野的距離看，兩艦相距三千公尺左右。軍事迷都知道，日本聯合艦隊的第一游擊隊旗艦吉野號，其航速高達二十二．五節，排水量四千四百噸。大清致遠艦航速僅十八節，排水量二千三百噸，即使不受傷，都追不上吉野號，也難撞沉吉野號。何況當時致遠艦接連中彈，船身穿了幾個大洞，後來艦身傾斜，航速可想而知。還有，日本聯合艦隊是以擊沉北洋水師的艦船為目的，其作戰距離一定要小於清旗艦定遠重砲的六千公尺，但也一定要保持自己的重砲有效距離三千公尺左右，如果日艦離致遠很近，也就無法發揮重砲的作用。所以，受傷的致遠號與第一游擊隊旗艦吉野號，不可能「肉搏」（也有一說，致遠衝撞的是東鄉平八郎指揮的浪速丸號，但浪速號排在第一游擊隊的隊尾，此時相遇的可能性，更小）。

《東方兵事紀略》後，有許多材料亦稱，致遠艦的最後時刻，鄧世昌命令大副陳金揆「鼓輪怒駛，且沿途鳴砲，不絕於耳，直衝日隊而來」，欲與日艦同歸於盡。但陳金揆與致遠艦的二百五十多名將士，全部落水殉國（僅七人遇救），這段記載，也近於猜測。筆者也曾請教過研究李鴻章的專家劉申寧老師，「撞沉吉野」是否有更有力的歷史記錄？他說「於史無考，電影《甲午風雲》，影響廣泛，反而成了正典」。

所以，筆者以為「撞沉吉野」不像是鄧世昌的戰鬥口令，更像是一句誤「己」子弟的台詞。但必需講明的是鄧世昌無論有沒有「撞沉吉野」一事，他都是當之無愧的大英雄。但神化英雄，總會令英雄失去本色。

二〇一二年新拍的電影《甲午大海戰》中，在表現致遠艦沉沒時，管帶鄧世昌墜海，拒絕救生圈，

圖10.11《僕犬同殉》

原載1895年出版的《點石齋畫報》，報導稱：「當公殉難之時，有義僕劉相忠隨之赴水……同時有所養義犬尾隨水內，旋亦沉斃」。

並將來救他的愛犬按入水中，一同沉沒。此鏡頭，也非導演馮小寧胡編出來。清池仲祐在《鄧壯節公事略》中記，鄧世昌愛犬游到身邊，「銜其臂不令溺，公斥之去，復銜其髮」，按愛犬入水，自己也隨之沒入波濤之中。一八九五年出版的《點石齋畫報》曾載圖畫報導《僕犬同殉》（圖10.11），報導稱：「當公殉難之時，有義僕劉相忠隨之赴水……同時有所養義犬尾隨水內，旋亦沉斃」，此圖左下角，描繪了鄧世昌及僕人，與兩隻義犬共同殉國的悲壯場景。

但據鎮遠艦副幫帶洋員馬吉芬後來寫的《黃海海戰述評》載「艦上倖存者只有七人，他們依靠艦橋上的救生圈，被海潮衝向岸邊，其後被一隻帆船救起。他們對當時情況的述說，各不相同，無法採信，但唯有一點說法一致，既鄧（鄧世昌）艦長平時飼養一頭猛犬，性極兇猛，常常不聽主人之命。致遠沉沒後，不會游泳的鄧艦長抓住一塊船槳或木板，藉以逃生。不幸狂犬游來，將其攀倒，手與槳脫離，慘遭溺亡。狂犬亦亡。這也許算是有史以來唯一一例主人被自己的狗淹死的記載。」

這些記載多有不同，但有些基本屬實，也不必為尊者諱：一是北洋水師現代化管理水準不高，艦長竟然帶狗出海打仗；二是鄧世昌身為艦長不會游泳，因為會游泳的人，是無法自沉的。所以，筆者以為，鄧世昌應是傷重沉海，壯烈犧牲。

為什麼北洋水師會留下這樣的感人故事，因為黃海一役北洋輸得太慘，慘到跟皇上沒法交待，所以，直隸總督李鴻章上報《奏請優恤大東溝海軍陣亡各員摺》等摺，皆以悲壯敘事為主體。窩囊的光緒皇帝，也覺得和國民沒法交待，於是也寫詩表彰這一「國恥級」的敗仗：「城上神威砲萬斤，枉資劇寇挫我軍。後來天道終許我，致遠深沉第一勳」，北洋的白事，就這樣被當成紅事辦了。

而今，歷史成煙，往事如謎，甲午俱往矣。

旅順、威海衛保衛戰

﹏《崂嵂嘴砲台圖》﹏晚清繪製

﹏《一八九五年一月三十日威海衛劉公島作戰地圖》﹏一八九五年繪

﹏《在旅順口修復的鎮遠艦》﹏一八九四年繪

日清海戰中，經豐島、黃海兩戰兩敗，北洋水師再不敢輕易出洋，日本聯合艦隊奪取了制海權。一八九四年十月底，日軍打敗在朝鮮的最後一批清軍，跨過鴨綠江。此後，日軍僅用半個多月時間，即將部隊推進至旅順一線，決定先打掉北洋水師旅順基地，再消滅其威海基地。因為旅順、威海衛如巨人雙臂，環抱渤海，是京畿地區的鉗形防衛網，打掉這兩個鉗子，就對北京構成了威懾。

十一月二十一日早晨，日軍向旅順發起第一輪進攻，日軍先抄旅順城的後路，上午打下案子山、松樹山、二龍山、東雞冠山等旅順後方要塞；下午，日軍發起第二輪進攻，集中主要兵力，向旅順市區及海岸砲台推進。

一八九〇年前後，北洋水師先後在旅順建了九座海岸砲台，旅順口，口東五座，口西四座；從東至西分別為：崂嵂嘴砲台、摸珠礁砲台、黃金山砲台、老虎尾砲台、威遠砲台、蠻子營砲台、饅頭山砲台。其中除崂嵂嘴砲台為穹窯式外，其餘均為露天砲台，無法防範來自頭頂的砲彈，形同虛設。這幅繪於晚清的《崂嵂嘴砲台圖》（圖10.12），反映了此砲台作為當時最好砲台的基本架構，但僅此一處。

日軍首先進攻的是黃金山砲台，總兵黃仕林得知旅順後路砲台已失，不等日軍攻上黃金山，率先由

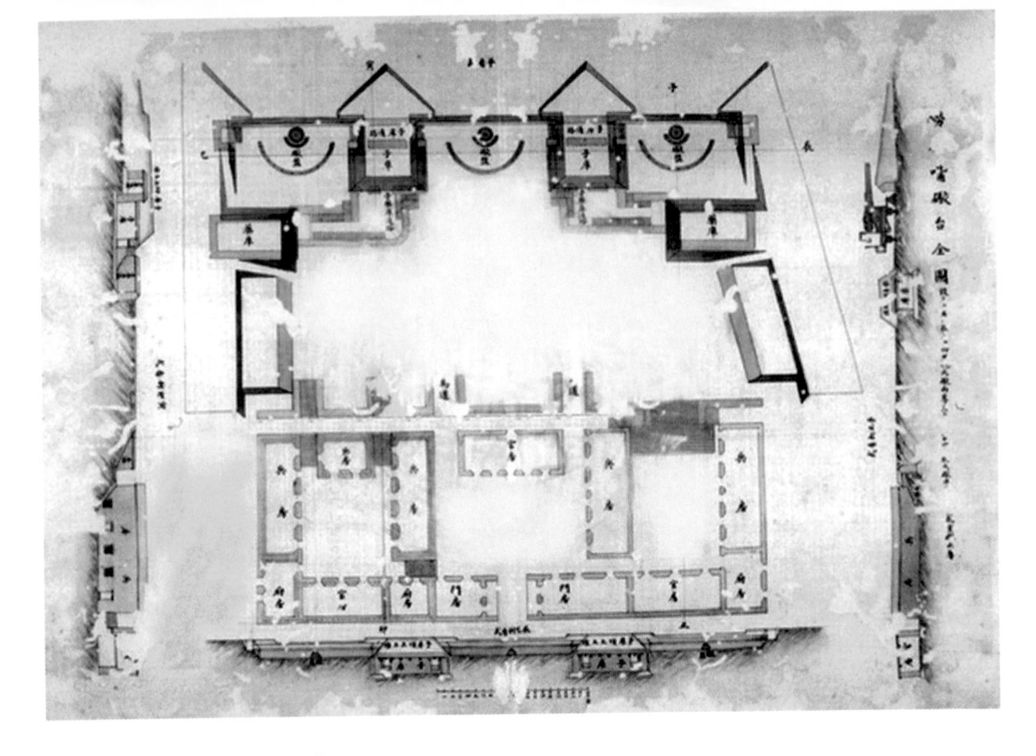

圖10.12《嶗嵂嘴砲台圖》

1890年前後，北洋水師在旅順建造了九座海岸砲台。其中除嶗嵂嘴砲台為穹窯式外，其餘均為無法防範頭頂砲彈的露天砲台。砲台配備的火砲多為先進的德國克虜伯後膛巨砲。

構建最好的嶗嵂嘴海岸砲台，乘船逃走。日軍又不費吹灰之力佔領了黃金山砲台、嶗嵂嘴砲台、東人字牆和摸珠礁砲台。傍晚五時許，旅順口東海岸各砲台全部失守。次日上午，日軍又輕取旅順口西海岸各砲台。所謂的「旅順保衛戰」，不到兩天就結束了。接下來，日軍要做的就是拔掉渤海灣西岸的另一支鉗子——威海衛。

早在旅順失陷前，北洋水師各艦艇即從旅順撤至威海，此時尚有艦艇二十八艘；港區陸上築有砲台二十三座，安砲一百六十餘門。大清守軍沿用半個世紀前魏源《海國圖志》「守外洋不如守海口，守海口不如守內河」的消極防守思路，由黃海戰敗被剝奪賞譽、革職留用的丁汝昌，按李鴻章的「避戰保艦」指示，龜縮進威海衛；大清就這樣迎來了「威海保衛戰」。

日本戰前做了大量的諜戰準備，搜集並

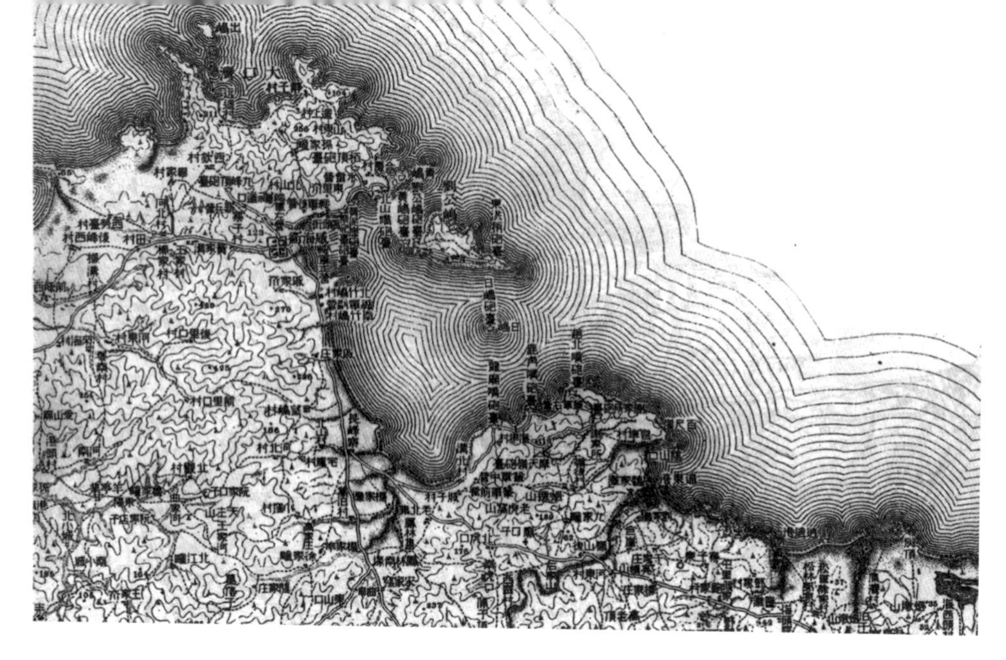

圖10.13《1895年1月30日威海衛劉公島作戰地圖》

日軍將所有威海衛砲台全部做了標註。港口南岸自東向西有謝家所砲台至摩天嶺砲台；港口北部自東向西有劉公島上的東洪稍砲台至九峰頂砲台。在各砲台身後，清軍的各個營地……這是一幅非常完備的登陸作戰地圖。

製作了大量登陸作戰圖。如《1894.10.24花園口登陸作戰地圖》、《1894.11.5旅順口作戰地圖》、《1895.1.24榮城灣登陸作戰圖》和《1895.1.30威海衛劉公島作戰地圖》。這些地圖顯示，一八九五年一月十八日，日艦砲擊登州（今蓬萊）的佯攻，其山東作戰軍則從大連乘二十五艘艦船，於一月二十日拂曉，在山東半島的最東端榮成灣龍鬚島登陸。日艦用艦砲對岸上守軍轟炸，守軍見勢難抵擋，棄砲西撤。

日軍佔領榮成後，於一八九五年一月二十五日，進犯威海南岸砲台，同時，巡弋在海面的日本聯合艦隊以砲火進行策應。在日海陸軍的夾擊下，丁汝昌的鎮南、鎮西、鎮北、鎮邊諸艦雖然火力支援南岸砲台，但由於敵眾我寡，一月二十九日，南岸砲台最終失守。第二天，丁汝昌親自到北岸砲台，此砲台與劉公島相距僅四里，如果日軍佔領此砲台，會直接以砲台的砲火威脅劉公島的北洋軍艦。二月一日，丁汝昌命令炸毀砲台和彈藥庫。日軍左右兩軍不費一槍一彈佔領北岸砲台。

從這幅《1895.1.30威海衛劉公島作戰地圖》（圖10.13），日軍將所有的威海衛砲台全部標註在圖上。港口南岸自東向西有謝家所砲台、趙北砲台、鹿角砲台、龍廟嘴砲台、摩天嶺砲台；港口北部自東向西有劉公島上的東洪稍砲台、劉公島砲台、黃島砲台、北山嘴砲台、柏頂砲台、黃泥崖砲台、祭祀砲台，九峰頂砲台。在各砲台身後，日軍還標註出清軍的各個營地，水雷營、後營、中營、前營……全都標註得一清二楚。海上繪出大體上的等深線，陸上繪出等高線，和各制高點的高度。臨海大路、山間小路，皆有描繪……這是一幅非常完備的登陸作戰地圖。

一八九五年二月一日，清日在日本廣島進行了第一輪和談，日軍為加大日方談判的籌碼，不僅在談判期間不休戰，反而積極推進威海衛戰事。在完成從身後包圍劉公島和其海灣的北洋艦隊後，日本聯合艦隊多次引誘北洋艦隊出港決戰，但「避戰保艦」的北洋艦隊躲在港內就是不肯出戰，寄希望於「和談」。一八九五年二月五日凌晨，伊東司令指揮部隊進港偷襲。聯合艦隊的十艘魚雷艇趁天未亮潛入威海港內，將旗艦定遠艦擊成重傷，丁汝昌只好離開旗艦定遠號，並命令用水雷艇將擱淺的日軍做夢都想打沉的定遠艦自行炸毀，清日海軍中最龐大的戰艦就這樣沉入了海底（筆者訪問威海戰場故地，看到一艘後來按一：一尺寸仿製的定遠艦，作為旅遊景點供遊客參觀）。

丁汝昌失去了定遠旗艦，只好以鎮遠號為旗艦，將作戰指揮部移到此艦上。這幅《在旅順口修復的鎮遠艦》（圖10.14）原刊於一八九四年十一月二十四日出版的《倫敦新聞畫報》，它記錄的是黃海海戰歸來，在旅順口修復的場景。

從圖上可以看出鎮遠艦遍身是傷，但未及「傷癒」的鎮遠艦，隨著日本將攻打旅順的風聲越來越

圖10.14《在旅順口修復的鎮遠艦》

原刊於1894年11月24日出版的《倫敦新聞畫報》，這幅水彩畫記錄的是鎮遠艦黃海海戰歸來，在旅順口修復的場景，畫中可以看出鎮遠艦遍身是傷。隨著日本將攻打旅順的風聲越來越緊，未及「傷癒」的鎮遠艦於10月18日與濟遠等北洋戰艦駛入威海港。

緊，於十月十八日為了「保艦」，與濟遠等北洋戰艦駛入威海港。不幸的是十一月十四日鎮遠艦在一次巡航回來時，在威海港入口，不慎觸礁受傷，管帶林泰曾引咎自盡，楊用霖升護理左翼總兵兼署鎮遠管帶。在一片悲哀的氣氛中，丁汝昌坐鎮鎮遠艦迎戰日本艦隊的最後一擊。

二月六日凌晨，伊東又派五艘魚雷艇進港偷襲，將巡洋艦來遠號、威遠號和差船寶筏號擊沉。兩次偷襲成功後，二月七日早晨，伊東發動了劉公島總攻。雙方砲擊之時，忽然有十三艘魚雷艇和兩艘汽艇集體衝出海港西北口，伊東原以為北洋魚雷艇要發動自殺式進攻。豈料，北洋魚雷艇出港後，全速向煙台方向逃去。伊東這才反應過來，即派吉野等巡洋艦追擊，逃跑的艦艇幾乎全被擊沉或擱淺。

不久，與劉公島遙相呼應的南口日島砲台被擊毀，威海衛已無門可守了。

一八九五年二月十一日，也就是魚雷艇逃跑的第五天，在日軍登陸部隊和海上砲艦的前後打擊下，轉戰至靖遠艦的丁汝昌，在日軍陸路砲台發射的砲彈壓力下，不得不上岸。等不到陸上援兵的丁汝昌，最終寫下投降書，服毒自殺，生命終結於五十九歲。後世稱其為「以死報國」，其實丁汝昌正被朝廷「革職留任」，此若投降，罪加一等，只能以死卸責，免得家族遭到誅罰，也算「以死報家」（據日本《讀賣新聞》報導，丁汝昌十年前曾在香港買了三萬英磅的生命保險，但自殺則無法理賠）。即使這樣，光緒仍下旨「籍沒家產」，不許「戴罪在身」的丁汝昌下葬。直到光緒帝死後，袁世凱才將其罪責巧為開釋，他這才「入土為安」。丁汝昌和劉步蟾先後自殺，北洋水師威海營務處提調牛昶昞等，推舉鎮遠艦臨時管帶楊用霖出面與日軍接洽投降。楊用霖不想留下千古罵名，吞槍自盡，壯烈殉國（朝廷嘉其忠烈，增提督銜）。日本聯合艦隊佔領威海衛後，俘獲了當年赴日本長崎港作親善訪問，因船員酩酊大醉引發「鎮遠騷動」的鎮遠艦，它成為當時的日本海軍第一艘鐵甲戰艦，仍名「鎮遠」。同時，被俘的戰艦還有濟遠、平遠、廣丙、鎮東、鎮南、鎮北、鎮中、鎮邊等十艘北洋軍艦。北洋水師像福建水師一樣慘遭「滅門」。此時，不歸李鴻章管的南洋水師在長江口那邊觀望，完全不像日本傾全國海軍一戰，所以，大清敗因，不是一個簡單的「落後」。

一八九五年三月二十日，清廷極為被動地派出李鴻章為全權代表，在日本下關（即馬關）與日本進行第二輪和談。

煙台煙雲

〰《贊成和局》〰一八九五年繪

清廷最高領導從慈禧到李鴻章都沒想打仗，也不敢打仗，更不會打仗。甲午之戰，從一開始就沒有打硬仗、打勝仗的準備，倒是做好了打敗仗的準備。這種「議和」經驗大清從鴉片戰爭時就有了，並以此為功德圓滿。所以，在一八九五年五月出版的《點石齋畫報》上，甚至有《贊成和局》（圖10.15）這樣的新聞插畫報導。

這幅《贊成和局》的新聞插圖中，插著太陽旗的是日艦，插著星條旗的是美艦，插著三色旗的是法艦，插著三角龍旗的是煙台砲台。煙台𡶶岱山砲台是李鴻章一八九一年校閱北洋海軍時，決定修築的砲台。砲台在德國工程師的指揮下建了三年，於一八九四年五月竣工，當時裝備了三架二一〇公釐克虜伯後膛砲。𡶶岱山砲台竣工，標誌著李鴻章的北洋海防體系基本告成。但令人無語的是，整個甲午戰爭期間，𡶶岱山砲台沒有發揮任何作用，日軍打下威海衛後，大清已無力再打，開始尋求和談，最終，煙台成了見證清日「換約」的地方。

畫中註記稱：日人無理，擾我中土，幸有李大傅相大度包容，重申和議，日方仍多要挾，賠款又割地。西方各國聞而不平，遂於四月十四日（西曆五月十日）換約之期，俄、英、法、美各派兵艦赴煙台嚴陣以待，下午四時，各艦鳴砲為禮，日方知眾努難犯，雙方修改後換約簽字，中日和局遂成。

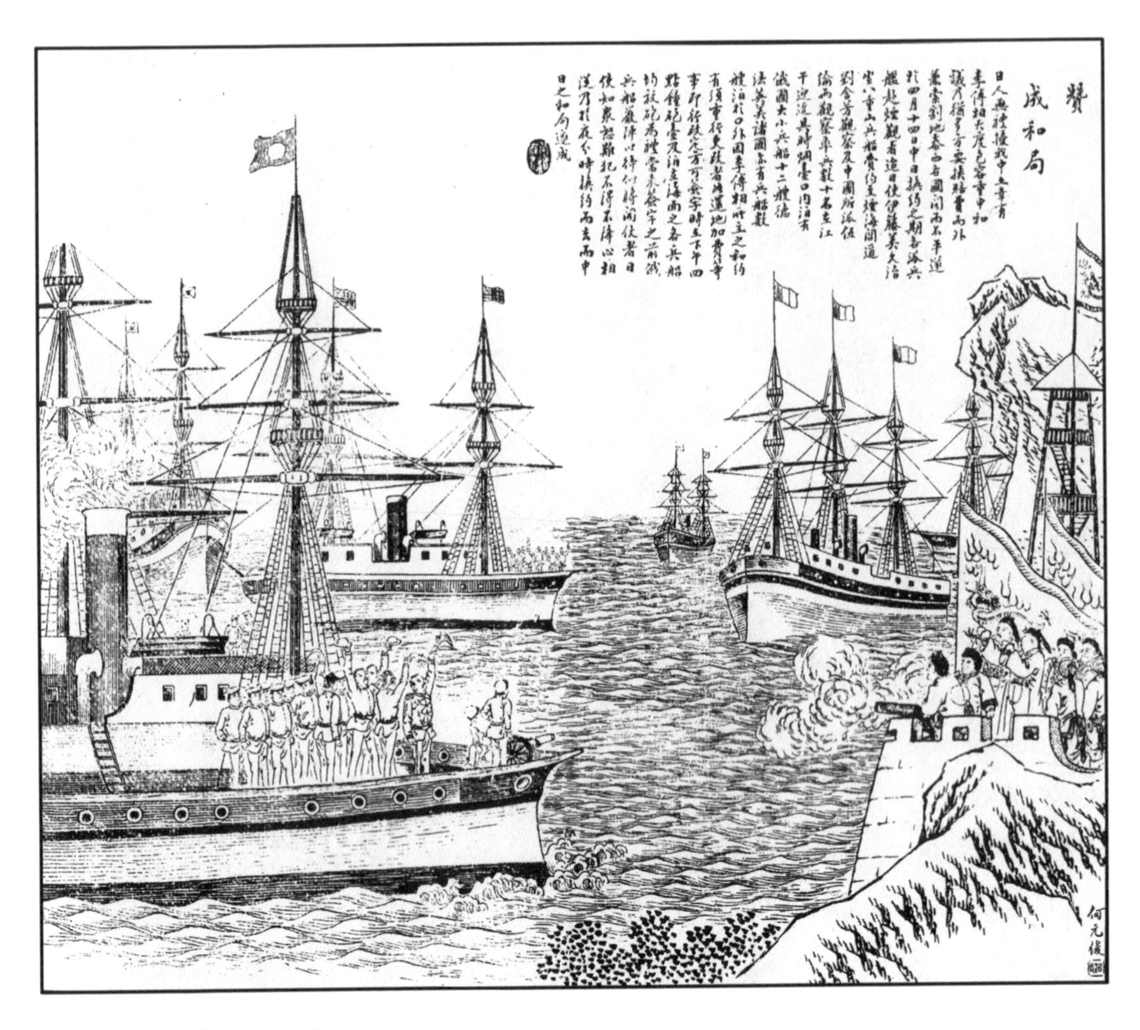

圖10.15《贊成和局》

原刊於1895年出版的《點石齋畫報》。圖中插著太陽旗的是日艦，插著星條旗的是美艦，插著三色旗的是法艦，插著三角龍旗的是煙台砲台；甲午戰爭期間，煙台砲台沒有發揮任何作用，日軍打下威海衛後，大清已無心再戰，全力和談，煙台最終成了見證清日「換約」的地方。

一八九五年五月十日，中日雙方在煙台交換條約，標誌著《馬關條約》正式生效，它標誌著甲午戰爭的結束，這對清國決不是個圓滿的「和局」。條約在領土主權方面的內容有：一、清國承認朝鮮的獨立自主，廢絕中朝宗藩關係（一八九七年朝鮮宣佈建立「大韓帝國」。「韓」朝鮮語中是「大」或「一」的意思。「韓」第一次從民間稱謂變成了統一國號）。二、中國割讓遼東半島、台灣及澎湖列島給日本。

承認朝鮮的獨立自主，廢絕中朝宗藩關係，使朝鮮成為日本侵略中國的最佳跳板；而遼東半島割讓給日本，中國則近乎失去滿洲大陸。這對於大清是天大的損失，也是列強分割中國利益的損失。因此，早在李鴻章赴日本談判之前，就讓朝廷動用所有的外交手段，聯合美、英、法、德、俄、義等列強，向日本施加壓力，不惜引狼入室也要保住清國領土利益。

所以，四月十七日，《馬關條約》正式簽字，德國威廉二世即下令派鐵甲巡洋艦一艘開赴遠東，向日本示威；俄國調動三萬兵力到海參威集結，準備出兵滿州；由於俄、德、法三國的強硬干涉，五月四日，日本內閣會議決定，將遼東半島退還給中國，作為歸還代價，中國付給日本「酬報」銀三千萬兩。

雖然，三國替清國要回了遼東半島，《馬關條約》仍是一個喪權辱國的結果，「還遼」也為日後俄國侵佔東北，埋下了伏筆。在大陸一方，清廷總算挽回了一點敗局，不知深淺的大眾傳媒出來禮讚「和局」；但在寶島台灣，血性的台灣人卻不接受這個所謂的「和局」。

一八九五年五月十日，清日雙方在煙台交換條約，雖標誌著《馬關條約》正式生效。第二天，日本政府決定以武力佔領台灣。但日本很快發現要想佔領這片土地，他們將要付出極為慘重的代價。

台灣抗日

〰《攻戰滬尾圖》〰一八九五年繪

〰《倭兵大創》〰一八九五年繪

〰《計沉倭艦》〰一八九五年繪

李鴻章一八九五年三月二十日，在日本下關（即馬關）開始與日方進行「和談」；就在這一天，日本新編「南方派遣艦隊」抵達台灣澎湖島將軍澳嶼灣，準備攻佔澎湖，造成威脅台灣之勢，以加大談判籌碼。三月二十五日，日軍攻陷澎湖，從台灣人抵抗中預料即使《馬關條約》簽下來，全面接收台灣，會遭遇強烈抵抗。於是，任命樺山資紀為首任台灣總督，率領文武官員三百餘人接收台灣，並派北白川宮能久親王率領的近衛師團作為台灣駐屯軍，以加強接收台灣的軍事力量。

四月十七日，清日代表在《馬關條約》上簽字，四月二十五日，東鄉平八郎率領的兩艘偵察艦，開抵淡水偵察，準備登陸台灣。東鄉平八郎發現淡水海面水雷密集，於是放棄在此登陸的計劃。這幅日本宣傳畫《攻戰滬尾圖》（圖10.16），高揚日本國旗與海軍軍旗的吉野艦，只是在此偵察，並未在淡水登陸。四月二十九日，發生「三國干涉還遼」事件，日本恐本土受到西方列強的攻擊，攻台艦隊受命暫時返回日本。五月十日，清日雙方在煙台換文，《馬關條約》生效，「丟了遼東」的日本，不惜動武也要拿下台灣，於是，重開停了多日的攻台戰事。

此時台灣，如清廷棄兒。五月二十五日，台灣官民宣佈成立「台灣民主國」，推舉台灣巡撫唐景嵩

圖10.16《攻戰滬尾圖》

是日本1895年出版的宣傳畫，畫中高揚日本國旗與海軍軍旗的是吉野艦，但此次滬尾行動，只是偵察，並未在淡水進行登陸。

為總統、劉永福為大將軍、李秉瑞為軍務大臣。新政府拒絕向日本交接台灣。此時，台灣有十幾個綠營，大約有五萬人，兵分四路守台：北路統領為唐景嵩；中路統領為林朝棟、丘逢甲；南路統領為劉永福；後山統領為袁錫中。

六月三日，日本派駐台灣的總督樺山和清國代表李鴻章之子李經芳，在基隆灣停泊的日艦橫濱丸上，舉行了原本準備在台灣島上舉行的台灣受渡儀式。第二天，即「名正言順」地對拒不交出台灣的清軍發起進攻，戰鬥在台灣北部第一大港基隆打響。

日軍艦隊在外海岸砲轟，一方面牽制砲台守軍，一方面以佯攻欺蒙守軍。日軍從瑞芳出擊後，先進攻規模較小的沙元小砲台，不料該砲台清兵勇施放數砲後，竟全數陣前脫逃。

接著其餘三座砲台——頂石閣、仙洞、社砲台見狀，也加入脫逃的行列。日軍不費吹灰之力，就佔領四處砲台與大半個基隆。殘餘守軍撤退到最後方的獅球嶺砲台。日軍在下午開始進攻獅球嶺，一小隊日軍，趁機從右翼空虛處登上獅球嶺，台灣民主國的軍隊被迫棄防。隨後，日軍佔領了基隆。

基隆失守後，北路的唐景嵩搭上德國商輪「鴨打號」（Arthur），從淡水逃往廈門；中路的丘逢甲帶著十萬兩銀元的起義款，逃往廣東嘉應。六月十一日，日軍進入台北城。台灣民主國已群龍無首，唯獨台灣出身的首腦們仍奮力抵抗。六月二十六日，台南擁立南路統領劉永福為台灣民主國第二任大總統，設總統府於台南安平城大天后宮。

但由於以李鴻章為首的滿清政府封鎖大陸與台灣的交通，並斷絕所有支援，台灣派使者沿海向各督撫乞助餉銀，無人接應。守在台南安平城的劉永福只能孤軍奮戰《點石齋畫》曾以《倭兵大創》（圖10.17）、《計沉倭艦》為題（圖10.18）的多幅圖畫描繪了劉永福最後的堅守。報導稱：日軍既得台北，

圖10.17《倭兵大創》

描繪劉永福在安平口內設水雷阻擊日艦。

圖10.18《計沉倭艦》

原載一八九五年出版的《點石齋畫報》，此畫描繪了劉永福在台南平安城最後的堅守。十月二十日，台灣民主國第二任大總統劉永福，見大勢已去，遂乘英國輪船塞里斯號，內渡廈門。

圖謀佔領台南，又怕劉將軍，屢次勸降，劉將軍屢拒。並在安平口內外設水雷魚雷，伏擊倭兵，擊退日軍的多次進攻，炸毀多艘日軍戰船。十月十九日，日軍大舉進攻安平砲台，劉永福親手點燃大砲，轟擊敵艦。劉永福的砲兵死守陣地，場面壯烈。

十月二十日，台灣民主國第二任大總統劉永福，見大勢已去，不得不棄城，遂乘英國輪船塞里斯號，內渡廈門。台南民眾推舉英國牧師巴克禮為代表，請求日本軍隊和平進城。次日，日軍佔領台南。至此，僅存活一百五十天的短命「台灣民主國」滅亡。

值得一說的是，甲午海戰死難的清軍官兵皆獲得了清廷的表彰和撫恤；但留守台灣的清軍，違抗清廷交出台灣內撤大陸的政令，結果為護台衛國而死的清軍將士，未能獲得表彰和撫恤，甚至到今天也沒有得到足夠的宣傳，甲午悲劇在台灣又多了一層複雜的悲涼。

11 列強侵華

引言：庚子，怎一個亂字了得

甲午戰敗，大清不僅丟了台灣，而且引發了列強在華強租港灣、劃分勢力範圍的「熱潮」，恰如這幅《時局全圖》（圖11.0）所表現的，天朝局面完全失控。

廣西「西林教案」時，大清尚能與法國打上一仗，到了山東「鉅野教案」時，大清完全沒了血性，「教案」發生十天後，即一八九七年十一月十四日，德國艦隊佔領了膠州灣；整整一個月後，即一八九七年十二月十四日，俄國艦隊佔領了旅順口；兩個港口，就這樣不費一槍一砲，被德、俄兩國侵佔了。

外國勢力的進入，令大清上下不安。上面，戊戌變法失敗，慈禧鎮壓維新派，英國和日本出面保護維新派，慈禧更加仇恨洋人；下面，各國傳教士來華傳教，讓本土宗教信眾反感，山東、河北興起的近於宗教之戰的義和團活動。表面上看，上下一致反洋，實際上，下也有反滿清之舉，上也有剿拳亂之心。

怎一個亂字了得。

最初是光緒朝廷愚蠢官僚相信義和團的刀槍不入，能扶清滅洋，縱容拳民大肆捕殺傳教士及家眷、

〰《時局全圖》〰一八九八年繪

教民，甚至殺了駐京的外交官。而後是列強聯合出兵從天津大沽口入侵，大清海軍在大沽口打了最後一場海戰，開戰六小時，南北砲台即在六國戰艦的圍攻下陷落。它標誌著大清海防堡壘和海軍艦隊，已經沒有能力把外國侵略者阻擋在海上，或阻擋在灘頭，列強已經可以輕鬆自由地進入海口，登陸圍城。向十一國宣戰的慈禧太后狼狽出逃，北京陷入無政府狀態。

最後，清廷不得不和多國簽下《辛丑條約》。

圖11.0《時局全圖》

此圖1898年刊於香港《輔仁文社刊》，是近代中國第一幅漫畫地圖，它表現了當時列強瓜分中國的圖景。

德佔山東

〰《山東東部地圖》〰一八八五年出版

〰《德軍駐防青島圖》〰一九〇二年繪

德軍佔領膠州灣與其他西方列強侵華不同，清德之間竟然沒有發生一場攻防之戰。由於是沒有打仗就丟了國土，所以「一八九七年十一月十三日，德軍佔領膠州灣」，無法稱為「某某戰役」，或「某某事變」，中國近代史家只好用「事件」一詞來定義此事。怎麼說，丟了國土也得算件「事」。

既然「膠州灣事件」沒有開戰，就沒留下軍事地圖，倒是有一份重要的「科學考察」地圖——《山東及其門戶膠州灣地圖》——最能反映德國圖謀山東的意圖。說到此圖就要講一講它的作者李希霍芬。

李希霍芬畢業於柏林大學，曾受德國享譽世界的地理學者卡爾．李特爾（Carl Ritter）和亞歷山大．馮．洪堡（Friedrich Wilhelm Heinrich Alexander von Humboldt）的影響，最終成為一位不同凡響的地理學大師。一八五九年，普魯士政府（統一的德意志帝國成立於一八七一年）派遣以艾林波伯爵（Friedrich Albrecht zu Eulenburg）為首的外交使團前往東亞，欲與大清、日本、暹羅（今泰國）等建立外交關係，締結商約，並為尋找一個普魯士在華的落腳點。二十六歲的李希霍芬作為參與選址的地理學者加入了使團行列。一八六一年九月，藉著第二次鴉片戰爭大清戰敗的「利好」氣氛，德國順利地與清廷簽署了《通商條約》。雖然，選址考察報告無疾而終，但李希霍芬卻由此迷上了中華大地。

從一八六九年至一八七二年，李希霍芬以上海為基地，歷時四年，對大清十八個行省中的十三個進行了地理、地質考察。今天人們常說的「絲綢之路」，就是他在中國考察時首次提出的，更值得注意的是他同時還提出了「山東半島」地理分野，而「半島」正是那個時代的殖民者最大的「收藏愛好」。

李希霍芬考察中國，特別看中沿海省份山東。一八七七年，他向德國政府提交了《山東地理環境和礦產資源》報告，不僅強調了膠州灣優越的地理位置，甚至有了修築一條鐵路連接腹地煤礦和在膠州灣建立輸出港口的想法。

這幅《山東東部地圖》（圖11.1）最初是為《山東地理環境和礦產資源》報告而繪製（義大利傳教士、地理學家衛匡國於一六五五年繪撰的《中國山東地圖》是迄今已知的最早的由外國人繪製的山東地形圖）。它第一次正式面世是在一八八五年李希霍芬出版《中國地圖集》中。

此圖對山東半島的地質地貌及礦產、農產資源等分佈情況予以詳細標註。膠州灣標註有嶗山和浮山所等地名，為德國最終選擇佔領膠州灣提供了最具影響的參照系統。

就在李希霍芬為德國提供山東考察報告之時，或許是嗅到了某種硝煙味，一八八六年三月，出使德國的大清使節許景澄上摺，提出「山東之膠州灣宜及時相度為海軍屯埠也」，此地「當南北洋之中，上顧旅順，下趨浙江……尤可為畿疆外蔽」。這應是中國最早的在膠州灣建軍港的建議。但經過李鴻章實地考察後，並沒有把它列為海軍基地，而是提議設防，修築砲台。所以，一八九一年光緒批准「膠澳設防」，登州鎮總兵章高元率部移駐膠澳。膠澳（今青島）由此建制。

正當總兵章高元率四營兵馬開始修築膠州灣砲台之際，兩夥不速之客也頻頻光顧這裡：一八九五年，俄國太平洋艦隊取得在膠州灣的停泊權，時來停泊；一八九六年和一八九七年，德國遠東艦隊對膠州灣作了兩次秘密調查。兩股海上勢力都發現膠州灣是停泊遠洋艦船的天然軍港。

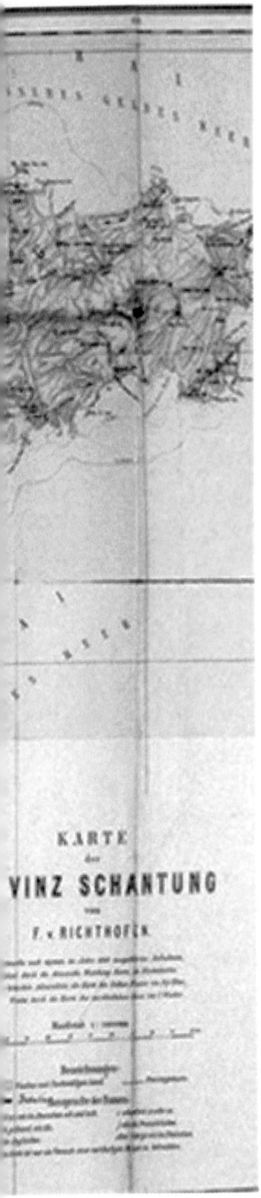

德皇不得不親自出馬拜訪沙皇。此時，沙皇正想在北中國另覓海港。兩個外國皇上，在沒知會中國皇上的情況下私定：如果德國支持俄國佔中國北方港口，俄國就不反對德國佔領膠州灣。德國接下來要做的事，就是尋個藉口進入膠州灣了。

這就要說到「鉅野教案」——一八九七年十一月一日，在魯西南鉅野縣的磨盤張莊，發生了一起兩名德國傳教士被殺的事件。清廷說是「強盜殺人」，也有人說是大刀會所為。十一月七日，正在漢口的德國駐華公使海靖照會總理衙門，告知「鉅野教案」事，要求清廷「急速設法保護住山東德國人性命財產」，並「暫且先望設法嚴懲滋事之人，為德國人伸冤」。鉅野知縣許廷瑞已在境內大肆搜捕，最終七人入罪，兩人被判死刑，五人被判無期徒刑。清廷雖採取了「保教」、「懲兇」等措施，試圖以此取得德國的諒解。但德國仍藉口「鉅野教案」，悍然派兵艦侵佔膠州灣——「鉅野教案」就這樣衍變成「膠州灣事件」。

一八九七年十一月十日，德皇威廉電令常駐上海吳淞口的德國遠東艦隊司令海軍少將迪特里希（Otto von Diederichs）啟航向膠州灣進發。這支艦隊由五艘軍艦組成：四千三百噸的「威廉王妃」（S.M.S.Prinzess Wilhelm）號、五千二百噸的「鸕鶿號」號、七千六百五十噸的旗艦「皇帝」（Kaiser）號和並未參加實際行動的四千三百噸「伊倫娜」（Irene）號、二千三百七十噸「阿克納」（Arcona）

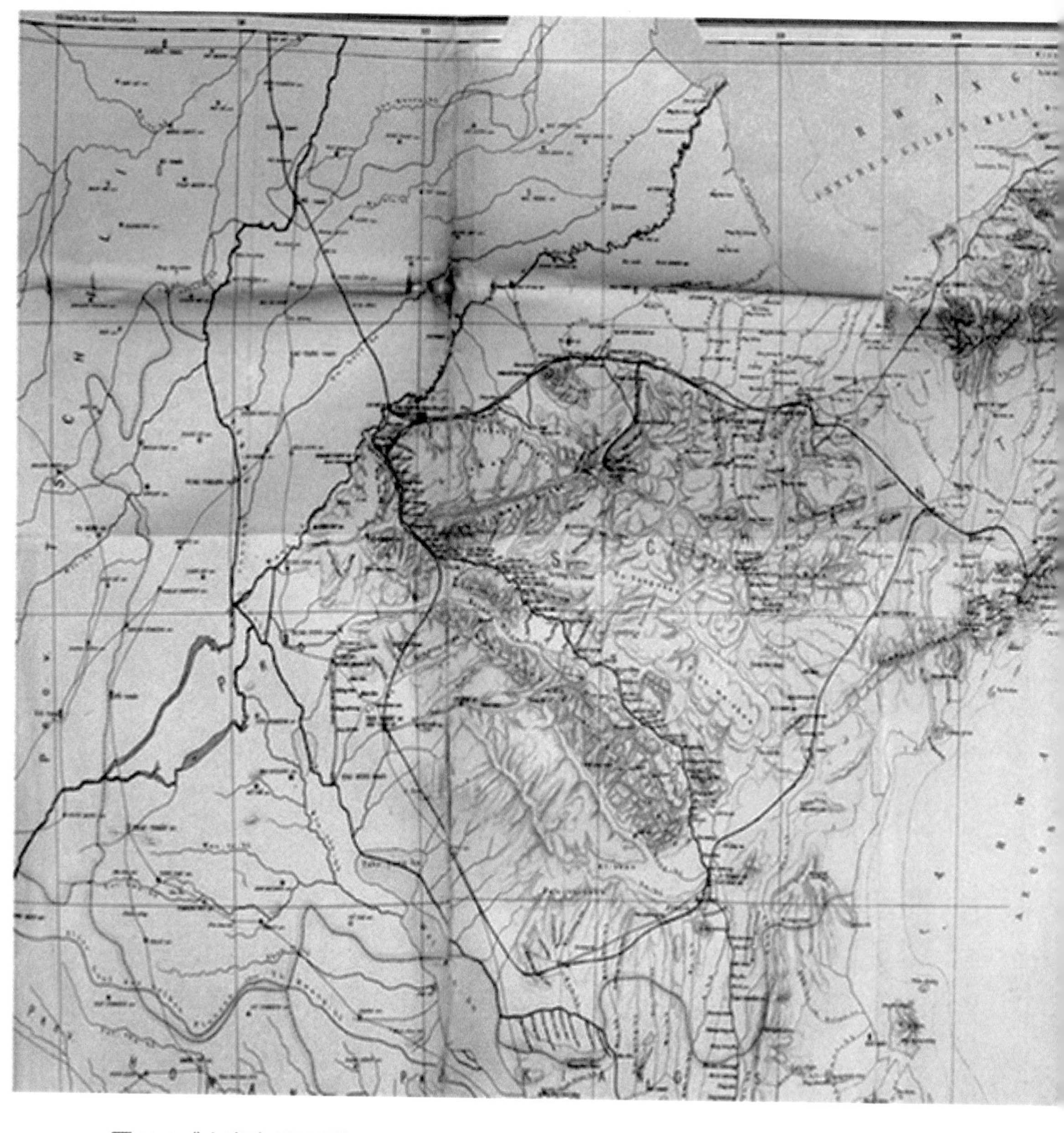

圖11.1《山東東部地圖》

原載於李希霍芬1885年出版的《中國地圖集》。1898年李希霍芬在《山東及其門戶膠州灣》一書中，再次選用了這幅地圖，並在原《山東東部地圖》基礎上，又標註出連接山東腹地資源富集區的三條鐵路線，而膠州灣作為山東的出海口和輸出港的掠奪意圖被詮釋得一清二楚。

號。十一月十三日下午，迪特里希委派幾個軍官和翻譯上岸拜會章高元，謊稱「借地演習，進行臨時休整，很快就會離開」。由於此前常有俄國艦隊前來暫泊，而且德國一直對華「友好」，又在「三國干涉還遼」事件中，表現「公正」，這些因素令章高元麻痺大意，應允了德艦停泊。

一八九七年十一月十四日早晨，「鸕鶿號」號放下幾艘小船，船上所載的百餘名德國士兵，趁著未散的晨霧，一舉佔領了清軍後海營房和不遠處火藥庫。在得到「鸕鶿號」號得手消息後，迪特里希命令艦隊進行登陸。德軍士兵在棧橋西側登陸時，恰逢駐防清軍在上早操。兩軍相遇，出操的綠營兵們對全副武裝的德軍沒有絲毫的戒備，競相跟德國人打招呼。德軍旋即搶佔制高點和沿海砲台，並包圍了總兵衙門和各處營房。中午，德軍向清軍發出照會，限其下午三時前全部撤退至女姑口和嶗山以外，只能攜帶步槍，以四十八小時為限，過此即當敵軍處理。中午十二時三十分，章高元的總兵旗從衙門前的竿頭落下。下午二時三十分，停泊在海面的德艦鳴放二十一響禮砲，慶祝佔領成功。

德軍佔領膠州灣，不動一槍一砲，此時距教案發生，僅僅十天。

一八九八年三月，清德簽署《膠澳租借條約》。五月，李希霍芬出版了他的《山東及其門戶膠州灣》一書，書中再次選用了那幅地圖。此圖在原《山東東部地圖》基礎上，又標註出連接山東腹地資源富集區的三條鐵路線，而膠州灣作為山東的出海口和輸出港的掠奪意圖被詮釋得一清二楚。十一月，德國宣佈青島為自由港。一八九九年，德國人以膠州灣出口的一個小島（今小青島）的名字，將此地命名為「青島市」，由德國海軍部直接管理，開始建設一座具有城市功能的海軍基地。

這幅手繪的《德軍駐防青島圖》（圖11.2）基本反映了當時的膠澳建設與海防。此圖在中國山水畫式地圖上加註了德文，它應是以此前「章高元駐防青島圖」為底本繪製，圖中德軍駐防基本沿用清軍

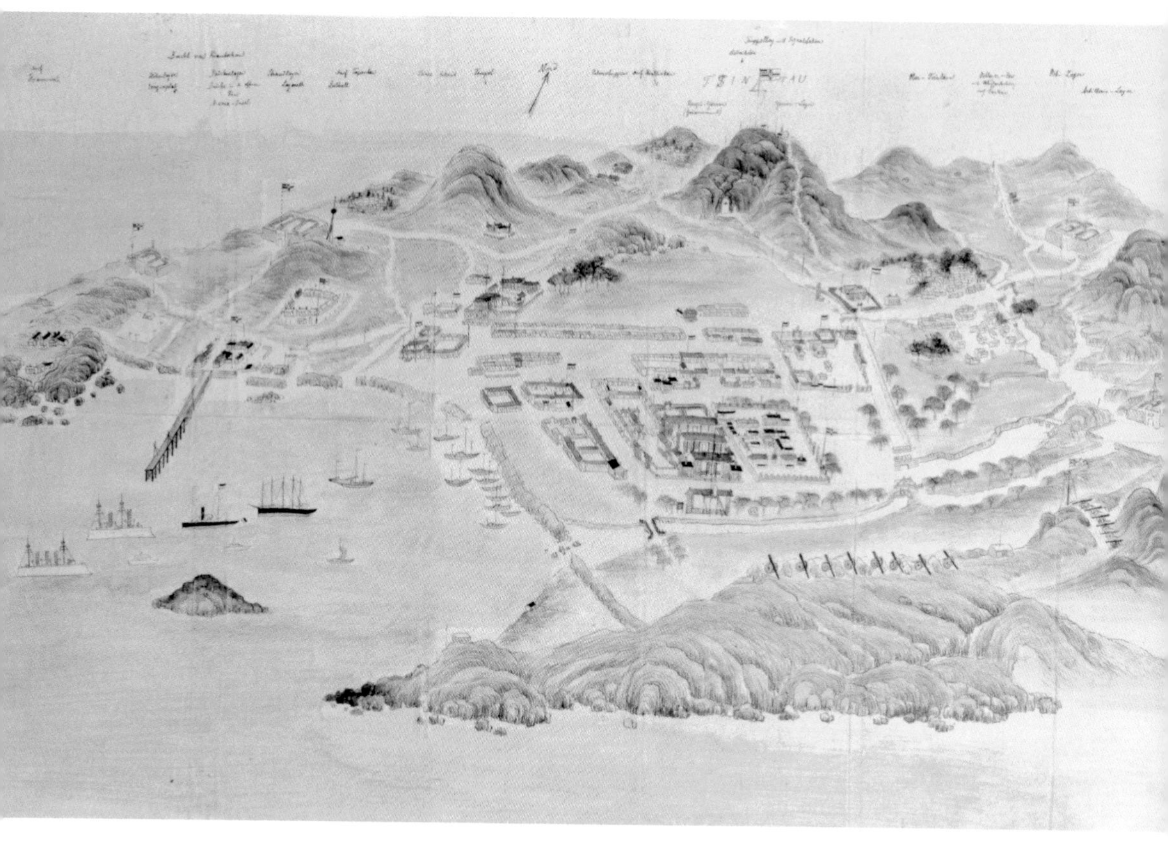

圖11.2《德軍駐防青島圖》

應是以原來的「章元高駐防青島圖」為底本改繪的手繪地圖，圖中有清兵駐防時期所建的總兵衙門、砲台、兵營、碼頭、電報局等，這些清軍的建築上被插上了德國海軍的十字鷹徽軍旗和德意志的三色國旗，表明這裡已經被德軍佔領，海灣中央是最初的修築棧橋和德國艦隊。

駐防時所建的總兵衙門、砲台、兵營等，還有電報局等建築，此時都被插上了德國海軍的十字鷹徽軍旗和德意志的三色國旗。海灣中央最顯眼的是章高元一八九二年建的鐵碼頭（現棧橋的前身）和德國艦隊。圖中鐵碼頭西側是清軍未建完的團山砲台和西嶺砲台。圖右上方為青島山砲台（一八九九年建），圖右下方的砲台，應是匯泉角砲台。此砲台是一九〇二年德國人所建，以此推測此圖大約繪於一九〇二年左右，由中國人繪製，德國人加註。

大沽口海防

〰《直沽河口圖》〰一八九一年繪

甲午戰爭，雖然只是清日之戰，但大清戰敗的結果，不僅是丟了台灣，而且直接引發了列強在中國強租港灣、劃分勢力範圍的「熱潮」。這是清廷要面對的外患，同時，清廷更感頭痛的是內憂：山東、河北的義和團之亂風起雲湧。慈禧聽信愚昧的守舊大臣之言，想藉「刀槍不入」的義和團之力來排外。在部分朝廷親貴支持下，義和拳放下反清，開始以「扶清滅洋」為口號，大舉進京勤王，到處殺害外國人及教徒，燒教堂、拆電線、毀鐵路，並攻進天津租界。各國公使籲請清廷取締義和團、保護教民及外國人的安全的要求，未獲朝廷的正面回應，於是，引發了英、俄、德、日、美、法、義、奧等國組成八大聯軍入侵中國的「庚子事變」。

大沽口成為八國侵華的第一突破口。經歷了第二次鴉片戰爭英法兩國三次攻打大沽口的戰鬥洗禮，大清對大沽口海防的重要性已有所認識，但直到一八七〇年六月，英、美、法、德、俄、比、西等國軍艦匯聚大沽口洋面時，其加強大沽口的海防工程，才再次啟動。清廷遂命洋務派代表人物李鴻章出任直隸總督兼北洋大臣，經辦洋務通商、行政海防。

一八七一年，李鴻章奏議獲准，加固了大沽口原有砲台，並增建了平砲台三座。一八七五年，再次對原有砲台進行了整修和擴建，這個時期修建的砲台，在方法上較前有了很大改進。砲台用木材和青磚砌成後，外用二尺多厚的三合土砸實，砲彈打在砲台上只能打一個淺洞，避免了磚石飛濺而帶來的危險。砲台高度達到了三至五丈，寬度和厚度也有所增加，在外形上出現了方、圓兩大類。並從歐洲購買了鐵甲快船、碰船、水雷船等武器，每座砲台設大砲三門，另有小砲台二十五座。一八九七年，李鴻章在天津魚雷學堂教習貝德斯的協助下，試設電報通訊於天津、大沽、北塘之間，使大沽口海防達到了新的水準。

這幅出版於一八九一年的《直沽河口圖》（圖11.3），粗略地反映了當時大沽口的砲台佈局：大沽口河口處標註有「南炮台」，北塘河口處標註有「南炮台」。兩個河口間的空地處標註為「津海第一要口」。可以說，此時的「津海第一要口」，已做好了應對西方列強挑釁的準備，但清廷萬萬沒有想到大沽口最後迎戰的不是第二次鴉片戰爭的英軍、法軍，或者法聯軍，而是規模空前的八國聯軍。

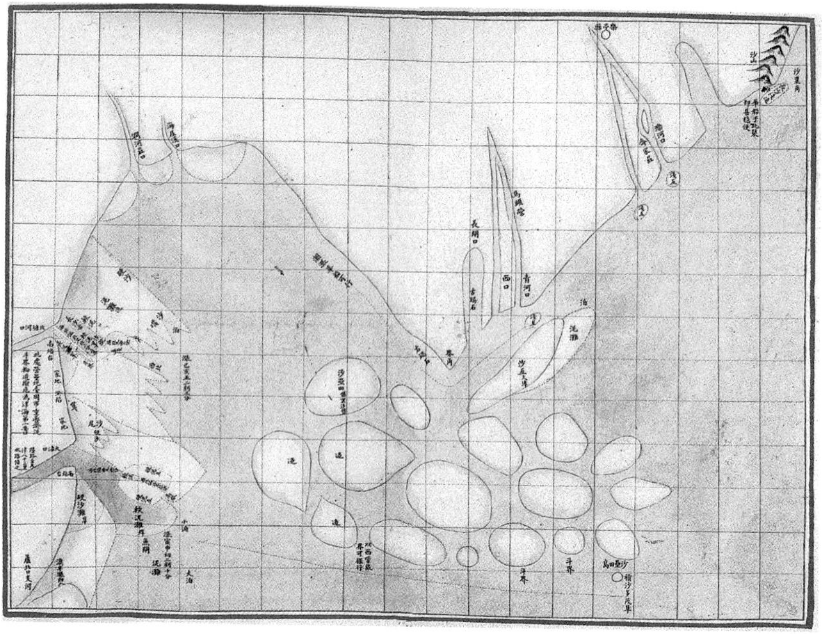

雖然，經過了現代化的改裝後，大沽口的海防能力大大增強，但最終還是被八國聯軍擊垮。大清戰敗後，八國聯軍根據《辛丑條約》規定，要求清政府將大沽口砲台拆毀。所以，今天人們到大沽口，只能見到二十一世紀初才修復，並對外開放的大沽口砲台遺址。從天津城裡，坐輕軌經塘沽到洋貨站下車，再走十分鐘就到了。僅有一座砲台可供參觀了。

圖11.3《直沽河口圖》

出版於1891年，粗略地反映了當時大沽口的砲台佈局：大沽口河口處標註有「南炮台」，北塘河口處標註有「南炮台」，兩個河口間的空地處標註為「津海第一要口」。

聯軍攻打大沽口

〰〰《大沽口及塘沽至北京鐵路圖》〰〰一九〇〇年繪

〰〰《德國攻打大沽口圖》一九〇〇年繪

德佔膠州後，山東民教矛盾更加突出。一八九八年，山東等地興起義和拳，豎起「殺洋人、滅贓官」和「扶清滅洋」等旗幟。一八九九年清廷下令嚴禁義和團，先後派出多批軍隊參與鎮壓，但義和團之亂仍風起雲湧。

一九〇〇年二月，山東高密民眾圍攻德國鐵路公司，破壞鐵路。三月，英、法、美、德、義等國，不堪迅速升級的民教衝突，一方面聯合照會清廷，要求取締義和團，一方面在渤海集合各國海軍準備「保教護民」。五月底，在北京北堂（西什庫教堂，時為中國天主教總堂）主教樊國梁建議下，英、俄、美、法、日、義等六國，從天津調派海軍及陸戰隊四百人登岸，乘火車進入北京「衛護使館」。內外交困之際，慈禧聽信守舊大臣之言，想藉「刀槍不入」的義和團之力來排外，承認義和團為合法組織。在清廷默許下，從六月十日起，義和團開始大舉進京勤王，到處殺害外國人及教徒，燒教堂、拆電線、毀鐵路，並攻進天津租界。

六月十日，北京使館對外通訊斷絕。各國駐天津領事及海軍將領召開會議後，決定組成聯軍，由英國東亞艦隊司令海軍中將西摩爾任聯軍司令（第二次鴉片戰爭中，曾參與英法聯軍侵華），率英、德、俄、法、美、日、義、奧等八國聯軍兩千餘人乘火車自津赴京。六月十一日，日使館書記杉山彬出永定門迎候西摩爾聯軍，在永定門外被剛調入京的甘軍所殺，開腹剖心。「庚子事變」由此點燃了戰爭的引信。

庚子一役與以往不同，海口登陸已不再是主要問題。開戰之前，聯軍先頭部隊兩千多人已從塘沽乘火車駛往北京。由於進出大沽口已不是問題，英軍更多地考慮是如何陸路運兵。這幅《大沽口及塘沽至北京鐵路圖》（圖11.4）即是當年西摩爾率領的聯軍攜帶的運兵地圖。此圖上，雖然標明「TA KU」（大沽口），但主要訊息點已不是海口，而是「TANG KU」（塘沽）、「TIEN YSIN」（天津）、「PE KING」（北京）。圖例的黑色鋸齒線為「RAIL WAY」（鐵路），沿線清楚地標註了十餘個站名……西摩爾所率聯軍登陸後，聯軍一路圍攻北京，另一路加入由俄國上將海爾德布朗（Hildenbrandt）中將指揮的部隊，從水陸兩個方向圍攻大沽口要塞。

六月十五日，八國聯軍攻佔大沽口的軍事行動，先從大沽口身後的內河開始。此前，以護送商人為由，進入海河內的俄艦機略克號（Giliak）、美艦馬拉卡西號（Monocacy）、日艦亞打號、英艦灰丁號（Whiting）、名望號（Fame）等戰艦，這一天，突然包圍了停泊在于家堡附近的北洋水師，十幾艘大清戰艦一彈未發，就投降了，北洋水師又一次被堵在「被窩」裡剿滅。與此同時，日軍佔領了塘沽火車站，俄、法兩國軍隊已佔領軍糧城火車站。此時的大沽口要塞，已經沒有「後方」可言，成了一個坐以待斃的「孤島」。

六月十六日，已進入海河內的英、日、俄、德、美、法、義等國海軍在大沽口砲台身後，佈下戰陣：俄國保布、稿烈、日愛利亞三艦成三角隊形，靠向南岸砲台；德國伊爾提斯巡洋艦為旗艦（圖11.5），與法國力量號，英國亞爾舍林號排成一字縱隊，靠向北岸砲台；俄國巡洋艦機略克號，日本亞打號，美國馬拉卡西號，緩緩使入作戰水域；日艦笠置號、愛宕號和水雷艦豐橋號，包圍萬年橋清軍營盤，切斷南岸砲台的後援。此外，還有多艘軍艦開往砲台火力射程之外停泊。所以，聯軍在攻打大沽口之前，口氣十分強硬。十六日晚，聯軍向守軍天津鎮總兵羅榮光發出最後通牒：限於第二天凌晨兩時交出南北兩岸的五座砲台。六十七歲的總兵羅榮光，斷然拒絕了聯軍的無理要求。

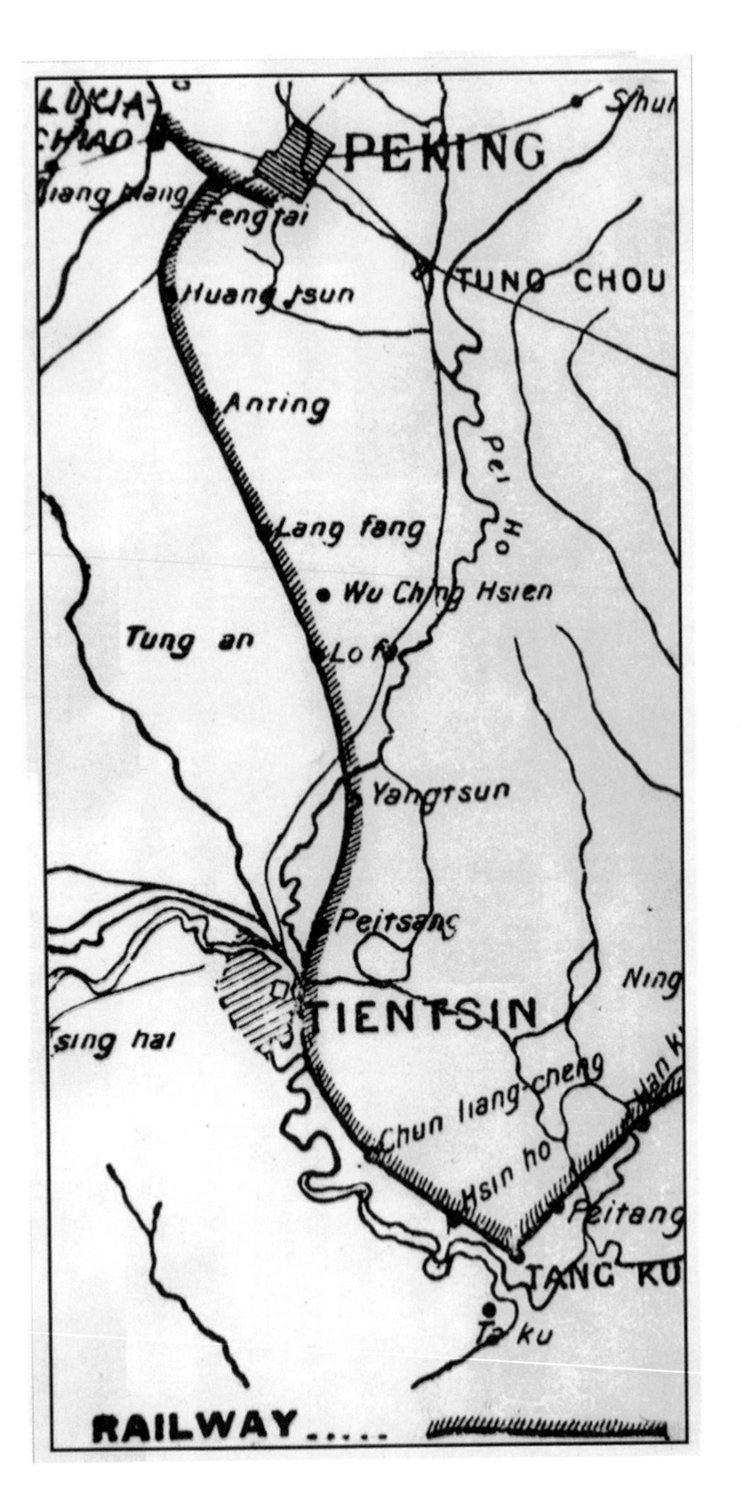

圖11.4《大沽口及塘沽至北京鐵路圖》

是當年西摩爾聯軍攜帶的運兵地圖，雖然，此圖上標明了「TA KU」（大沽口），但它的主要訊息點已不是海口了，而是「TANG KU」（塘沽）、「TIEN YSIN」（天津）、「PE KING」（北京）……圖例上的黑色鋸齒線為「RAILWAY」鐵路，沿線標註了十餘站名。

圖11.5《德國攻打大沽口圖》

記錄了德國陸軍元帥瓦德西1900年8月出任聯軍總司令後，於10月抵達北京，指揮侵略軍由津、京出兵侵犯山海關、保定以及山西。德國當年繪製了很多戰事宣傳畫，這是聯軍攻打中國組圖中的一幅，畫中為攻打大沽口的德國巡洋艦伊爾提斯號，人像為被打傷的艦長蘭茨中校。

第二次鴉片戰爭後，清廷曾對大沽口砲台進行了修復和改建，至八國聯軍進犯前，南北兩岸共有四座砲台：主砲台在海河口南岸，安裝有各種火砲二十門；在海河口的北岸有北砲台，上面共有七十四門火砲；在北砲台的西北方向還有一座新建的砲台，共安裝各種火砲二十門；北砲台的西北還建有西北砲台，也安裝二十門火砲。這些砲台上的火砲，大都是克虜伯、阿姆斯特朗式和國內仿製的產品，威力極大。筆者在大沽口古戰場考察時，能看到的砲台只有「威」字砲台了（因《辛丑條約》第八條規定，拆毀大沽口砲台），舉目四顧，砲台周圍一片肅殺的景象，但此地修建的大沽口遺址展覽，還是再現了那屈辱的一幕。

六月十七日凌晨兩時，聯軍發起總攻。十餘艘聯軍艦艇在探照燈的照明下，用大砲同時轟擊大沽口南北砲台。南岸三座砲台：

在羅榮光的指揮下，發砲擊中俄國巡洋艦稿烈號，中彈的稿烈號，轉舵逃走。接著，又發砲擊中俄艦機略克號，引發彈藥倉爆炸。北岸兩座砲台：左營砲台在管帶封得勝的指揮下，擊中德艦伊爾提斯號，艦長蘭茨（插圖中的小圖）的一條腿被炸斷。聯軍在接連受挫之後，改變策略，轉而集中兵力，先攻北岸砲台。北岸左營彈藥庫被擊中，管帶封得勝陣亡，左營砲台和左副營砲台，先後失陷。

擺脫了兩岸砲力夾擊的聯軍艦隊，隨後集中火力轟擊南岸砲台。佔領了北岸砲台的日軍，更是用北岸砲台的大砲，直接轟擊南岸砲台。南岸右營，副右營的彈藥庫先後被炸起火，主砲台的大砲只能打遠不能打近，無法攻擊已靠到砲台前的聯軍戰艦。八時左右，南岸砲台已守不下去了，守台清軍向新城方向撤退。

接下來，八國聯軍的進攻目標轉入了內陸。大沽口海戰是大清海軍打的最後一場海戰，只打了半天。開戰六時後，南北砲台在六國戰艦的圍攻下陷落。它標誌著大清海防堡壘和海軍艦隊已經沒有力量把侵略者擋在海上，列強已經是自由進入海口登陸，陸上擁有軍隊，而後從身後把海防堡壘與海軍艦隊，一併摧毀。

六月二十一日，清廷以光緒的名義向列國宣戰，同時，懸賞捕殺洋人：「殺一洋人賞五十兩；洋婦四十兩；洋孩三十兩」。但無論是義和團，還是清兵，此時皆兵敗如山倒。七月十四日，天津失守。八月十四日，北京破城。逃出北京城的慈禧，不得不與列國「議和」。一九〇一年，清廷與十一國簽訂喪權辱國的《辛丑條約》。

日俄先鋒

〈〈《大沽及塘沽地圖》〈〈 一九〇〇年繪

庚子事變如從「宗教戰爭」的角度講，本不關日本與俄國什麼事。有學者認為，如果說，太平天國是變相的基督教與儒教之戰爭，義和團則是變相的道教與基督教之戰爭。太平天國是排滿，義和團要滅洋。日本和俄國在中國沒有民教之爭。山東、山西與河北「拳亂」所殺的傳教士，沒有日本人和俄國人，主要打擊西方人的拳民，根本沒把日本人當作洋人來看待。（日本駐華書記官杉山彬被殺，是六月十一日的事，此前一天，各國駐天津領事及海軍將領召開會議，已組成八國聯軍）。但日俄兩國在組建八國聯軍攻打中國的過程中，都充當了急先鋒的角色。

從在華利益來講，義和團之亂和聯軍入侵都是日本不願意看到的。取得甲午戰爭勝利的日本，獲得了朝鮮與台灣的利益。接著，日本想把福建也納入其勢力範圍，以便能與台灣呼應，獲得巨大的戰略空間。但華北「拳亂」，列強紛紛增派軍隊，俄國更是一馬當先，在東北地區大舉增兵，日本在中國北方利益，危機四伏，怎能不發兵中國。

從八國聯軍最初所派的兵力看：日軍八千人，德軍七千人、俄軍四千八百人，英軍三千人，美軍二千一百人，法軍八百人，意軍五十三人，奧軍五十二人。日本在第一輪派兵中，成為八國聯軍的主力。八國聯軍中，日本對中國也最為熟悉，所以，戰爭準備也最為充分。從日軍繪製的這幅《大沽及塘沽地圖》（圖11.6）即可看出，從大沽到天津，從山海關到北京，全都做了詳細的軍事標註，還特別加

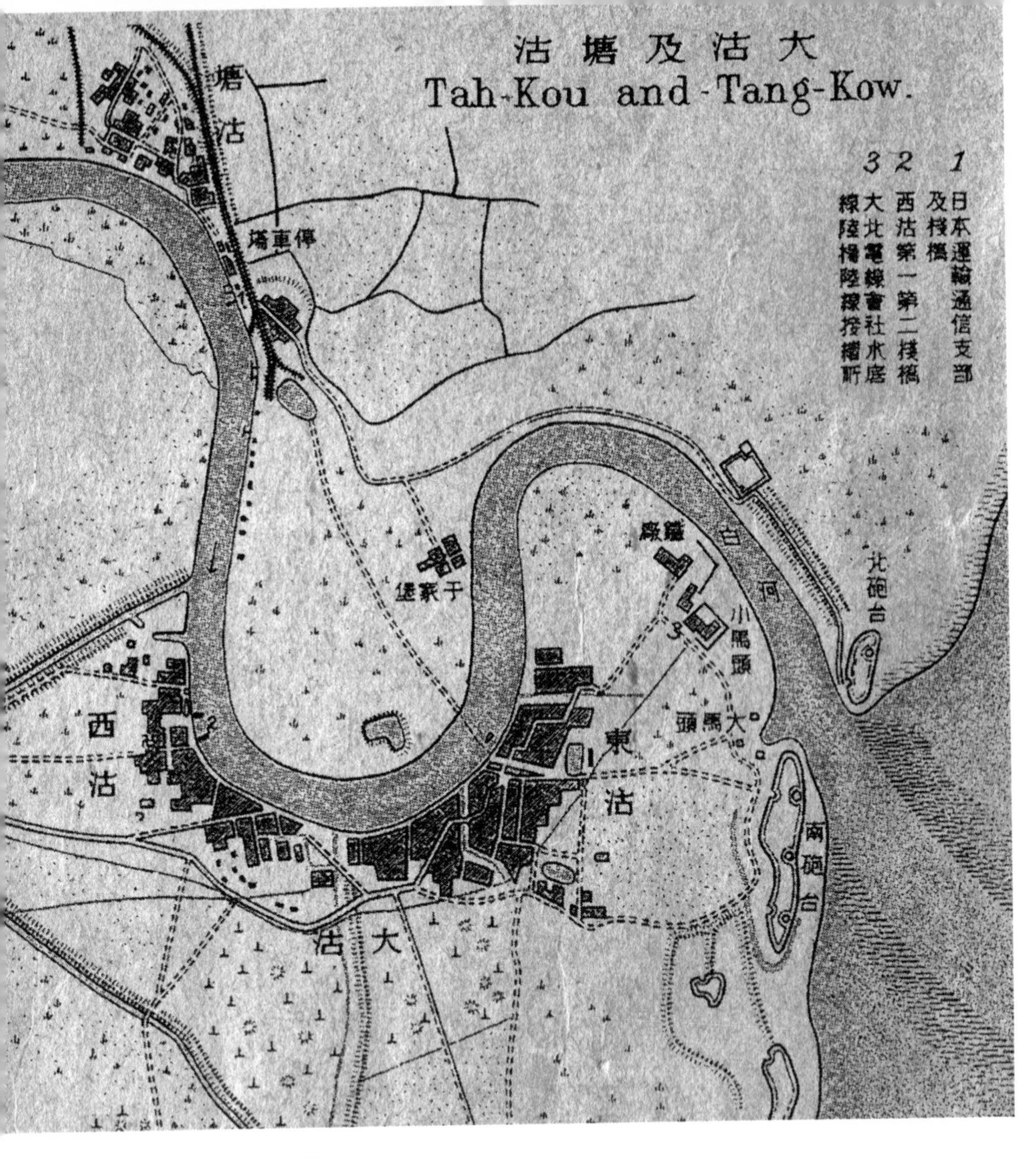

圖11.6《大沽及塘沽地圖》

從大沽到天津，從山海關到北京，全都做了詳細的軍事標註，還特別加註了英文圖名，一派國際化。

註了英文圖名，一派國際化。

日本大批軍隊進入中國，俄國自然不甘落在後邊。從七月開始，俄國從中國東北，大舉增兵，先後派出步騎兵十七萬，一躍成為出兵最多的侵華國家。沙俄除了派兵參加八國聯軍入侵華北以外，還在黑龍江左岸大舉「肅清」中國人，在七月下旬，連續製造了「海蘭泡慘案」與「江東六十四屯慘案」。十月，俄軍攻陷鐵嶺，東三省淪陷。

史料記載，日本在參與八國聯軍侵華過程中，十分低調，就是在搶掠也有紀律性與計劃性。當聯軍大多數官兵到處為自己尋找發財機會時，日軍的搶劫都是有組織的軍事行動，其搶劫的對象都是清政府的官衙。日軍攻佔天津後，搶銀二十三萬餘兩，在通州又搶銀十二萬餘兩。攻佔北京後，直撲清廷戶部銀庫，搶銀二百九十一萬兩。所搶劫的銀兩，交給日本中央金庫一百九十三萬兩，佔總額的百分之六十六，其餘的則歸陸軍省支配。這一切，給英軍留下了深刻的印象，極大地推動了兩年後的日英結盟。

八國聯軍與清廷簽署《辛丑條約》後，除留一部分部隊常駐京津、津榆兩線外，其餘皆撤兵回國。但是，日俄皆藉此機會耍侵佔中國領土的花招，都賴著不走，拒不撤兵，致使遠東的國際關係發生了重大變化，尤其是日俄矛盾越發激化。

日俄戰爭在所難免。

12 日俄、日德海戰

引言：大清已當不了自己的家

〰《滑稽歐亞外交地圖》〰一九〇四年出版

「庚子事變」大清戰敗，不僅臣民早就失去了獨立的人格，這一回，大清朝廷也失去了獨立的國格。奕劻、李鴻章代表大清與德國、奧地利、比利時、日本、美國、法國、英國、義大利、俄國、西班牙和荷蘭等十一國代表簽下《辛丑條約》。表面上看列國的要求大清基本滿足了，但更深的矛盾卻藏在條約背後，列強在華的利益衝突也由此公開化。由此亦帶來了清國海防的重要變化：此前是清國軍隊在清國海面反抗來自海上的外國艦隊；此後卻成了外國軍隊在清國沿海爭搶清國的地盤；晚清政府已沒落到，當不了自己的家，做不了自己的主，只能保持「中立」的地步了。

亞洲最先國際化或脫亞入歐的日本，經歷了甲午海戰之後，已深深地介入到東西方國際紛爭之中。一九〇四年三月，日本出版了一本《滑稽歐亞外地圖集》（*A Humorous Diplomatic Atlas of Europe and Asia*），以漫畫地圖的形式表現了當時的國際時局。其中《滑稽歐亞外交地圖》（圖12.0）頗為生動地表現了東亞的國際處境，此圖是日本人為日俄戰爭大做輿論準備而繪製的。

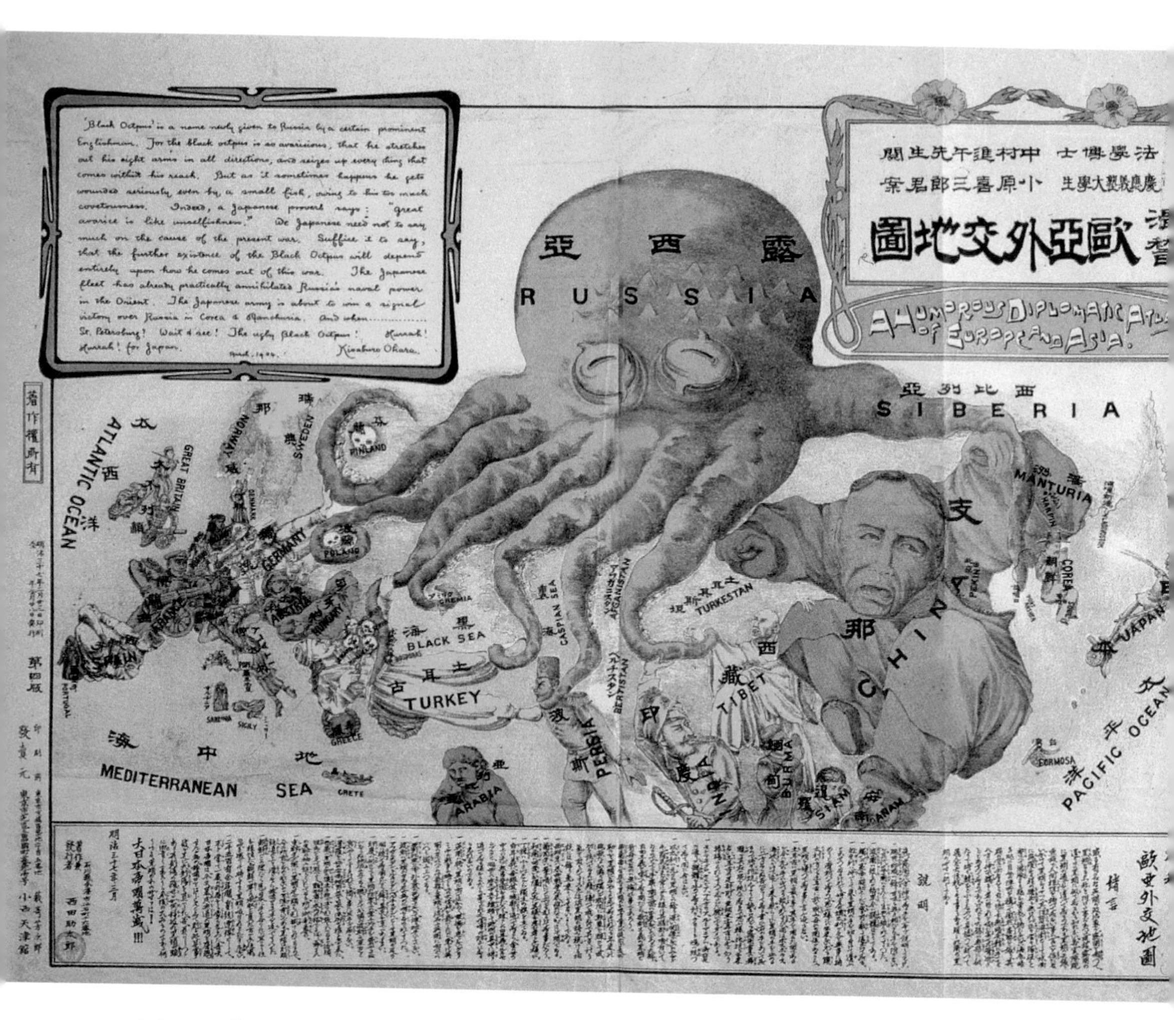

圖12.0《滑稽歐亞外交地圖》

選自1904年3月日本出版的《滑稽歐亞外交地圖集》，此圖以漫畫地圖的形式表達了日本的利益所在，日俄爭奪已在所難免。

此圖配有日文和英文註解。圖中的「露西亞」（即俄羅斯）猶如章魚，觸手欲圖扼制整個歐亞大陸。左上方標註的日期是「一九〇四年三月」，距日本在清國旅順口偷襲俄國艦隊挑起日俄戰爭還不到一個月。圖中將俄國畫成貪婪的黑色大章魚是從英國人那裡學來的。英國人為何把俄國畫成章魚，一是兩國已是敵對國。二是俄國在亞歐四處伸手，先是陸上擴張，後是海上擴張，已對英國的海外利益構成威脅。在章魚最右邊的手的下邊，標註有「Port Arthur」（英稱亞瑟港，即旅順口）。這幅漫畫地圖已明確表達出了日本的利益所在，爭奪在所難免。所以，一八九四年清日甲午戰爭，剛過十年，一九〇四年的日俄戰爭又在這裡打響。

旅順真是不順。

第二次鴉片戰爭後，沙俄以「調停有功」自居，並脅迫清廷割讓一百五十多萬平方公里的領土，此後，不斷侵入清國北方。甲午戰爭後，俄國又聯合德、法兩國，共同對日干涉，迫使日本「拋棄遼東半島之永久領有」，隨後在一八九七年俄國艦隊佔領旅順口。庚子事變後，入侵清國東北的俄軍又賴著不走……這一切，嚴重影響了日本在朝鮮和清國的擴張。

日俄戰爭中，雙方海軍共打了四場主要海戰：仁川海戰、黃海海戰、蔚山海戰、對馬海峽海戰以及海參威港口砲擊。四戰俄軍皆敗。一九〇五年，日本人打敗了俄國，這是近代歷史上亞洲勢力首次戰勝歐洲勢力，日本從此有了國際事務的話語權。

既然，日本能以小搏大，打敗俄國，佔據青島的德國，日本也就不怕了，沒有啃不下的骨頭。一九一四年日、德兩個侵略者的海上戰爭，在中國青島開打。

世界大戰，世界大亂。

日俄旅順口海戰

〰《俄佔旅順口圖》〰一九〇四年出版

〰《俄太平洋艦隊旗艦彼得羅巴甫洛夫斯克號觸雷沉沒》〰一九〇四年出版

〰《一九〇四年八月十日黃海海戰戰局變化圖》〰一九〇四年繪

旅順口之名與海防關係密切。朱元璋登基後的第四年，也就是一三七一年，為保遼東安全，朝廷派馬雲、葉旺兩將軍率部從山東跨海去遼東鎮守，船隊順風順水地到達遼東半島最南端的港灣「獅子口」，遂將此地改名為「旅順口」。這個海灣，西有老虎尾，東有黃金山，獅子口之內是一個天然的不凍良港。

旅順口在明代順風順水，但到晚清就不順了；十年之內經歷兩場海上戰爭，甲午海戰硝煙剛散，日俄海戰砲聲又起。雖然，早在一八八二年清廷就開始了旅順口的軍港建設，當年花崗岩條修建的防浪堤，今天仍是軍港公園防浪堤一部分。但一八九〇年才建好的旅順港，卻因《馬關條約》，與遼東半島一併被割讓給日本。雖然，俄德法三國搞了一場「三國干涉還遼」，日本被迫「拋棄遼東半島之永久領有」，但旅順才離狼窩，又入虎口。不久，俄國就以「還遼有功」為藉口，於一八九六年與清廷簽訂了《中俄密約》（即「共同防禦」日本）。一八九七年十二月十五日俄國擅自派艦隊闖入旅順口（此前一個月，德國強佔了青島），次年三月二十七日，俄國迫使清政府與之簽訂了《中俄旅大租地條約》強行「租借」了旅順、大連及其附近海域。

這幅俄國出版的《俄佔旅順口圖》（圖12.1），在左下角砲台上用俄文標註「ПортАртур」，即阿爾杜爾港。這個名字是英文「亞瑟港」（Port Arthur）的俄譯。第二次鴉片戰爭期間，一艘英國砲艦在此停泊，因艦長叫威廉．亞瑟，從此在殖民者的海圖上便以「亞瑟港」之名，標註在旅順口的位置上。這幅漫畫地圖通過畫中的一組人物表達了在中國問題上的列強矛盾：一邊是抱著大砲的俄國人，身後的砲台上有雙頭鷹國徽，雙鷹雄視東西兩邊，代表俄羅斯是一個地跨亞歐兩大洲的國家；一邊是拿著軍刀的日本人和握著日本人的英國人，身後還站著美國人，而躲在一邊的則是清國人。

「三國干涉還遼」令日本「丟了」遼東半島；「庚子之亂」後，俄國又佔了中國東北；日俄矛盾在此過程中，不斷升級。一九〇〇年後，日本聯合英國和美國，反對俄國。俄國則聯合法國，並在一九〇二年三月發表宣言，表示俄法將保留其在遠東自由行動的餘地。德國對俄國的遠東政策，表示支持。這樣，在遠東問題上就形成了兩大集團：一個是英日同盟，以美國為後盾；另一個是法俄同盟，德國在遠東則支持俄國。

有了英美的支持，日本一邊加緊備戰，一邊與俄國談判。但日本在朝鮮、南滿、北滿的權利訴求，最終沒能得到已經在中國東北修築了「東清鐵路」和「南滿鐵路」的俄國認可。一九〇四年二月六日，日本正式與俄國斷交，天皇密令日本艦隊即刻開赴黃海，想以一貫的突襲手法，先殲滅俄太平洋艦隊，奪取制海權。俄太平洋艦隊分駐旅順港和海參威港，兩個分艦隊擁有六十餘艘戰艦，多數戰艦停泊在旅順；日本聯合艦隊共有戰艦八十艘。俄國總軍力雖然超過日本，但在遠東戰場，日本實力則超過俄國。

二月八日，恰好是東正教的「聖燭節」。這天上午，日本利用英國汽船駛進旅順口，日本駐旅順領事立即撤僑。知道日俄談判破裂的俄國旅順總督阿列克塞耶夫（Евге́ний Ива́нович Алексе́ев），對日

圖12.1《俄佔旅順口圖》

通過一組人物表達了在中國問題上列強的矛盾：抱著大砲的是俄國人，砲台上有雙頭鷹國徽，雙頭鷹雄視東西兩邊，代表俄羅斯是一個地跨亞歐兩大洲的國家。拿著軍刀的日本人和握著日本人的英國人，身後還站著美國人，而躲在一邊的是中國人。

本撤僑視而不見，而在旅順的俄國太平洋艦隊司令斯塔爾克中將（Оскар Викторович Старк），則一心準備「聖燭節」和夫人的生日晚會，完全不知日本聯合艦隊正分頭靠向俄國太平洋艦隊：一個由三艘驅逐艦組成的小隊，開往旅順口；一個由八艘驅逐艦組成的小隊，開往大連；還有一個艦艇編隊，開往朝鮮仁川。

二月八日夜裡，日本八艘驅逐艦在大連灣襲擊俄國太平洋艦隊旅順分艦隊，但沒能找到目標，不得不撤回長山；另一支，開往旅順口的日本魚雷艇隊，在二月九日零點左右，悄悄靠近旅順口外側俄艦隊外錨地（旅順港內港較狹窄，水淺，大型戰艦只能在漲潮時出入內港），近距離發射了十六枚魚雷，重創停在外錨地的俄國戰艦太子號（Tsesarevich）列特維贊號（Retvisan）、列特維贊號（Retvisan）和巡洋艦帕拉達號（Pallada）。也是二月九日，開赴朝鮮西海岸的日本艦隊，在仁川港偷襲了俄國巡洋艦瓦良格號和砲艦高麗人號，兩艘俄艦被迫在港內自沉。

受傷的俄艦被迫自沉；日本就這樣以不宣而戰的方式，揭開了日俄戰爭的序幕。日本艦隊的分頭襲擊，取得了一定的海上優勢，但俄國太平洋艦隊並沒受到致命打擊，日本還沒有完全掌握制海權。此後的一個月，日本艦隊幾度試圖封死旅順口，均未成功。雙方在旅順港外都制定了相應的水雷封鎖戰術，日俄都有戰艦觸雷沉沒。四月十八日，俄太平洋艦隊的旗艦彼得羅巴甫洛夫斯克號（Petropavlovsk）觸雷沉沒，造成包括太平洋分艦隊司令斯捷潘・馬卡羅夫（Stepan Osipovich Makarov）海軍中將在內的約六百多名官兵死亡，令俄軍失去爭奪黃海制海權的自信心（圖12.2）。

八月七日，日軍對旅順口發動大規模進攻，首次攻佔了要塞周邊前沿制高點——大孤山和小孤山。日本陸軍開始以攻城砲攻擊旅順港口，猛烈砲擊導致俄國旅順分艦隊有被全殲之虞。沙皇得知此情況後，命令俄國太平洋艦隊旅順分艦隊「迅速突圍，駛往符拉迪沃斯托克（海參崴）」。

八月十日早八點，由維佐弗特少將任指揮官的俄國旅順分艦隊，沿前一天清掃的航道，以一路縱隊出旅順港突圍。這支有二十四艘戰艦的艦隊，有戰艦六艘：旗艦太子號（Tsesarevich）、列特維贊號、塞瓦斯托波爾號（Sevastopol）波爾塔瓦號（Poltava）、佩列斯維特號（Peresviet）、勝利號（Pobieda）；還有阿斯科利德號（Ascredit）等四艘巡洋艦；和十四艘驅逐艦，外加一艘醫療船。

日本聯合艦隊第一艦隊的指揮官東鄉平八郎大將，早料到俄艦隊會在砲擊下逃出旅順口，親率戰艦四艘：三笠號（旗艦）、敷島號、富士號、朝日號；裝甲巡洋艦兩艘：春日號、日進號；巡洋艦八艘、

圖12.2《俄太平洋艦隊旗艦彼得羅巴甫洛夫斯克號觸雷沉沒》

1904年出版的法國畫報上刊出的海戰畫，報導了這次觸雷造成包括太平洋分艦隊司令斯捷潘·馬卡羅夫海軍中將在內的六百多名官兵死亡的戰事。

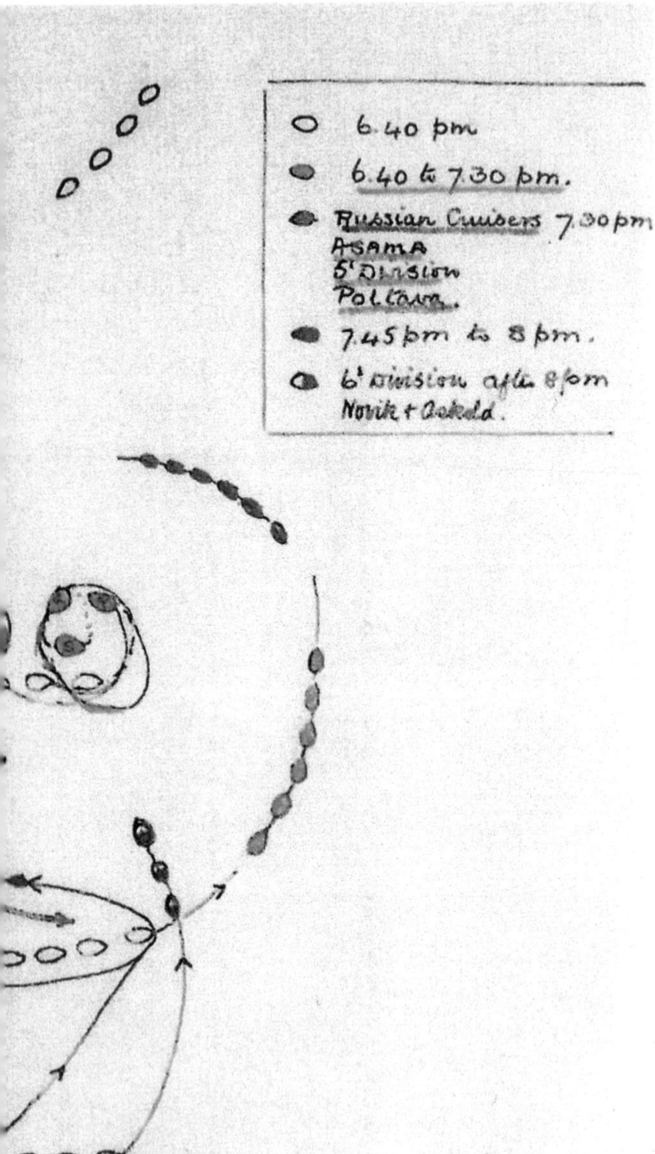

驅逐艦十八艘、魚雷艇三十艘，在山東半島外的黃海海面實施封鎖。

這天中午，從旅順口出逃的俄國艦隊與日本艦隊在黃海相遇，這是日俄戰爭期間兩國艦隊第一次正面遭遇。日艦隊為保持與俄國艦隊的接觸，與俄艦隊相向而行。十三點左右，雙方距離接近到四.五海浬時，雙方開始第一次交火。戰鬥中，俄艦隊不斷轉向，脫離了與日艦隊的砲火接觸，向東南方向逃逸。這樣雙方打到十六點三十分，俄國艦隊跑到了山東半島成山角一帶，但仍沒衝出日本艦隊包圍圈。

這幅英國人哈金森繪製的《一九〇四年八月十日黃海海戰戰局變化圖》（圖12.3）表現了這場海戰

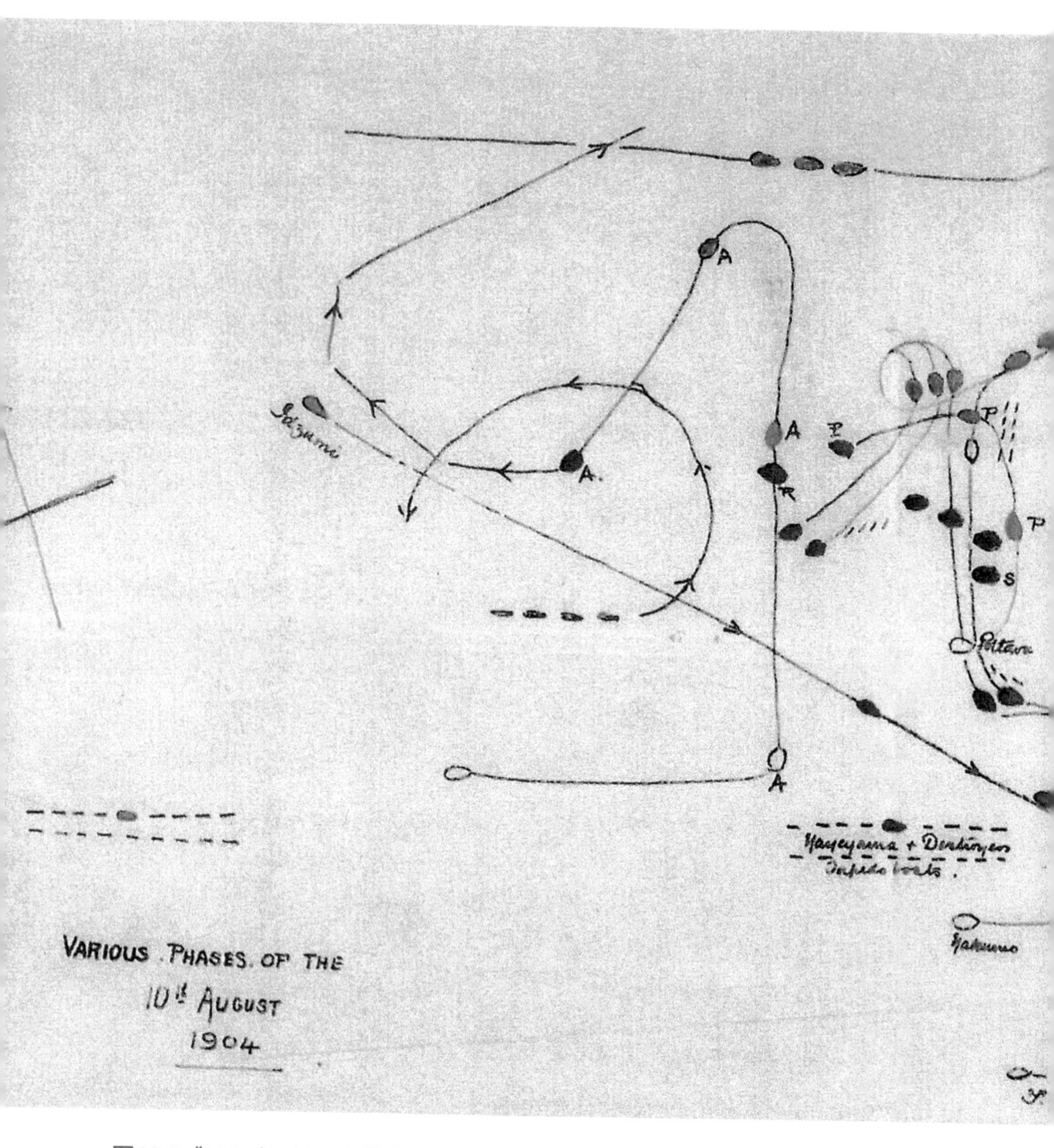

圖12.3《1904年8月10日黃海海戰戰局變化圖》

表現了俄國艦隊出逃旅順口，在黃海海戰中第二次與日軍交火。最後，俄國艦隊除旗艦太子號以及兩艘巡洋艦和四艘驅逐艦逃到青島和上海等中立地區外，其他五艘戰艦和大部分戰艦都敗退回旅順港，突圍行動失敗。此圖繪於1904年，作者為英國人哈金森。

的第二次交火，也是最後時刻。哈金森是英國海軍上校，被任命為臨時大使館海軍武官，有可能是這場戰役的目擊者。他註明「機密」日誌，包括這幅交戰時繪製的戰局變化圖，後來交給了英國海軍部，現藏英國海軍部圖書館手稿收藏室。

十七點三十分，俄艦隊集中打擊日艦隊旗艦三笠號，但造成損害不大；日本艦隊也集中打擊俄國旗艦太子號。十八點四十分，俄旗艦太子號被砲彈擊中艦橋，指揮官維佐弗特（Wilgelm Karlovich Vitgeft）少將，當場陣亡，俄艦隊失去了指揮，無法保持戰鬥隊形。此圖左下角註明「一九〇四年八月十日旅順口海戰的戰局變化」。戰局在圖上標明的「6：40PM」即下午六點四十分，確實發生了根本轉變。圖中的藍色戰船是此時的俄國艦隊，潰散的隊形表明，已失去指揮的俄國艦隊，不再與搶佔「T」字頭位置的日本艦隊進行對抗，大家四散而逃。最後，除旗艦太子號以及兩艘巡洋艦和四艘驅逐艦逃到青島和上海等中立地區外，其他五艘戰艦和大部分戰艦都敗退回旅順港，俄艦隊的突圍行動，宣告失敗。

在俄國旅順分艦隊無奈地退回旅順口之時，俄國海參威分艦隊趕到了日朝之間的海峽，準備接應旅順分艦隊，但等待三天沒能等到，八月十四日，卻等到已「恭候多時」的日本第二艦隊，日俄艦隊在朝鮮蔚山一側激戰四個小時，損失慘重的俄國海參威分艦隊撤回了海參威基地。俄國旅順分艦隊撤回旅順後，再也沒有嘗試突圍，戰艦上的火砲都被拆下安裝在陸上陣地，水兵也被編進陸軍守備部隊，全力抵抗從陸上進攻旅順的日軍。最後，隨著旅順的失守，俄國太平洋艦隊旅順分隊戰艦皆被擊毀，全軍覆沒。

日俄旅順登陸戰

〰《日軍遼東半島登陸》〰一九〇四年出版

〰《東雞冠山要塞圖》〰一九〇四年出版

俄國一八九七年強佔旅順之後，即開始以長期霸佔為目的的城市和海防建設，歷時七年修築旅順要塞，共建堡壘五十二個，設大砲六百四十門，派駐守軍四萬餘人，號稱「東方第一要塞」。這個要塞系統分為兩個部分，一個是海岸砲台，從最東邊的南夾板嘴起，到最南端的白嵐子鎮，俄軍共建了十八座海岸砲台，而旅順口西犄角上的老虎尾一線到東犄角黃金山的一線的砲台剛好構成火力交叉網，完全覆蓋了旅順口沿海海面。

英國海軍名將納爾遜說過「只有笨蛋，才會拿戰艦與海岸砲台搏命」，所以，日本海軍用艦砲攻擊旅順沿海要塞失敗後，東鄉平八郎就明智地放棄了從海上攻入港口的打算，將戰艦停泊在外海，等待乃木希典等人的部隊陸上進攻奏效後，再進入旅順港。

日軍的陸上戰略是先阻斷俄國陸軍從滿洲增援旅順的路線，在日本海軍襲擊旅順口時，日本陸軍就從朝鮮和遼寧多個方向，切斷從滿洲向遼東增援的俄軍地面部隊。四月中旬，日軍未遇抵抗就抵達鴨綠江左岸，俄軍扎蘇利奇（Mikhail Ivanovich Zasulich）的部隊害怕被包圍，向遼陽撤退，為日軍進入東北打開了大門；五月底，日軍進抵金州，第二軍在遼東半島登陸，如這幅法國人畫的《日軍遼東半島登陸》（圖12.4）。俄軍駐守遼東半島的司令斯捷塞爾（Anatoly Mikhaylovich Stessel）命令福克斯放棄大

圖12.4《日軍遼東半島登陸》

原畫刊於法國畫報，它表現了5月5日這天日軍第二軍在遼東半島金縣猴兒石登陸，幾乎沒有遇到俄軍的抵抗就佔領了金州周邊。金州地處遼東半島狹窄地帶，是陸上通往旅順大連的咽喉，軍事地位十分重要。

連，向旅順撤退，日軍隨即佔領金州和大連；七月底，俄軍只堅守了半天即放棄了旅順周邊最後一道天然屏障狼山，退入旅順要塞。日本人沒有估計到俄軍退卻如此之快，更沒估計到攻打旅順要塞會如此之難、如此之久、代價如此之大。

旅順要塞系統除旅順港口西犄角上的老虎尾砲台，和東犄角黃金山的高砲台、低砲台（即電岩砲台）等沿海砲台外，還在旅順城的東邊構築了一系列要塞，防止地面部隊從陸路攻城。這條防線以二龍山砲台為中心要塞，東有東雞冠山要塞，西有松樹山要塞，盤龍山為前進砲台。

筆者到旅順考察時看到，這裡的海岸砲台和陸地砲台，如203高地、東雞冠山等砲台，都完好地保存下來，現都開闢為收費的旅遊景點和風景區了。

從英國畫報發表的《東雞冠山要塞圖示意圖》（圖12.5），可以清楚地看到要塞的結構，外牆由水泥構築，砲彈僅能傷及表面，無法將它摧毀；堡壘前還挖有壕溝，即使攻到陣前，也無法靠近它。暗道相連的砲台與工事，使砲火和重機槍火力構成一張密集的火力網，成為難以逾越的鋼鐵彈幕。當時俄國守軍擁有大批馬克沁重機槍，而日軍僅有少數法式輕機槍，所以，從八月一直打到十二月，日軍沒能攻入旅順，並付出四萬官兵的傷亡代價。

八月十九日，日軍對要塞發動首次強攻，主功方向在東部防線的東雞冠山砲台，雙方激戰到八月二十四日。日軍僅前進了三百公尺，但傷亡卻近一萬五千人。領教了旅順要塞厲害的日軍，不得不放棄迅速攻佔旅順的打算。九月十九日，離第一次攻擊整一個月後，日軍發起第二次強攻。這一次，由甲午戰爭中曾一舉攻克旅順的乃木希典為第三集團軍軍長指揮總攻，攻擊的方向為旅順城西北防線上的203高地。第三集團軍在此損傷七千五百多人，但一直到十月底，仍沒取得實質性的進展。

面對近三萬人的傷亡數字，和久攻不下的要塞，日本滿洲軍總司令大山岩命令乃木希典交出指揮權，由總參謀長兒玉源太郎任臨時指揮官。十一月二十六日，第三集團軍再次發起總攻，對砲兵的運用遠強於乃木希典的兒玉源太郎，將攻擊東雞冠山砲台的重砲調到203高地下面，集中所有砲火向203高地猛轟，先後發射砲彈一萬一千餘發，終以一萬多官兵陣亡為代價，在十二月五日，攻克203高地。

203高地失守，令俄軍陣腳大亂，也改變了旅順戰局的走向。

日軍在可以俯瞰旅順全城的203高地，建立起觀察哨，校正進攻部隊的大砲射擊方位，攻擊俄軍要塞，並從山上以大口徑榴彈砲攻擊停泊在旅順口的俄艦，十餘艘俄國戰艦，轉眼被炸沉在旅順口。十二月十八日，日軍挖通了東雞冠山砲台下的地道，用二千三百公斤的炸藥，炸毀了這個堅不可摧的堡壘。隨後，向旅順城發起了最後的總攻。

一九〇五年一月二日，無心更無力再戰的俄軍，才向日軍投降。佔領了遼東半島的日本，下一個目標就是拔下山東半島上的釘子——德國佔領的青島。

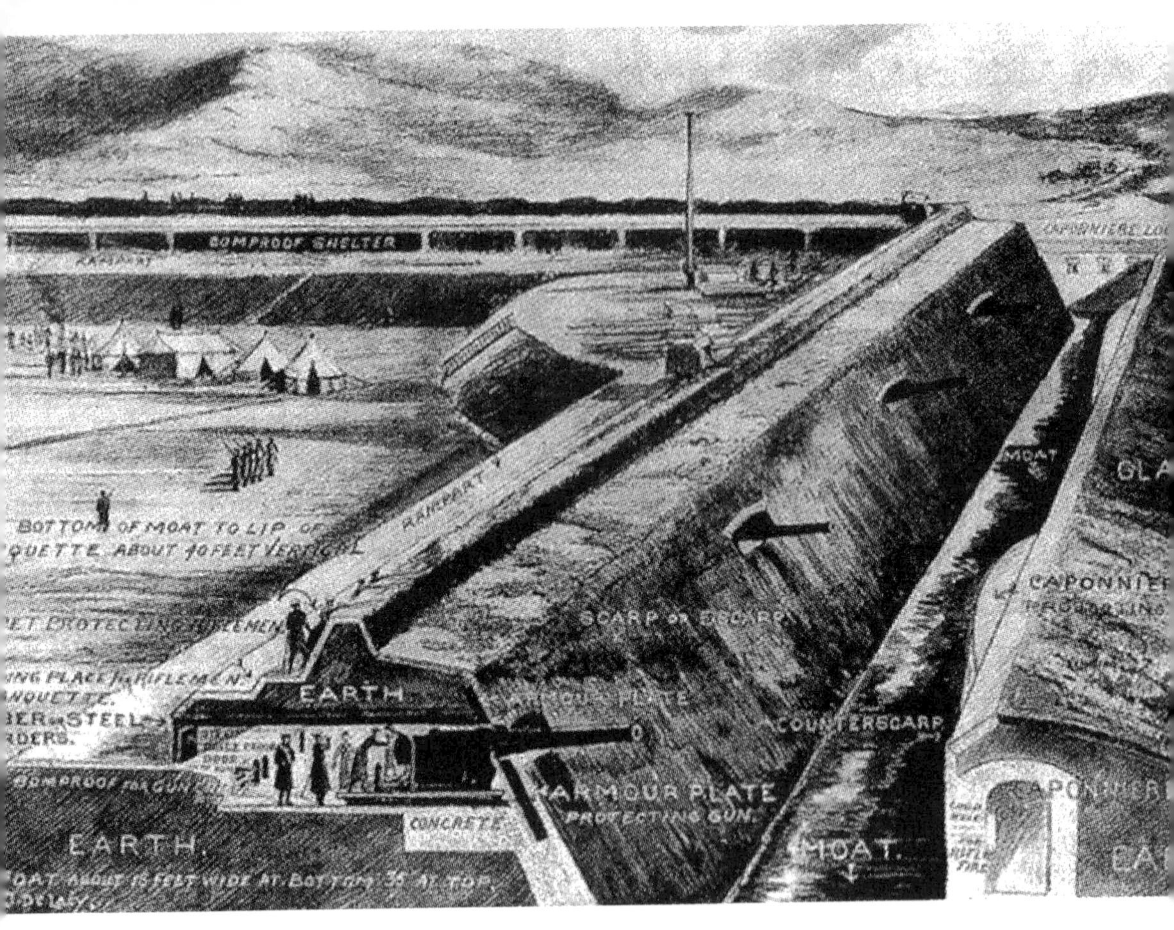

圖12.5《東雞冠山要塞圖》

表現了俄軍要塞的完美架構：外牆由水泥構築，砲彈僅能傷及表面；堡壘前挖有壕溝，敵人攻到陣前也無法靠近它；暗道相連的砲台與工事，使砲火和機槍火力構成一張密集的火力網。正因為要塞堅固，日軍從8月打到12月，沒能攻入旅順，並付出四萬官兵傷亡的慘重代價。

日德青島攻圍戰

〰《膠州灣攻圍戰局詳圖》〰一九一四年繪

〰《青島要塞攻防概見圖》〰一九一四年繪

〰《膠澳租借地德軍佈防圖》〰約繪於一九〇八年

日本打著「驅逐俄軍」、「維護東亞和平」的旗號，於一九〇四年對俄宣戰，最終取代俄國佔領遼東。如果再拿下膠東，就可以控制中國東部沿海地區，但山東一八九八年被德國強佔，所以，日本一直在尋找日德開戰，奪取膠東的機會。

一九一四年七月二十八日，第一次世界大戰在歐洲爆發。八月一日，德國對俄、法兩國宣戰。八月四日，英國對德宣戰。八月七日，英國正式要求盟友日本派海軍打擊在中國海面襲擊英國商船的德國偽裝巡洋艦。日本終於等到了挑戰德國的機會。

八月二十三日，日本打出「恢復東亞和平」、「維護英日同盟的利益」的旗號，向德國宣戰。次日，封鎖了膠州灣出海口，要求德國將膠州灣租借地無條件地交付日本，以備將來交還中國（刻意製造「並無佔領土地野心」的假像）。德國雖然在歐洲戰場上，焦頭爛額，但也不肯把青島交給日本。於是，青島成為日德的戰場，也是第一次世界大戰中亞洲唯一戰場。

當時，在青島的正式德國軍人有五千人，加入鐵路等其他機構徵調，守軍共湊出一萬多人；而日軍投入的兵力則是德國的五倍，並能且能就近從日本旅順、大連，和九州的軍港發兵，補給源源不斷。這幅日本一九一四年出版的《膠州灣攻圍戰局詳圖》（圖12.6）描繪日本海陸圍攻青島的路線。在此圖右下角的「明細圖」上，可以看到在青島東南海面上，畫出了一個「封鎖區域」。青島一役，日本首先搶戰的是制海權。

日軍為奪取制海權，動用了三個艦隊參戰：第一艦隊負責東海及黃海，保護日本運輸船隻；第三艦隊負責上海以南，香港以北的海上警戒，解除敵對船隻武裝；第二艦隊負責封鎖和攻打膠州灣。第二艦隊由三艘戰艦、二艘重巡洋艦、五艘輕巡洋艦組成，同時，英國有二艘戰艦配合日軍海上作戰。

特別要說明的是日德之戰，日本不僅搶佔了制海權，還同時搶得了制空權。在這場戰爭中，第二艦隊專門配備了一艘水上飛機母艦——日本由此成為世界上最早使用「原始航母作戰」的國家。

雖然，日本是剛剛崛起的亞洲帝國，但在軍事上卻勇於「趕英超美」。一九一一年，美國在經過改裝的巡洋艦上試飛並降落飛機成功，日本緊隨其後，第二年即建立了海軍水上飛機基地。一戰爆發僅半個月，日本即將日俄戰爭中繳獲的排水量七千七百噸的俄國貨輪「若宮丸」進行「船載飛機」改裝。九月一日，日本對德宣戰僅七天，完成改裝的若宮丸就趕赴青島海域。

九月五日，可載四架飛機的若宮丸，派出一架飛機對青島進行高空偵察：德國遠東艦隊主力——六艘巡洋艦已在日軍合圍青島前已離開青島，港內只有奧匈帝國五千噸舊式巡洋艦「伊利莎白女皇」號、S-90號水雷艇、美洲虎號砲艇（曾參加八國聯軍侵華）、伊爾蒂斯砲艇及其他小型船艇。日本飛機完成偵察任務後，對德國軍事設施進行了轟炸——這是世界上第一次「航母飛機」實戰轟炸（所以，日本在一九二二年製造出世界第一艘真正的航母鳳翔號，也不足為奇）。此時，德軍在青島只有一架飛機，無法與日本參戰的九架飛機展開真正的空中格鬥。德國海軍無法應對日本的海上與空中的打擊，德國S-90

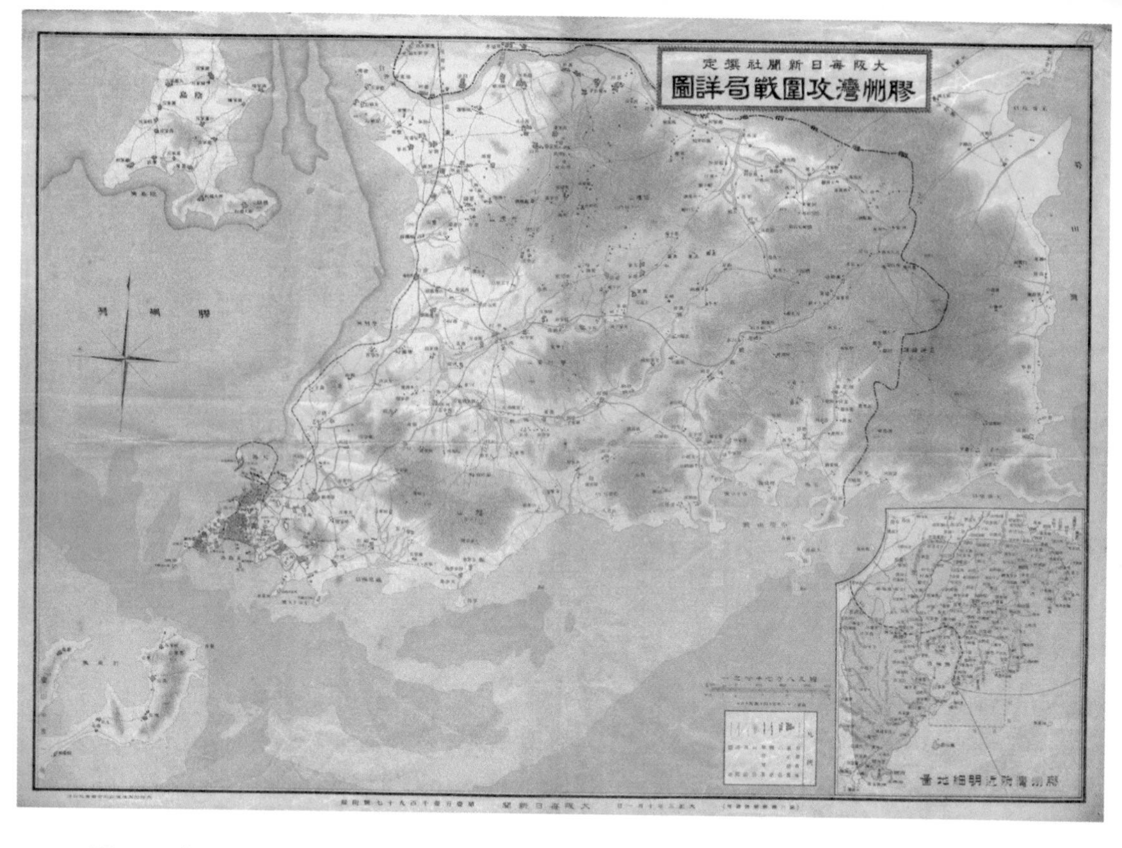

圖12.6《膠州灣攻圍戰局詳圖》

1914年日本發行的《膠州灣攻圍戰局詳圖》，標註了日本、德國在膠東半島的戰事情況、戰略部署，圖縱39公分,橫54公分，彩色印刷。

號水雷艇最大戰績是先後擊沉日本二等巡洋艦高千穗號，擊傷英國驅逐艦凱旋號，最後擱淺自沉。所以，日德海軍基本沒有發生大規模的海上作戰，青島爭奪戰主要在要塞間開戰。

從一九一四年日本出版的《青島要塞攻防概見圖》（圖12.7）上可以看出，日軍攻打青島要塞的全過程。膠州灣是一個伸入內陸的半封閉性海灣，青島位於膠州灣的東犄角上，三面環海。德國佔領青島就料到有一天會有對手來爭奪這塊寶地，所以，在青島海岸建立了多層海防工事。雖然，歷經朝代變換，筆者來青島考察時，和許多旅遊者一樣看到的是闢為遺址公園的青島山砲台。青島山的鑄鋼指揮塔和地下通道，今天看來，仍令人歎為觀止。但當年德軍修築的可不止這一個砲台，而是一個海陸兼備的堡壘體系。

這幅德國人大約繪 製於一九〇八年的《膠澳租借地德軍佈防圖》（圖12.8）表明，德國早就料到會有開戰的這一天，所以，早早就系統地構築了堅固的要塞。圖中用橙色線條標註了德軍在青島老城陸地邊界線修築的砲台。由南至北是，靠南部海岸的小湛山南砲台，而後是沿伸至內陸的小湛山北砲台、中央砲台、台東鎮堡壘和靠膠州灣的海岸砲台，五座砲台連成封堵陸路進攻的封鎖線。在海岸一線，從東至西為，匯泉角砲台（大砲都是一九〇〇年，從大沽口掠奪的克虜伯大砲）、團島砲台、台西鎮砲台（原為清軍的西嶺砲台）。後兩座砲台處在膠州灣的東犄角尖上，守衛著膠州灣入口。在青島城中央的兩個至高點上，有能發砲至海面大砲台，一是太平山上的南北砲台，德稱伊爾奇斯砲台；一是青島山上的南北砲台，德稱俾斯麥砲台。圖面上佈滿了砲台的射程與火力交叉線，一派固若金湯的海防體系。

日德開戰後，在海岸一線，日本戰艦丹後號（原俄艦波爾塔瓦號戰艦，旅順口一役被日軍俘獲，併入日本海軍，改名丹後號，為一等戰艦）、英國凱旋號巡洋艦等不斷砲擊匯泉灣砲台，但德國有射程十公里的二八〇公釐和二四〇公釐克虜伯加農砲組成的火網，使日軍無法正面登陸青島。

從九月三日至二十三日，日英聯軍在青島側後方的龍口、小勞山灣、福山所口一線登陸。在《膠州灣攻圍戰局詳圖》上，幾乎每一座山，日軍都標出了海拔高度。如「巨嶗峰1197（嶗山實為一千一百三十二公尺是中國海岸線第一高峰）」。日軍登陸後，即搶佔制高點，九月二十八日，打下「浮山（福山）」，因為佔領這個海拔三百八十三公尺浮山第二高峰，即可俯瞰整個青島。《青島要塞攻防概見圖》最右側標註出「九月二十八日佔領」浮山。此後，日軍從圖的右側一步步向左側推進，圍攻青島。隨著德軍的孤山、樓山、羅圈澗、浮山等周邊陣地被突破，十月，日英聯軍開始向青島東北部

圖12.7《青島要塞攻防概見圖》

1914年日本發行的《青島要塞攻防概見圖》，記錄了日軍攻打青島要塞的全過程，在每一條進攻線上，都標註了日軍的作戰時間。

德軍以五座砲台連成的堡壘線發起全面攻擊。但德軍堡壘堅固，防守嚴密，加上連日大雨，整個十月，未讓日軍前進一步。十月三十一日，是日本大正天皇的生日。日軍選擇此日向青島德軍發起總攻。此圖用藍色線標註出「十月一日夜佔領，第一攻擊線」、「十一月三日夜佔領，第二攻擊線」、「十月六日夜佔領第三攻擊線」。

十一月七日凌晨，日軍突擊隊趁德軍極度疲憊之機，偷襲中央堡壘，經過激烈肉搏之後，中央堡壘陷落。日軍由中央突破口，順勢前後夾擊兩邊的堡壘，先後攻陷南邊的湛山和北邊台東鎮等堡壘。圖中用橙色繪出的德

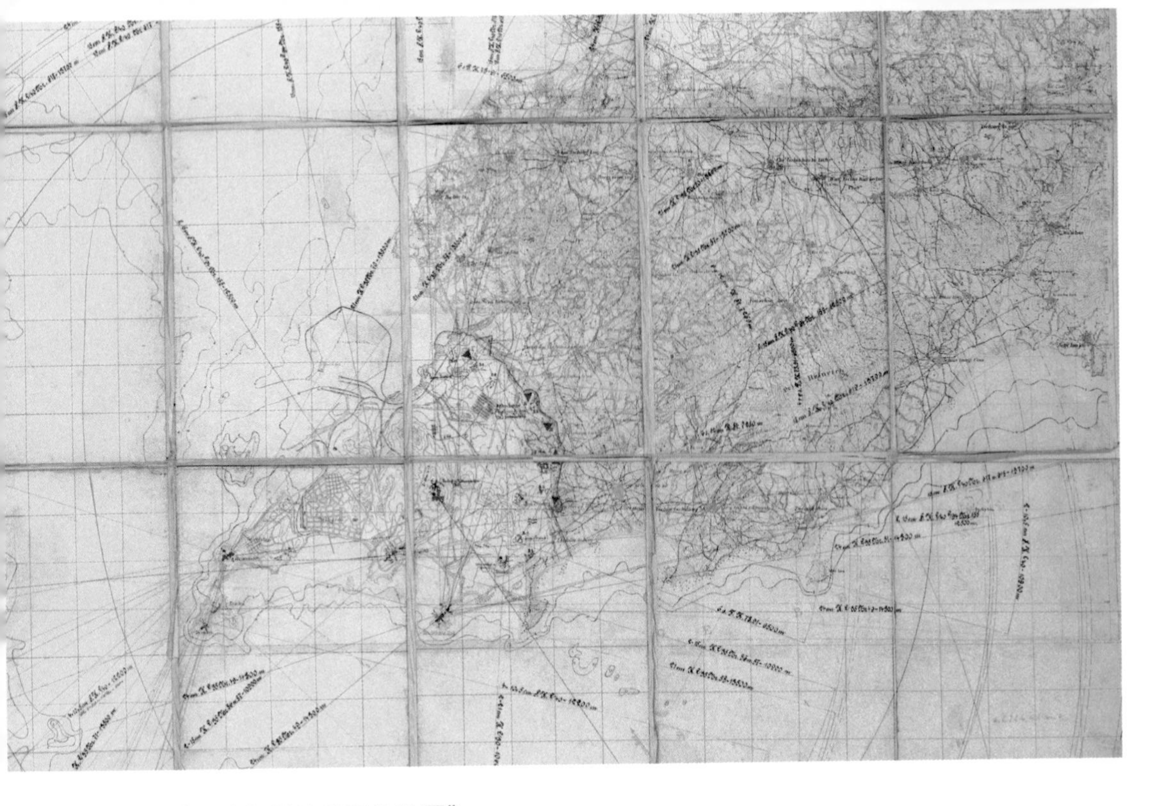

圖12.8《膠澳租借地德軍佈防圖》

大約繪於1908年，德國料到會有開戰的一天，早就系統構築了要塞：圖中橙色線條標註了老城陸地邊界線的5個砲台；在海岸一線設有匯泉角、團島、台西鎮等砲台；以及城中央太平山和青島山砲台；圖面佈滿砲台射程與火力交叉線，一派固若金湯的防衛體系。

軍堡壘線（浮山所灣、湛山、亢家莊、海泊河一線），全線崩潰。孤立於城中的伊爾奇斯諸砲台和火力強大的俾斯麥砲台，也沒能堅守多久。十一月七時，德軍在信號山懸掛白旗投降。

德軍早已料定守不住青島，一邊抵抗，一邊毀掉武器裝備。九月二十八日，先自沉了伊爾蒂斯砲艇、猞猁號砲艇，鸕鶿號砲艇（德國佔領青島時的戰艦之一）；十月十七日，S-90號水雷艇成功偷襲日艦後，自沉；十一月三日，又自沉了巡洋艦伊利莎白女皇號、美洲虎號砲艇。十一月七日，德軍在青島的唯一戰機成功飛出戰區，在江蘇海州迫降，飛行員將飛機焚燬後，逃回德國。是役，德軍戰死數百人，被俘四千餘人，日軍死亡一千餘人。經過兩個多月的戰鬥，青島又淪為日本殖民地。

後記

二〇〇三年為準備二〇〇五年「紀念鄭和下西洋六百年」的專稿，我開始研究中國航海史和鄭和下西洋。在完成「重走鄭和路」系列報導之後，我沒能成為「鄭學」迷，卻「幡然醒悟」：那場看似偉大卻虛無至極的「下西洋」，並沒影響中國，更沒改變世界，它不過是一場華麗的「形象工程」，我由此將研究航海史的目光投向真正改變了世界的「大航海」。

二〇〇七年，應深圳鹽田區文化局邀請，為這個以海強區的區圖書館籌辦海洋文獻館作項目顧問。最初商定先籌建一個古代海圖館，借助古代海圖演進的歷史脈絡，讓讀者感受世界的由來及海圖裡的世界觀。在搜集古代航海圖與撰寫展覽說明的過程中，產生了它的副產品《誰在地球的另一邊——從古代海圖看世界》這本書。此書由花城出版社出版中國大陸版，而後，又由韓國名家出版社出版了韓文版，接著香港三聯出版社又出版了繁體字版。《誰在地球的另一邊——從古代海圖看世界》一書的出版和業界的良好反響，直接引發了它的姐妹篇《誰在世界的中央——古代中國的世界觀》。此後，撰寫古代海圖系列書，成了一種「使命」和一個「工程」，一發而不可收拾。於是，又有了《中國古代海洋地圖舉要》、《中國古代海洋文獻導讀》和這本《敗在海上——中國古代海戰圖解讀》，正是在《誰在地球的另一邊——從古代海圖看世界》香港三聯繁體字版的責編俞笛小姐的不斷催促下，才得以完成，所以，這本書得以出版，首先要感謝俞笛小姐。

《敗在海上——解讀中國古代海戰圖》這本書，主要依托古代海戰圖來進行研究與寫作，地圖是它的基礎。由於此前沒有人做過此類文獻的編輯與整理，所以，尋找各歷史時期的中國古代海戰圖成為一項大海撈針般的任務。為此，我不得不請遠在澳大利亞的哥哥梁大平在澳洲搜尋；請在美國的侄女梁小娜查找，請去日本旅遊的太太孟慶懷到東京國立圖書館查找；請當時在英國讀研的女兒梁伊然在大英圖書館查詢和複製；沒有親人的幫助，許多重要的中國古代海戰圖，我是無法在國內找到的，在此要由衷地謝謝他們。

還有我的一些朋友，知道我有此好，每有相求總會拔刀相助：青島藏書家薛原先生幫助我聯繫青島檔案館找到了青島海戰的重要地圖；王光明、陳才風等幫助我翻譯法文地圖與英文資料……最後，還要感謝從最初建設古代海圖館就一起合作的深圳鹽田區圖書館館長尹麗棠女士，她一直參與此項目的策劃，亦為此書寫作提供了許多支持；在此一併致謝。

最後，要跟大家說的是，海戰圖畢竟是一紙地圖，要想真正感受「敗在海上」的歷史教訓，我以為最好還是到當年發生海戰的故地去看一看。近年來，沿海各地興建了一批海事博物館和海戰遺址紀念館，修復了許多砲台和古戰場，闢為開放的公園，我在這裡向大家推介它們：台南安平古堡古蹟紀念館、台北基隆砲台、台北淡水古蹟博物館、香港海事博物館、香港海防博物館、長洲島張保仔洞、澳門海事博物館、澳門中央砲台、福州船政文化博物館、馬江海戰紀念館、廈門胡里山砲台、舟山定海鴉片戰爭紀念館、寧波鎮海招寶山風景區、鎮海口海防歷史紀念館、慈城大寶山古戰場、乍浦天妃宮、南灣諸砲台、吳淞口砲台濕地森林公園、上海中國航海博物館、鎮江焦山、北固山諸砲台、青島俾斯麥砲台遺址公園、威海劉公島中國甲午戰爭博物館、旅順口東雞冠山、電光山諸砲台遺址公園，大沽口砲台遺址博物館……為了搜集地圖和寫作此書，這些地方我一個不落的都去考察過了，希望大家看完此書，能去看看它們，那是活的圖畫，聽得見歷史的回聲。

梁二平

二〇一四年四月五日，於中國深圳

附錄 參戰各國艦隊名錄

第一次鴉片戰爭英國侵華戰艦名錄

鴉片戰爭時期，英國海軍已經擁有由戰艦（ship of the line）、巡航艦（frigate）、輕巡航艦（escort）、武裝汽船（armed steamer）、運兵船（troop carrier）、運輸船（transport）組成的分工明確、戰術靈活的龐大海軍，它們分成不同的艦隊駐紮在世界各地。

鴉片戰爭初期，英國派往清國的艦隊等級並不高，最大的戰艦僅為三等級戰艦，大小戰艦共六十餘艘，屬於英國海軍部的五十艘，屬於英國東印度公司的十六艘，這些艦船並不同時在中國戰場，最終沒有一艘英艦毀於對華戰鬥中。由於清廷的文獻中，沒有留下一份侵華英艦的名單，後世研究者採用的多是英國海軍留下的資料，說法不一。此表根據多個來源排定，尤以馬幼垣先生最新研究為準。為方便讀者閱讀英文原版海戰圖，這裡特將英艦的中英文艦名並列排出。

三等級戰艦：

Melville（麥爾威厘號）戰艦，74炮，1746噸。

Wellesley（威爾士厘號）戰艦，74炮，1746噸。

Blenheim（伯蘭漢號）戰艦，74炮，1746噸。

Cornwallis（康華麗號），巡洋艦，72炮，1751噸，《南京條約》簽約艦。

四等級戰艦：

Vlndlctive（復仇號），50炮。

Endymion（恩德彌安號），50炮。

五等級戰艦：

Blonde（布朗底號），44炮。

Druid（都魯壹號），44炮。

Cambrian（哥倫拜恩號），40炮。

Thalia（塞莉亞號），46炮。

六等級戰艦：

Alligtor（美洲鱷魚號），28炮。

Conway（康威號），28炮。

Samsrang（薩馬蘭號）。

Herald（前鋒號）。

North Star（北極星號）。

Calliope（加略普號），28炮。

Dido（狄多號），18炮。

Volage（飛馳號），28炮。

Nimrod（善獵者號）。

二桅快船輕巡艦八艘：

Algerine（阿爾及利亞人）10炮。

Cameleon（美洲變色龍號）。

Columbine（科隆比納號），18炮。

Bentinch（班廷克號）10炮。

Childers（查德士號），18炮。

Cruiser（巡航者號），18炮。

Clio（歷史女神號），18炮。
Hazard（冒險號），18炮。
Hyacintn（海安仙芙號），20炮。
Louisa（露依莎號）。
Minden（敏頓號），18炮。
Pelican（鵜鶘號）。
Royalist（保皇者號），8炮。
Sulphur（硫磺號），12炮。
Wanderer（漫遊者號）。

運輸船：

Apollo（太陽神號）。
Rattlcsnake（響尾蛇號）。
Jupiter（木星號）。

東印度公司參戰艦船主要有：

Auckland（奧克蘭號），木殼明輪巡航艦，6炮。
Ackbar（棒條號），木殼明輪炮艦，6炮。
Atalanta（阿打蘭打號）木殼明輪炮艦，5炮。

Driver（臨工號），6炮。
Harlequin（諧角號），16炮。
Lame（拉尼號，也譯勒里號），18炮。
Modeste（摩底士底號），20炮。
Modeste（謙虛號），18炮。
Pylades（卑拉底士號），18炮。
Senrpent（毒蛇號），16炮。
Starling（椋鳥號），4炮。
Wolverine（狼獾號）。

Belleisle（拜耳島號）。
Sapphire（藍寶石號）。
Young Hede（青春女神號）。

Aurora（曙光號），資料不詳。

Enterprize（進取號）戰船。

Hooghly（胡格力號），木殼明輪炮艦。

Madagascar（馬達加斯加號），木殼明輪炮艦。

Medusa（美杜莎號），鐵殼明輪炮艦。

Memnon（勉郎號），木殼明輪炮艦，6炮。

Nemesis（復仇女神號），鐵殼明輪巡艦，6炮。

Phlegethon（弗萊吉森號），鐵殼明輪炮艦，4炮。

Pluto（伯勞弗號），木殼明輪炮艦，1炮。

Prosperine（蒲尚皮娜），鐵殼明輪炮艦，2炮。

Queen（皇后號），木殼明輪炮艦，2炮。

Sesortris（西索斯梯斯號），木殼明輪炮艦，4炮。

Tenasserim（德蘭尚依號），木殼明輪炮艦，4炮。

第二次鴉片戰爭英國皇家海軍向中國增派軍艦名錄

一八五六年十月二十三日，英國駐華海軍以「亞羅號事件」為藉口，悍然向廣州發動進攻，打響第二次鴉片戰爭。一八五七年春天，英國皇家海軍又向中國增派軍艦，這些軍艦許多已是蒸汽動力艦。

Furious（狂怒號）　　Sans Pareil（空前號）

Ttransit（中轉號）

Shannon（香農號）

Retribution（報應號）

Himalaya（喜瑪拉雅號）

第二次鴉片戰爭攻打大沽口英國淺水蒸汽炮艇名錄

英軍為適應天津城外的海河口淺水作戰環境，只派出一艘蒸汽巡洋艦為斷後艦，特別派出十幾艘小型淺水蒸汽炮艇進入河口，擔任攻打大沽口的前鋒。

Coromandel（烏木號），6門炮。

Opossum（負鼠號），4門炮。

Janus（傑紐斯號），4門炮。

Banterer（巴特勒號），4門炮。

Haughty（傲慢號），4門炮。

Nimrod（獵人號），6門炮。

Kestrel（茶隼號），4門炮。

Lee（庇護號），4門炮（被擊沉）。

Cormorant（鸕鶿號），4門炮（旗艦，被擊沉）。

Plover（鴴鳥號），4門炮，（被擊沉）。

第二次鴉片戰爭攻打大沽口法國艦隊名錄

法國海軍為適應天津城外的海河口淺水作戰環境，派出小型淺水蒸汽炮艇，由於沒能找到完整的法文艦隊名錄，只好以中文名來排列名單。

快速帆艦：

復仇者號，果敢號。

蒸汽炮艦：

普利姆蓋號，弗勒格頓號，監禁號，梅耳瑟號。

蒸汽淺水炮艦：

雪崩號，果敢號。

快速帆艦：

復仇者號，霰彈號，火箭號，龍騎兵號。

輪船（租用）：雷尼。

第二次鴉片戰爭大沽口戰役美國艦船名錄

美國在此役中是中立國，但美國遠東艦隊還是派出了四艘淺水蒸汽炮艦，由司令達底那駕托依旺號（Toey-Wan）來到大沽，指揮救護英艦的行動，並有五百名陸戰隊及水兵準備登陸。

Toey-Wan。　San Jacinto。

Portsmouth。　Levant。

清法海戰法國遠東艦隊戰艦名錄

法國遠東艦隊總噸位五萬六千九百六十二噸，五艘鐵甲艦、十五艘巡洋艦、四艘炮艇。其中參加馬尾海戰的總噸位一萬七千噸，三艘鐵甲艦、三艘巡洋艦、三艘炮艇和其他幾艘小炮艇（註：參加）。

一八八四年八月二十九日，馬江戰役結束後，法國的中國艦隊與東京艦隊在閩江海口正式合併為遠東艦隊，去攻打台灣。

lagalissonniere（拉加利桑尼亞號）鐵甲艦4645噸（海口後援）。

sane（梭尼號）巡洋艦2017噸（海口後援）。

chateaurenault（雷諾堡號）巡洋艦1820噸（海口後援）。

atalanta（阿塔朗特號）鐵甲艦3828噸（參加）。

triomphante（凱旋號）鐵甲艦4645噸（參加）。

victorieuse（勝利號）鐵甲艦4645噸（參加）。

volta（窩爾達號）巡洋艦1300噸（參加）。

d'estaing（德斯丹號）巡洋艦2363噸（後援）。

laperouse（拉佩魯茲號）巡洋艦2363噸（參加）。

villars（維拉或費勒斯號）巡洋艦2382噸（後援）。

duguay｜trouin（杜居土路因號）二等巡洋艦3479噸（後援）。

i'aspic（阿斯皮克號）：炮艇471噸，火炮9門（參加）。

vipere（維皮爾或腹蛇號）：炮艇471噸，火炮9門（參加）。

lynx（野貓號）：炮艇471噸，火炮9門（參加）。

bayard（巴雅號）鐵甲艦5915噸。

nielly（尼埃利號）巡洋艦2363噸。

duchaffault（杜沙佛號）巡洋艦1330噸。

hamelin（阿米林號）巡洋艦1300噸。

kersaint（凱聖號）巡洋艦1330噸。

eclaireur（偵察號）巡洋艦1722噸。

champlan（香伯蘭號）巡洋艦2042噸。

tourville（都威爾號）鐵甲艦5698噸。

linois（黎峨號）巡洋艦1191噸。

lutin（魯汀號）炮艇471噸，火炮4門。

清法海戰福建船政水師參戰艦船名錄

揚武號木殼巡洋艦1560噸，旗艦。

永保號木殼運輸艦1353噸。

濟安號木殼運輸艦1258噸。

振威號木殼炮艦572噸。

新藝號木殼炮艦245噸。

建勝號鋼殼炮艦250噸。

伏波號木殼運輸艦1258噸。

琛航號木殼運輸艦1353噸。

飛雲號木殼運輸船1258噸。

福星號木殼炮艦515噸。

福勝號鋼殼炮艦250噸。

清法海戰南洋水師支援台灣戰事艦船名錄

南洋水師成立於一八七五年，負責海域為江浙一帶，停泊地則主要為上海、南京。一八八四年十一月一日，南、北洋水師擬派艦隊支援台灣，但北洋「超勇」號、「揚威」號，因朝鮮內亂，急赴朝鮮，僅南洋五艦南下，後被法艦追擊，終未入台參戰。

開濟號巡洋艦，旗艦。　南琛號巡洋艦。

南瑞號巡洋艦。　澄慶號炮艦。

馭遠號炮艦。

清日海戰北洋「七鎮」、「八遠」艦隊名錄

鐵甲360公釐的戰艦：

定遠號，7335噸，14.5節。　鎮遠號，7335噸，14.5節。

裝甲巡洋艦：

經遠號，2900噸，15.5節。　來遠號，2900噸，15.5節。

防護巡洋艦：

濟遠號，2300噸，15節。　致遠號，2300噸，18節。

靖遠號，2300噸，18節。

碰撞巡洋艦：

揚威號，1350噸，8節。　超勇號，1350噸，8節。

廣東水師留在北洋的巡洋艦：

廣甲號、1296噸，14.2節。　廣乙號、1000噸，16.5節。

廣丙號，1000噸，16.5節。

蚊炮船：（有一說，五百噸以上，才可稱艦，以下稱船）。

鎮東號，440噸，8節。　鎮西號，440噸，8節。

鎮南號，440噸，8節。　鎮北號，440噸，8節。

鎮中號，440噸，8節。　鎮邊號，440噸，8節。

魚雷艇：

福龍號為領頭艇。

左隊一、二、三號艇。　右隊一、二、三號艇。

定一、定二號艇。　鎮一、鎮二號艇。

練船：

康濟號、威遠號、敏捷號等。

輔助艦艇：

海鏡、湄雲、利運、操江、犀照、飛霆、飛鳧、超海、鐵龍、飛龍、快順、遇順、利順、捷順、寶筏、導海、導河、快馬、海馬、桿雷、守雷、下雷、巡雷及水底機船一艘、螺橋船兩艘、五十噸運煤船四艘、二十噸水船兩艘。算下來北洋水師，大小艦船不下六十餘艘。

清日海戰日本聯合艦隊名錄

「三景」防護巡洋艦：

「三景艦」是日本為對抗北洋水師「定遠」、「鎮遠」二艦，在法國訂造的三艘防護巡洋艦，分別用日本三個著名景點命名為「松島、嚴島和橋立」。但因艦小炮大，黃海海戰中並未完成打擊「定遠」、「鎮遠」的作用。

松島號防護巡洋艦，4278噸，聯合艦隊旗艦，參加了黃海和威海衛之戰。

嚴島號防護巡洋艦，4278噸，參加了黃海和威海衛之戰。

橋立號防護巡洋艦，4278噸，參加了黃海和威海衛之戰。

吉野號防護巡洋艦，4216噸，參加了豐島、黃海和威海衛之戰。航速23節，世界第一快艦。

浪速丸號防護巡洋艦，3709噸，參加了豐島和黃海之戰。

高千穗號防護巡洋艦，3650噸，參加了黃海和威海衛之戰。

秋津洲號防護巡洋艦，3150噸，參加了豐島、黃海和威海衛之戰。

千代田號防護巡洋艦，2439噸，參加了黃海和威海衛之戰。

二類鐵甲艦：

金剛號鐵甲艦，2250噸，參加了黃海和威海衛之戰。

比睿號鐵甲艦，2250噸，參加了黃海和威海衛之戰。

扶桑號鐵甲艦，3777噸，參加了黃海和威海衛之戰。

無防護巡洋艦：

西京丸，2913噸，參加了黃海海戰。

八重山號，1584噸，參加了威海衛之戰。

海門號，1381噸，參加了威海衛之戰。

武藏號，1502噸，參加了威海衛之戰。

築紫號，1350噸，參加了威海衛之戰。

高雄號，1770噸，參加了威海衛之戰。

天龍號，1547噸，參加了威海衛之戰。

葛城號，1502噸，參加了威海衛之戰。

大和號，1502噸，參加了威海衛之戰。

天城號，926噸，參加了威海衛之戰。

炮艦：

赤城號，612噸，參加了黃海海戰。

鳥海號，612噸，參加了威海衛之戰。

磐城號，656噸，參加了威海衛之戰。

摩耶號，612噸，參加了威海衛之戰。

愛宕號，612噸，參加了威海衛之戰。

大島號，630噸，參加了威海衛之戰。

魚雷艇：

小鷹號，203噸，參加了威海衛之戰。

第5—20號，54噸，參加了威海衛之戰。

第1—4號，40噸，參加了威海衛之戰。

第21—23號，85噸，參加了威海衛之戰。

德國佔領膠州灣艦隊名錄

Kaiser（皇帝號）戰艦，旗艦，7650噸。

Cormoran（鸕鶿號）巡洋艦，5200噸。

Kaiser Wilhelm（威廉親王號）巡洋艦，4300噸。

Irene（伊倫娜號）巡洋艦，4300噸。（未參加實際行動）。

Arcona（阿克納號）巡洋艦，2370噸。（未參加實際行動）。

日俄海戰俄國太平洋艦隊旅順分隊黃海突圍艦船名錄

從旅順口港內出發的這支俄國艦隊共有二十四艘戰艦，準備突圍逃往海參威港。有六艘戰艦，有五艘未能衝出黃海，最後退回旅順口，這六艘戰艦是：

Tsesarevich（太子號，旗艦）。　Retvisan（列特維贊號）。

Sevastopol（塞瓦斯托波爾號）。　Poltava（波爾塔瓦號）。

Peresviet（佩列斯維特號）。　Pobieda（勝利號）。

戰艦太子號和三艘驅逐艦，逃出日軍的包圍駛入青島，後被解除武裝；巡洋艦阿斯科利德號（As credit）和一艘驅逐艦進入上海後被解除武裝；還有一艘巡洋艦逃到越南西貢；另有巡洋艦諾維克號逃至庫頁島南部擱淺。

國家圖書館出版品預行編目 (CIP) 資料

敗在海上 : 解讀中國古代海圖 / 梁二平著. -- 第一版. -- 臺北市 : 風格司藝術創作坊, 2014.10
面； 公分
ISBN 978-986-6330-70-4（平裝）

1.海戰史 2.古地圖 3.中國

592.918 103019406

歷史群像22

敗在海上：解讀中國古代海圖

作　　者：梁二平著
編　　輯：苗龍
發 行 人：謝俊龍
出　　版：風格司藝術創作坊
106 台北市安居街118巷17號
Tel：(02) 8732-0530　Fax：(02) 8732-0531
總 經 銷：紅螞蟻圖書有限公司
Tel：(02) 2795-3656　Fax：(02) 2795-4100
地址：台北市內湖區舊宗路二段121巷19號
http://www.e-redant.com
出版日期／2014 年 10 月　第一版第一刷
定　　價／399 元

ISBN978-986-6330-70-4　Printed in Taiwan